# Ihre Arbeitshilfen zum Download:

Die folgenden Arbeitshilfen stehen für Sie zum Download bereit:

- Checklisten und Rechner
- Tabellen und Übersichten

Den Link sowie Ihren Zugangscode finden Sie am Buchende.

Jahresabschluss der Personengesellschaft leicht gemacht

Elmar Goldstein

# Jahresabschluss der Personengesellschaft leicht gemacht

Für GbR, KG und GmbH & Co. KG

2. Auflage

Haufe Gruppe
Freiburg · München · Stuttgart

**Bibliografische Information der Deutschen Nationalbibliothek**
Die Deutsche Nationalbibliothek verzeichnet diese Publikation in der Deutschen Nationalbibliografie; detaillierte bibliografische Daten sind im Internet über http://dnb.dnb.de abrufbar.

**Print**: ISBN 978-3-648-09300-9 Bestell-Nr.: 11001-0002
**ePDF**: ISBN 978-3-648-09301-6 Bestell-Nr.: 11001-0151

Elmar Goldstein
**Jahresabschluss der Personengesellschaft leicht gemacht**
2. Auflage 2017


www.haufe.de
info@haufe.de
Produktmanagement: Dipl.-Kfm. Kathrin Menzel-Salpietro

Lektorat: Hans-Jörg Knabel, Willstätt
Satz: Helmut Haunreiter, Marktl am Inn
Umschlag: RED GmbH, Krailling
Druck: Schätzl Druck & Medien GmbH & Co. KG, Donauwörth

# Inhaltsverzeichnis

# 1 Einleitung

*Wie, ich darf den Jahresabschluss selbst machen? Muss ich nicht einen Steuerberater damit beauftragen?* Es gibt viele Unternehmer, die zwar ihre Buchhaltung selbst erledigen, den teuren Jahresabschluss aber vom Steuerberater erstellen lassen. Die Bilanz einer Personengesellschaft aufzustellen und die Steuererklärungen auszufüllen, ist ungleich komplizierter als die laufende Buchhaltung. Praktiker brauchen deshalb einen Leitfaden, der den schwierigen Jahresabschluss leicht macht.

Als ein solcher Leitfaden ist das vorliegende Buch konzipiert. Es holt den Buchhalter einer Gesellschaft bürgerlichen Rechts (oder kurz GbR, GdbR §§ 705 ff. Bürgerliches Gesetzbuch (BGB)), einer offenen Handelsgesellschaft (OHG; §§ 105 ff. Handelsgesetzbuch (HGB)) oder einer Kommanditgesellschaft (KG §§ 161 ff. HGB) am Ende der Dezemberbuchhaltung ab und führt ihn Schritt für Schritt vom Abstimmen der Konten über Umbuchungen, Abgrenzungen, Abschreibungen etc. zum Jahresabschluss. Auch der Eintrag in die Steuererklärungen samt Übermittlung der E-Bilanz und das Publizieren im Bundesanzeiger (für GmbH & Co. KGs) werden behandelt.

Für wen ist dieser Leitfaden zum Jahresabschluss gedacht?

1. Das Praxisbuch ist von großem Nutzen für Kleinunternehmer, Handwerker und Dienstleistende, die den Abschluss und die Steuererklärung ihrer Gesellschaft selbst erstellen wollen.
2. Es richtet sich aber gerade auch an jene Buchhalter, die ihr Werk nicht blindlings aus der Hand geben wollen. Mithilfe dieses Buchs können Sie den Jahresabschluss gezielt vorbereiten und das spätere Ergebnis nachvollziehen und kontrollieren. Damit decken Sie ggf. gravierende Fehler rechtzeitig auf, z. B. falsche oder fehlende Bilanzansätze.
3. Durch die Verwendung der DATEV-Kontenrahmen ist dieses Buch auch für die Ausbildung in Steuerwesen und Buchhaltung sowie das BWL-Studium interessant. Hier kann der Bezug zur Praxis hergestellt und das erworbene theoretische Wissen leichter in die Praxis umgesetzt werden.

Dieser Leitfaden ist mit dem Anspruch aufgelegt, Sie Schritt für Schritt durch die Jahresabschlussarbeiten zu führen. Er gibt Ihnen ein möglichst einfaches Standardschema an die Hand, mit dessen Hilfe Sie sich den Abschluss leicht machen können — bis hin zur Abgabe der Steuererklärung.

Schwierig sind die Ausnahmefälle, von denen viele, aber längst nicht alle behandelt werden können. Würde man die schwierigen Fälle aus der Praxis und die zahlreichen Fachbegriffe ignorieren, wäre der aufgestellte Jahresabschluss zwar klar und schlicht — aber auch schlichtweg falsch. Für knifflige Fälle werden Sie deshalb möglicherweise keine Lösung, sondern nur ein Problembewusstsein entwickeln. Dann müssen Sie professionelle Hilfe in Anspruch nehmen. Denn was dieses Buch nicht ersetzen kann, ist eine mehrjährige Ausbildung zum Bilanzbuchhalter und Steuerfachangestellten.

Bezüglich der seit dem Jahresabschluss 2013 erforderlichen E-Bilanz wird lediglich auf zwingende Vorschriften eingegangen. Außerdem bleiben rein handelsbilanzielle Wahlrechte — ohne steuerliche Auswirkungen — unbesprochen. Es mag eine spannende Aufgabe sein, in der Handelsbilanz ein gutes Ranking herzustellen und sich gleichzeitig gegenüber dem Finanzamt arm zu rechnen. Für solche Aufgaben sei jedoch auf weiterführende und detaillierte Lehrbücher und die professionelle Hilfe von Steuerberatern verwiesen.

Die laufende Buchhaltung ist der Teil des Rechenwerks, in den jeder Buchhalter mit etwas Zeit und Übung hineinwachsen kann. Der Jahresabschluss dagegen dient häufig dazu, die Fehler des abgelaufenen Jahrs zu korrigieren. Das kann kaum derjenige leisten, der diese Fehler unwissentlich oder allzu sorglos begangen hat. Daran anschließende Entscheidungen bei den Abschlussbuchungen haben mitunter gravierende steuerliche Auswirkungen.

In dem Steuerchaos behält gerade noch ein Steuerberater aufgrund seiner Ausbildung und Erfahrung den Überblick, und das nur, wenn er ständig am Ball bleibt. Dieses Know-how hat seinen (mitunter hohen) Preis — den viele Unternehmer nicht mehr zu zahlen bereit sind oder wirtschaftlich nicht mehr aufbringen können. Der Jahresabschluss ohne Steuerberater entspricht allerdings einer fehlenden Haftpflichtversicherung. Wenn es gut geht, freut man sich darüber, die hohen Versicherungsbeiträge gespart zu haben. Wenn aber ein Schaden eintritt, wünscht man sich, man hätte die Prämien gezahlt.

Natürlich gab es immer schon Lehrbücher zum Jahresabschluss und es werden zunehmend elektronische Buchhaltungsprogramme angeboten, die den Abschluss auf Knopfdruck erledigen. Für einen solchen idealen Jahresabschluss muss die Buchführung jedoch vollständig und richtig vorliegen. An diesem Punkt setzen die meisten Lehrbücher zum Jahresabschluss an und beschreiben einzelne Positionen der Bilanz und der Gewinn- und Verlustrechnung (GuV). Wie Sie dorthin gelangen, wird oft nur mit ein paar Sätzen abgehandelt.

- In diesem Buch nehmen dagegen das Abstimmen der laufenden Buchhaltung und das Zusammenstellen der zum Jahresabschluss benötigten Unterlagen den größten Stellenwert ein.
- In einem gesonderten Kapitel werden die Inventur der Vorräte und die dazugehörigen organisatorischen Vorbereitungen behandelt.
- Danach schließen sich die Abschlussarbeiten an, wie z. B. Abschreibungen im Anlagevermögen, Umlaufvermögen, Eigenkapital, Rückstellungen und Verbindlichkeiten mit ihren Besonderheiten in der GmbH & Co. KG.
- Abschließend sind die einzelnen Steuererklärungen — ggf. mit der Berechnung der Steuerschuld und der Rückstellungen — auszufüllen, und der Abschluss muss zur Veröffentlichung im Bundesanzeiger (im Falle von GmbH & Co. KGs) und als E-Bilanz beim Finanzamt eingereicht werden.

**Beachten Sie:** !

**In diesem Buch können nur Standardfälle kleiner Gesellschaften behandelt werden — in der Regel gibt es zu jedem der angesprochenen Themen eine eigene, umfangreiche Fachliteratur — deshalb muss sowohl auf eine vollständige Darstellung und fein getunte Bilanzpolitik durch neue Wahlrechte als auch auf die Besprechung von Vorschriften für mittelgroße und große Kommanditgesellschaften verzichtet werden.**

Der Einfachheit halber wird jeweils der 31.12. mit dem Bilanzstichtag gleichgesetzt. Eine Handelsgesellschaft wie eine OHG oder eine KG kann einen anderen Bilanzstichtag und damit auch ein abweichendes Wirtschaftsjahr festlegen. Bis auf die Umsatzsteuererklärung, die trotzdem für das Kalenderjahr abgegeben wird, ergeben sich dadurch keine Besonderheiten beim Jahresabschluss.

Das Erstellen des Jahresabschlusses mithilfe der EDV kann man in drei Arbeitsschritte aufteilen:

1. Abstimmen der Buchhaltung und Zusammenstellen der Unterlagen (Abschluss vorbereiten),
2. Umbuchungen und Jahresabschlussbuchungen,
3. Erstellen des Jahresabschlusses (Bilanz, Gewinn- und Verlustrechnung und ggf. weiterer Anlagen) sowie der Steuererklärungen mit Übermittlung der E-Bilanz.

Am folgenden Ablaufplan können Sie sich orientieren, wenn Sie den Jahresabschluss Ihrer Gesellschaft aufstellen:

| Ablaufplan Jahresabschluss |
| --- |
| Vortragen der Eröffnungsbilanz |
| Abstimmen der Buchhaltung |
| Abstimmen: Aktiva |
| Abstimmen: Passiva |
| Abstimmen: Gewinn- und Verlustrechnung |
| Inventur |
| Anlagevermögen, Abschreibungen, Anlagenspiegel |
| Umlaufvermögen |
| Eigenkapitalgliederung |
| Rückstellungen und Verbindlichkeiten |
| Gewinn- und Verlustrechnung und Gewinnverteilung |
| Übermitteln der Steuererklärungen |
| GmbH & Co. KG: Offenlegung des Jahresabschlusses mit Anhang |
| Übermitteln der E-Bilanz |

! **Beachten Sie:**

**Arbeitstechniken und Buchungen sind unter Verwendung der Kontenrahmen DATEV SKR03 und SKR04 beschrieben. Den angeführten Beispielen liegen diese beiden Kontenrahmen zugrunde.**

Sie finden sämtliche Beispiele und Konten auf dem Stand vom 31.12.2016. Für Alternativrechnungen und die steuerliche Gestaltung ist der Rat des Steuerberaters einzuholen.

Ich wünsche Ihnen viel Erfolg mit dem Jahresabschluss 2016. Für sämtliche Anregungen und Hinweise sind der Verlag und der Autor dankbar.

Heppenheim, im 27.11.2016
Dipl.-Kfm. Elmar Goldstein

# 2 Vorbereitungen zum Jahresabschluss

In diesem Kapitel führen wir Sie in die gängigen Begriffe für die Jahresabschlussarbeiten ein, die Sie für die Absprache mit Ihrem Steuerberater kennen sollten. Außerdem erhalten Sie einen Überblick über alle Dokumente und Arbeitsmittel, die Ihnen bei einem Jahresabschluss zur Verfügung stehen sollten.

Bei den Jahresabschlussarbeiten gibt es verschiedene Stufen und Begriffe. So wird z. B. zwischen vorbereitenden Abschlussarbeiten, Abschlussvorarbeiten und »eigentlichen« Abschlussarbeiten unterschieden. Für den Praktiker sind diese Unterscheidungen erst einmal nicht relevant.

- Während die Auflösung der Rechnungsabgrenzungen aus dem Vorjahr zur laufenden Buchhaltung gehört, ist die Neubildung dem Jahresabschluss vorbehalten.
- Soll-Versteuerer nach § 16 Umsatzsteuergesetz (UStG) buchen im Rahmen der laufenden Buchhaltung alle noch nicht bezahlten Ausgangsrechnungen ein. Ist-Versteuerer (§ 20 UStG) buchen erst zum Jahresabschluss.

Wenn es jedoch um die Kosten für den Steuerberater geht, ist die Unterscheidung zwischen »Abschlussvorarbeiten« und »vorbereitenden Abschlussarbeiten« durchaus von Interesse: Sie kommt auch in der Steuerberatergebührenverordnung vor.

- Zu den Abschlussvorarbeiten gehört die Abstimmung der Buchhaltung bis zur Saldenbilanz der Jahresverkehrszahlen. Wenn dies der Steuerberater erledigen soll, kann er für diese Arbeit zusätzlich eine Zeitgebühr in Rechnung stellen.
- Zu den vorbereitenden Abschlussarbeiten als Teil des Jahresabschlusses gehören die Buchungen der Abschreibungen, die Bildung der Rechnungsabgrenzungsposten, Rückstellungen und Rücklagen, die Buchungen der Inventuranpassungen, der nicht abzugsfähigen Betriebsausgaben, der Privatnutzungen von Kfz und Telefon sowie Anpassungsbuchungen an die Betriebsprüfung.

Sie können also die Vorarbeiten kostengünstig selbst übernehmen und dem Steuerberater die eigentliche Erstellung des Jahresabschlusses und der Steuererklärungen in die Hand geben.

Wenn Sie den Jahresabschluss anhand dieses Buches lediglich vorbereiten aber nicht fertigstellen wollen, stimmen Sie die Einzelheiten am besten mit Ihrem

Steuerberater ab. In den meisten Fällen wird er Ihnen eine kanzleieigene Liste mit den Abstimm- und Abschlussvorarbeiten vorlegen, und Sie können mit Sicherheit einen Großteil dieser Arbeiten in diesem Buch wiederfinden.

! **Tipp:**

**Im Rahmen der Arbeitshilfen online stellen wir Ihnen eine große Checkliste zu den Jahresabschlussvorarbeiten zur Verfügung. Nach Absprache mit Ihrem Steuerberater können Sie diese Checkliste entsprechend Ihrer Bedürfnisse zusammenstreichen oder ergänzen. Sie verfügen damit zugleich über eine Dokumentation der von Ihnen bereits erledigten Arbeiten.**

Auf jeden Fall ist schon beim Abstimmen der Konten die Bildung der Jahresabschlussposten durch Belege und weitere Unterlagen vorzubereiten.

Und warum nicht gleich in einem Arbeitsgang abstimmen und buchen?

! **Beachten Sie:**

**Bei gleichzeitiger Abstimmung und Buchung gehen Sie das folgende Risiko ein: Eine einzige Fehlbuchung auf dem letzten abzustimmenden Konto könnte dazu führen, dass ein paar andere, bereits abgerechnete Konten korrigiert werden müssen, was wiederum die errechneten Rückstellungen, Wertberichtigungen etc. über den Haufen wirft. Außerdem laufen Sie Gefahr, Auswirkungen zu übersehen.**

Eine abgestimmte Buchhaltung ist die Grundvoraussetzung für den Jahresabschluss. Wenn jedoch gleichzeitig mit den nötigen Umbuchungen auch sämtliche Abschlussbuchungen vorgenommen werden, geht sehr schnell der Überblick verloren. Die Arbeiten lassen sich nicht mehr nachvollziehen. Deshalb sind mindestens zwei getrennte Durchgänge der Buchhaltungskonten vorgesehen.

Bei der Überprüfung der Buchhaltung sichten Sie zugleich auch die zugrunde liegenden Belege und zusätzlichen Unterlagen. Für den Jahresabschluss sind auch einige dieser Unterlagen in Kopie zusammenzustellen sowie Auflistungen und Berechnungen zu fertigen.

Zum Abstimmen der Buchhaltung benötigen Sie die folgenden Unterlagen:

- Bilanz und Gewinn- und Verlustrechnung des Vorjahrs bzw. Eröffnungsbilanz
- Steuerbescheide und sonstige Steuerunterlagen (Prüfungsberichte, Kontoauszüge u. Ä.)
- Zugriff zu sämtlichen Belegordnern der einzelnen Buchungskreise
  1. Kasse
  2. Banken
  3. Eingangsrechnungen
  4. Ausgangsrechnungen
- Sämtliche Monats- bzw. Quartalsauswertungen der Jahresbuchhaltung
  1. Buchungsjournal, Grundaufzeichnung der Buchungssätze
  2. Summen- und Saldenlisten
  3. Umsatzsteuervoranmeldungen
  4. Kontenblätter
- Auswertungen der Nebenbuchhaltungen
  1. Kassenbuch als Journal oder Tagesberichte
  2. Offene-Posten-Buchhaltung: Saldenliste, Kontenblätter der Kontokorrentkonten, Offene-Posten-Liste
  3. Wechselbuch
  4. Lohnkonten der Lohnbuchhaltung

Als weitere Arbeitsmittel sollten Ihnen zur Verfügung stehen:

- Vorräteinventar zum Jahresende mit den entsprechenden Belegen
  Die Vorräte an Waren sowie Roh-, Hilfs- und Betriebsstoffen wurden zwar zum Ende des Wirtschaftsjahrs, üblicherweise am 31.12., aufgenommen und vorab bewertet, Bestandsveränderungen, Bewertungsabschläge und Wertaufholungen müssen aber anschließend erfasst werden. Da nicht jede Gesellschaft Vorräte hält, wird die Inventur in einem gesonderten Kapitel abgehandelt (siehe Kapitel 7).
- Anlagenverzeichnis/Anlagenbuchhaltung
  Im laufenden Jahr wurde das Verzeichnis nicht fortgeführt, die ganze Arbeit muss also im Rahmen des Jahresabschlusses getan werden. Eine eigenständige Anlagenbuchhaltung sollte zusammen mit der Finanzbuchhaltung abgestimmt werden. In diesem Leitfaden wird die Fortführung des Inventars beim Aufstellen des Anlagevermögens behandelt (siehe Kapitel 8).

Falls die Abschlussarbeiten nicht planmäßig verlaufen, ist ein gewisses Maß an Flexibilität gefordert. Gerade das Abstimmen der Buchhaltung erfordert oft kreative Improvisationskunst, beschäftigt es sich doch mit Fehlern in der Buchhaltung, die es eigentlich gar nicht geben dürfte.

Würde eine Buchhaltung an sämtlichen der im Folgenden beschriebenen Fehler und Versäumnisse kränkeln, wäre es tatsächlich besser, sie komplett neu zu erstellen. Einige Fehler können für sich allein schon so gravierend sein, dass ein Steuerprüfer vom Finanzamt die Ordnungsmäßigkeit der Buchführung infrage stellen und Umsatz- und Gewinnhinzuschätzungen vornehmen könnte.

Die hier angebotenen Lösungen und Korrekturen sind deshalb so zu verstehen, dass Buchungsfehler nicht ungeschehen, sondern lediglich wieder in Ordnung gebracht werden sollen. Dann sind nicht nur die Fehler in der Buchführung unauslöschlich dokumentiert, sondern auch Ihr ernsthaftes Bemühen, das Zahlenwerk zu heilen und als Grundlage für die Besteuerung zu retten.

# 3 Vortragen der Eröffnungsbilanz

**Ablaufplan Jahresabschluss**

**Vortragen der Eröffnungsbilanz**

Abstimmen der Buchhaltung

Abstimmen: Aktiva

Abstimmen: Passiva

Abstimmen: Gewinn- und Verlustrechnung

Inventur

Anlagevermögen, Abschreibungen, Anlagenspiegel

Umlaufvermögen

Eigenkapitalgliederung

Rückstellungen und Verbindlichkeiten

Gewinn- und Verlustrechnung und Gewinnverteilung

Übermitteln der Steuererklärungen

GmbH & Co. KG: Offenlegung des Jahresabschlusses mit Anhang

Übermitteln der E-Bilanz

Bei diesem ersten Schritt gehen Sie zurück zum Jahresanfang und tragen die Eröffnungsbilanz auf einzelne Bestandskonten vor. Die Eröffnungsbestände müssen den Bilanzwerten des Vorjahrs entsprechen. Anhand der Vorjahresbilanz nehmen Sie notwendige Ergänzungen vor, fassen Kapital- und Umsatzsteuerkonten zusammen und gliedern ggf. auf andere Konten um. Außerdem sollten Sie Bilanzänderungen aufgrund von steuerlichen Betriebsprüfungen in die Eröffnungsbilanz einarbeiten.

Die Abschlussbilanz des Vorjahrs wird aus der laufenden Buchhaltung, den Abschlussbuchungen und den Inventurwerten zum Jahresende aufgestellt. Die Bestände an Vermögenswerten werden links angeordnet (Aktiva), Schulden und in der Regel das Eigenkapital auf der rechten Seite (Passiva).

Sämtliche Erfolgskonten saldieren zum Jahresende mit dem Jahresgewinn im Eigenkapital und sind damit abgeschlossen.

Da sämtliche Vermögenswerte und Schulden zum Jahresbeginn erhalten bleiben, müssen Sie vor dem Buchen der Geschäftsvorfälle lediglich die Bestandskonten vortragen. Hierfür benötigen Sie aus buchungstechnischen Gründen eine Verrechnungsstelle, das sog. Eröffnungsbilanzkonto (in den DATEV-Kontenrahmen das Konto 9000). Werden sämtliche Bestände gegen dieses Konto gebucht, erscheint dort spiegelbildlich die Jahresabschlussbilanz.

! **Arbeitsschritt:**

**Nehmen Sie den Abschluss des Vorjahrs bzw. die Eröffnungsbilanz mit Kontennachweis und die Summen- und Saldenliste Dezember zur Hand. Prüfen Sie als Erstes, ob die Eröffnungsbilanzwerte bereits vorgetragen sind.**

Da die wenigsten Jahresabschlüsse bis Februar erstellt sind, werden viele Werte bei der Eingabe der Januarbuchhaltung noch nicht bekannt sein. Deshalb werden zumindest die Finanzkonten erfasst (wie Kasse, Bank), auch Darlehenskonten und abgestimmte Personenkonten. Auf dem Vortragskonto (z. B. 9000) steht ein Saldo.

! **Arbeitsschritt:**

**Buchen Sie die fehlenden Aktiva und Passiva ein. Sind bereits sämtliche Eröffnungsbilanzwerte vorgetragen, saldieren Sie die Vortragskonten zu 0 EUR. Überprüfen Sie, ob die Werte mit den Positionen der Vorjahresbilanz übereinstimmen.**

! **Beachten Sie:**

**In den folgenden Beispielen wird der Kontenrahmen SKR03/SKR04 der DATEV verwendet.**

### Beispiel

Der Kassenbestand zum Jahresanfang beträgt 2.820,33 EUR, die Bankguthaben 42.366,94 EUR bei der Volksbank und 51.075,64 EUR bei der CD-Bank. Die ersten Buchungen in den Buchungskreisen Kasse und Bank lauten deshalb:

**FIRMA: Stella Medien und Kommunikation GmbH & Co. KG,**
**Mandant: 345, Buchhaltung: 1/14**

| Soll | Haben | GegenKto | Datum | Konto | |
|---|---|---|---|---|---|
| 2.820,33 | ~~~~ | 9000/9000 | 02.01. | 1001/1601 | Vortrag Kasse |
| ~~~~ | ~~~~ | ~~~~ | ~~~~ | | |

| Soll | Haben | GegenKto | Datum | Konto | |
|---|---|---|---|---|---|
| 42.366,94 | | 9000/9000 | 02.01. | 1200/1800 | Vortrag Volksbank |
| 51.075,64 | | 9000/9000 | 02.01. | 1210/1810 | Vortrag CD-Bank |

Damit sind lediglich die Bestände von Kasse und Bank vorgetragen. Von Jahresbeginn an können diese Geldkonten monatlich mit den tatsächlichen Beständen laut Kassenbuch und Kontoauszug der Bank abgeglichen werden. Auf dem Eröffnungsbilanzkonto 9000 steht ein Saldo von 96.262,91 EUR im Haben.

Im März sind alle Personenkonten abgestimmt (wie das zu bewerkstelligen ist, finden Sie in Kapitel 6). Die Übernahme der offenen Posten aus dem alten Jahr kann der Computer auf Knopfdruck erledigen. Funktioniert das nicht, sind die ausstehenden Rechnungen einzeln oder die jeweiligen Salden der Personenkonten einzubuchen. In den DATEV-Kontenrahmen werden dazu die Gegenkonten 9008 für die Debitoren und 9009 für den Vortrag der Kreditoren verwendet. Die Salden sämtlicher Debitoren und Kreditoren erscheinen im DATEV-System automatisch auf den Konten »Forderungen aus Lieferungen und Leistungen« bzw. »Verbindlichkeiten aus Lieferungen und Leistungen«.

**FIRMA: Stella Medien und Kommunikation GmbH & Co. KG,**
**Mandant: 345, Buchhaltung: 3/14**

| Soll | Haben | GegenKto | Datum | Konto | |
|---|---|---|---|---|---|
| | 600,00 | 10100 | 02.01. | 9008/9008 | Vortrag Kunde |
| ~~~~ | ~~~~ | ~~~~ | ~~~~ | | |

| Soll | Haben | GegenKto | Datum | Konto | |
|---|---|---|---|---|---|
| 1.200 | | 60100 | 02.01. | 9009/9009 | Vortrag Lieferant |
| ~~~~ | ~~~~ | ~~~~ | ~~~~ | | |

Im Juni wird im Steuerbüro die Bilanz erstellt.

| **BILANZ zum 31.12.2015<br>Stella Medien und Kommunikation GmbH & Co. KG** | | | | | |
|---|---|---|---|---|---|
| **AKTIVA** | | | | | **PASSIVA** |
| A. | Anlagevermögen | | A. | Eigenkapital | |
| I. | Immaterielle Vermögensgegenstände | 6,00 | I. | Komplementärkapital | 2.380,00 |
| II. | Sachanlagen | 5.393,00 | II. | Kommanditkapital | 45.564,59 |
| III. | Finanzanlagen | 0,00 | III. | Jahresüberschuss | 52.401,75 |
| B. | Umlaufvermögen | | | | |
| I. | Vorräte | 48.065,52 | | | |
| II. | Forderungen und sonstige Vermögensgegenstände | 106.996,83 | C. | Rückstellungen | 105.406,00 |
| III. | Kassenbestand, Bundesbank guthaben, Guthaben bei Kreditinstituten und Schecks | 96.262,91 | | | |
| | | | D. | Verbindlichkeiten<br>— davon mit einer Restlaufzeit bis zu einem Jahr | 74.426,24 |
| C. | Rechnungsabgrenzungsposten | 2.934,00 | | 72.791,18 EUR | |
| | | | | (74.426,24 EUR) | |
| | | 259.658,26 | | | 259.658,26 |

Bis zum Jahresabschluss 2016 wurde versäumt, die restlichen Eröffnungsbestände vorzutragen. In der abgebildeten Summen- und Saldenliste aus dem Dezember 2016 finden sich deshalb etliche Bestandskonten nicht wieder (angefangen von den Grundstücken bis hin zu den kurzfristigen Verbindlichkeiten), denn es erscheinen nur die im Laufe des Jahrs angesprochenen Konten.

Der Kontennachweis zur Bilanz bietet die Vorlage zu den weiteren Eröffnungsbuchungssätzen.

| KONTENNACHWEIS zur BILANZ zum 31.12.2015<br>Stella Medien und Kommunikation GmbH & Co. KG<br>AKTIVA | | |
|---|---|---|
| **Konto** | **Bezeichnung** | **EUR** |
| 27 | EDV-Software | 4,00 |
| 30 | Lizenzen an gewerblichen Schutzrechten | 2,00 |
| 320 | Pkw | 2,00 |
| 410 | Geschäftsausstattung | 2.527,00 |
| 420 | Büroeinrichtung | 530,00 |
| 421 | EDV-Hardware | 2.333,00 |
| 1510 | Aktivwert | 47.007,02 |
| 3970 | Bestand Roh-, Hilfs- und Betriebsstoffe | 805,00 |
| 3975 | Bestand Wertmarken | 253,50 |
| 996 | Pauschalwertberichtigung Forderungen (b. 1 J.) | –134,00 |
| 1390 | Verrechnungskonto Geschäftsführer | 14.607,03 |
| 1392 | Gesellschafter-Darlehen | 39.093,00 |
| 1400 | Forderungen aus Lieferungen u. Leistung | 15.921,18 |
| 1471 | Forderungen Landslide Immobilien | 882,78 |
| 1500 | Sonstige Vermögensgegenstände | 1.082,04 |
| 1525 | Kautionen | 314,60 |
| 1540 | Steuerüberzahlungen | 7.099,00 |
| 1549 | Körperschaftsteuerrückforderung | 12.025,00 |
| 1600 | Verbindlichkeiten aus Lieferungen und Leistungen | 16.106,20 |
| 1001 | Kasse | 2.820,33 |
| 1200 | Volksbank | 42.366,94 |
| 1210 | CD-Bank | 51.075,64 |
| 980 | Aktive Rechnungsabgrenzung | 2.523,00 |
| etc. | … | … |

**FIRMA: Stella GmbH & Co. KG Mandant: 345, Buchungsliste Konto: Eröffnungsbilanz**

| Soll | Haben | GegenKto (SKR03) | Datum | Konto | |
|---|---|---|---|---|---|
| | 4,00 | 27 | 01.01. | 9000 | EDV-Software |
| | 2,00 | 30 | | | Lizenzen an gewerblichen Schutzrechten |
| | 2,00 | 320 | | | Pkw |
| | 2.527,00 | 410 | | | Geschäftsausstattung |
| | 530,00 | 420 | | | Büroeinrichtung |
| | 2.333,00 | 421 | | | EDV-Hardware |
| | 47.007,02 | 1510 | | | Aktivwert |
| | 805,00 | 3970 | | | Bestand Roh-, Hilfs- und Betriebsstoffe |
| | 253,50 | 3975 | | | Bestand Wertmarken |
| 134,00 | | 996 | | | Pauschalwertberichtigung Ford. (b. 1 J.) |
| etc. | | | | | |
| 177.851,62 | 147.474,17 | Summe | | | |
| | 96.262,91 | 9000 | Dieser Vortrag Kasse, Bank ist bereits erfasst | | |
| 31.806,64 | 15.921,18 | 9009/9008 | Verbindlichkeiten/Forderungen aus LuL | | |
| 259.658,26 | 259.658,26 | Summe | | | |

## 3.1 Eigenkapital und Umsatzsteuer in der Eröffnungsbilanz

Aus dem Kontennachweis zur Bilanz können Sie ersehen, wie sich die einzelnen Bilanzpositionen zusammensetzen. Zum Vortrag werden diese Positionen zum größten Teil wieder auf die ursprünglichen Konten aufgegliedert.

**Tipp:**

!

Die Positionen der Eröffnungsbilanz des Vorjahrs müssen mit denen der Schlussbilanz des Vorjahrs übereinstimmen (Bilanzidentität nach § 252 Abs. 1 HGB). Anderenfalls könnten zwischen den Jahren Positionen verändert, weggelassen oder eingefügt werden.

Benutzen Sie den Vortrag also nicht zur Korrektur fehlerhafter Bilanzansätze aus dem Vorjahr oder zu Umbuchungen, die sich erst im Laufe des Jahrs ergeben haben.

### Beispiel

Die Telefonrechnung für den Dezember steht als sonstige Verbindlichkeit in der Bilanz, wurde am 15.1. jedoch nochmals auf dem Aufwandskonto »Telefonkosten« erfasst. Tragen Sie zunächst die Verbindlichkeit vor, und buchen Sie dann beim Abstimmen der Konten um. Die abkürzende Buchung »Eröffnungsbilanz im Soll an Telefonkosten im Haben« verstößt gegen die Bilanzidentität.

Der Grundsatz der Bilanzidentität bedeutet jedoch nicht, dass identische Bestandskonten vorgetragen werden müssen.

**Arbeitsschritt:**

!

Gliedern Sie, soweit notwendig, beim Vortrag auf andere Konten um.

Eine Notwendigkeit zur Umgliederung ergibt sich aus den Kontenbezeichnungen: Beträge auf den Konten »Vorjahr«, »laufendes Jahr« u. Ä. werden auf Konten mit Bezeichnungen wie »frühere Jahre« bzw. »Vorjahr« umgegliedert.

### Beispiel

| Kontenbezeichnung im alten Jahr | | Vortragskonto im neuen Jahr |
|---|---|---|
| Umsatzsteuer Vorjahr | → | Umsatzsteuer frühere Jahre |
| Vorsteuer im Folgejahr abziehbar | → | abziehbare Vorsteuer |

In der EDV-Buchhaltung werden zunehmend Unterkonten im Kapitalkontenbereich und bei der Umsatzsteuer nicht mehr abgeschlossen, sondern lediglich per Saldo in die Bilanzposition eingesteuert. In diesem Fall muss der Abschluss dann beim Vortrag ins neue Jahr erfolgen. Denn ähnlich wie bei den Erfolgskonten beginnt auch bei den Unterkonten jedes Jahr mit 0 EUR.

Insbesondere die Eigenkapitalkonten müssen neu gegliedert werden, sofern im Vorjahr noch keine Gewinnverteilung stattgefunden hat.

So setzt sich der Eröffnungsbilanzwert für das variable Kapital eines Vollhafters (GbR- oder OHG-Gesellschafter bzw. Komplementär einer KG) aus dem Kapitalkonto, den Entnahmen und Einlagen und dem Ergebnisanteil zusammen.

Da die Kapitalkonten zum Schwierigsten gehören, was die Bilanzierung von Personengesellschaften zu bieten hat, werden wir erst in Kapitel 10 näher darauf eingehen.

### Beispiel

Die Eigenkapitalkonten der beiden OHG-Gesellschafter Karl Schmitt und Peter Müller sind in das neue Jahr vorzutragen:

| | altes Jahr | neues Jahr |
|---|---|---|
| **OHG Gesellschafter Karl Schmitt** | | |
| Festkapital | 50.000 EUR | 50.000 EUR |
| Privatentnahmen | −10.000 EUR | |
| Unentgeltliche Wertabgaben | | |
| Privatsteuern | −4.000 EUR | |
| Privateinlagen | | |
| Gewinnanteil | 19.000 EUR | |
| Variables Kapital | 30.000 EUR | 35.000 EUR |
| **OHG Gesellschafter Peter Müller** | | |
| Festkapital | 50.000 EUR | 50.000 EUR |
| Privatentnahmen | −6.000 EUR | |
| Unentgeltliche Wertabgaben (Pkw-Nutzung) | −8.000 EUR | |
| Privatsteuern | −5.000 EUR | |
| Privateinlagen | 10.000 EUR | |
| Gewinnanteil | 19.000 EUR | |
| Variables Kapital | 20.000 EUR | 30.000 EUR |

Die folgenden Konten stehen zur Verfügung, wobei nach der sog. Endnummernlogik für den OHG-Gesellschafter Karl Schmitt die Konten (SKR03/SKR04) 0870/2000, 0880/2010, 1800/2100 usw. und für den OHG-Gesellschafter Peter Müller die Konten (SKR03/SKR04) 0871/2001, 0881/2011, 1801/2101 usw. verwendet werden. Im Zuge der seit 2015 obligatorischen E-Bilanz-Bestandteile »Kapitalkontenentwicklung« und »Ergebnisverwendungsrechnung« hat die DATEV diese Endnummernlogik aufgegeben. Im DATEV-System sind nunmehr dem jeweiligen Stammkonto mit der Endziffer 0 bis zu 9999 Gesellschafter zugeordnet. Die Konten mit den Endziffern 1 bis 9 dürfen nicht mehr angesprochen werden. Da diese neue Funktion »Zuordnung zu Gesellschaftern« jedoch nur in den DATEV-Rechnungswesenprogrammen implementiert ist, soll an dieser Stelle nicht weiter darauf eingegangen werden

| SKR03 | SKR04 | Kontenbezeichnung (SKR) |
|---|---|---|
| 0870—0879 | 2000—2009 | Festkapital/Komplementärkapital |
| 0880—0889 | 2010—2019 | Variables Kapital |
| 1800—1899 | 2100—2399 | Privatkonten |
| 1880 | 2130 | Unentgeltliche Wertabgaben |
| 1810 | 2150 | Privatsteuern |
| 1890 | 2180 | Privateinlagen |
| 1820 | 2200 | Sonderausgaben beschränkt abzugsfähig |

### 3.1.1 Vorträge bei der Umsatzsteuer

Für den Vortrag der Umsatzsteuerverbindlichkeiten und -forderungen und für die Neugliederung auf andere Eröffnungskonten orientieren Sie sich an der Umsatzsteuererklärung des Vorjahrs: In die dort ausgewiesene Abschlusszahlung fließen sämtliche Beträge ein, die im Vorjahr die fällige vereinnahmte Umsatzsteuer, die abziehbaren Vorsteuerbeträge und die Umsatzsteuervorauszahlungen betreffen — egal, auf welchen Konten sie ausgewiesen waren.

## Beispiel

| | altes Jahr | neues Jahr |
|---|---|---|
| Umsatzsteuer Vorjahr | 5.000 EUR | |
| Umsatzsteuer frühere Jahre | 10.000 EUR | 15.000 EUR |
| Umsatzsteuer nicht fällig | 4.500 EUR | |
| umgegliedert zu: Umsatzsteuer | | 4.500 EUR |
| Vorsteuer im Folgejahr abziehbar | 1.000 EUR | |
| umgegliedert zu: abziehbare Vorsteuer | | 1.000 EUR |
| Abziehbare Vorsteuer 7 % | 5.000 EUR | |
| Abziehbare Vorsteuer 19 % | 300.000 EUR | |
| Abziehbare Vorsteuer aus EG-Erwerb | 10.000 EUR | |
| Bezahlte Einfuhrumsatzsteuer | 10.000 EUR | |
| Umsatzsteuer | 15.000 EUR | |
| Umsatzsteuer 19 % | 450.000 EUR | |
| Umsatzsteuer aus EG-Erwerb | 10.000 EUR | |
| Umsatzsteuervorauszahlungen | 130.000 EUR | |
| Umsatzsteuer lfd. Jahr UStVA 11 und 12 | 25.000 EUR | |
| umgegliedert zu: Umsatzsteuer Vorjahr | | 30.000 EUR |

Das Konto »Umsatzsteuer Vorjahr« wird in der Folgezeit ausgeglichen

- i. H. v. 25.000 EUR durch die Vorauszahlungen für die Monate November und Dezember des Vorjahrs sowie
- durch die Abschlusszahlung i. H. v. 5.000 EUR für das abgelaufene Jahr laut Umsatzsteuererklärung.

| SKR03 | SKR04 | Kontenbezeichnung (SKR) |
|---|---|---|
| 1548 | 1434 | Vorsteuer im Folgejahr abziehbar |
| 1570 | 1400 | Abziehbare Vorsteuer |
| 1545 | 1422 | USt.-Forderungen Vorjahr |
| 1545 | 1425 | USt.-Forderungen frühere Jahre |
| 1790 | 3841 | Umsatzsteuer Vorjahr |
| 1791 | 3845 | Umsatzsteuer frühere Jahre |

## 3.2 Bilanzberichtigungen bei Eröffnung

Der Grundsatz der Bilanzidentität fordert, dass die Eröffnungsbilanz mit der Schlussbilanz übereinstimmt. Das gilt auch für fehlerhafte Ansätze, wenn die Schlussbilanz aus steuerlichen Gründen nicht mehr geändert werden kann. Die Richtigstellung holt man in diesen Fällen in der ersten änderbaren Schlussbilanz nach und zeigt dem Finanzamt die Änderung an. Bereits fehlerhafte Eröffnungsbilanzwerte können in den nachfolgenden Eröffnungsbilanzen geändert werden.

Um die Ergebnisse von Betriebsprüfungen in der Buchhaltung nachzuvollziehen, sind aus Gründen der Wirtschaftlichkeit nicht etwa sämtliche in der Folge fehlerhaften Bilanzen, sondern nur die jüngste Bilanz zu berichtigten. Die steuerlichen Auswirkungen und neuen Bilanzansätze ergeben sich aus der Mehr- und Weniger-Rechnung des Finanzamts. In der Praxis werden die Eröffnungsbilanzwerte angepasst, selbst wenn daraus kein Steuervorteil gezogen wurde.

### Beispiel

Bei der Betriebsprüfung wurde eine Teilwertabschreibung für das Bürogebäude i. H. v. 50.000 EUR nicht anerkannt. Da eine geänderte Jahresbilanz nur Kosten verursachen würde und einen Streit darüber, wer diese Kosten aufzubringen hat, erfolgt die Rücknahme der Abschreibung stillschweigend zur Eröffnungsbilanz. Dabei erhöht sich sowohl der Ansatz des Bürogebäudes als auch der Gewinnvortrag um 50.000 EUR.

| Soll | Haben | GegenKto | Datum | Konto |
|---|---|---|---|---|
| | 50.000,00 | 090/240 | 01.01 | 0860/2970 |

# 4 Abstimmen der Buchhaltung

**Ablaufplan Jahresabschluss**

Vortragen der Eröffnungsbilanz

**Abstimmen der Buchhaltung**

Abstimmen: Aktiva

Abstimmen: Passiva

Abstimmen: Gewinn- und Verlustrechnung

Inventur

Anlagevermögen, Abschreibungen, Anlagenspiegel

Umlaufvermögen

Eigenkapitalgliederung

Rückstellungen und Verbindlichkeiten

Gewinn- und Verlustrechnung und Gewinnverteilung

Übermitteln der Steuererklärungen

GmbH & Co. KG: Offenlegung des Jahresabschlusses mit Anhang

Übermitteln der E-Bilanz

Zum Abstimmen der Buchhaltung werden sämtliche Konten der Reihe nach — also von 0001 bis 9999 — auf ihre Richtigkeit geprüft. Beim Abstimmen sollen lediglich Falschbuchungen und Lücken erkannt werden. Bereiten Sie jedoch schon die Abschlussbuchungen mit vor. Und beachten Sie bei der Überprüfung insbesondere die folgenden Punkte:

- ungewöhnliche Buchungen (Habenbuchungen auf Aufwandskonten, Anlagekonten; Sollbuchungen auf Ertragskonten, hohe Beträge im Vergleich zu den Vorjahreswerten), Belegprüfung im Hinblick auf Umsatzsteuervorschriften und bei kritischen Betriebsausgaben,
- Prüfung auf Vollständigkeit und Einheitlichkeit (z. B. Telefonkosten der zwölf Monate auf demselben Konto),
- Prüfung des richtigen Vorsteuerabzugs.

! **Arbeitsschritt:**

Prüfen Sie sämtliche Konten der Reihe nach. Verwenden Sie dazu die große Checkliste zur Jahresabschlussvorbereitung, die wir Ihnen im Rahmen der Arbeitshilfen online zur Verfügung stellen, damit Sie kein Konto vergessen. Haken Sie die überprüften Konten auf einer Kopie der Summen- und Saldenliste Dezember und ggf. auf der Eröffnungsbilanz ab.

## 4.1 Überprüfen der Konten

Überprüfen Sie für jedes Konto:

- Ist das Konto (richtig) beschriftet?
  Falls nicht, legen Sie eine Liste für neue Kontenbezeichnungen an, die mit der Auswertung der Umbuchungen zu verarbeiten ist. Nur wenn Sie beabsichtigen, das Konto durch Umbuchung wieder aufzulösen — etwa weil es durch eine Fehlbuchung oder mit Bagatellbeträgen angelegt wurde —, können Sie auf die Beschriftung verzichten. Ausnahme: Obwohl die Konten »Geldtransit«, »Durchlaufende Posten« und »Unklare Posten« in der Regel wieder glattgestellt werden, sollten sie zur Nachprüfung beschriftet sein.

## 4.2 Allgemeine Prüfungspunkte

Bevor in den beiden folgenden Kapiteln auf die Eigenheiten der einzelnen Konten eingegangen wird, geben wir Ihnen hier einen Überblick über die grundsätzlichen Prüfungskriterien:

1. Prüfen Sie ungewöhnliche Buchungen:
   - Habenbuchungen auf Aufwandskonten, Anlagekonten etc.
   - Sollbuchungen auf Ertragskonten
   - hohe Beträge im Vergleich zu den Vorjahreswerten und übrigen Buchungen

   So lassen sich Fehlbuchungen durch falsche Beträge, Kontonummern oder Kontenseiten aufspüren.
2. Prüfen Sie bei ungewöhnlichen Buchungen wenn möglich auch den zugehörigen Beleg.

Die folgenden Anforderungen werden an die Ordnungsmäßigkeit der Belege gestellt:

- Belegdatum: Ausstellungs- oder Eingangsdatum
- Belegtext: Der Geschäftsvorfall wird hinreichend beschrieben (z. B. »Kauf von Schreibpapier«), anstatt lediglich allgemeine Bezeichnungen wie »Bürobedarf« zu verwenden.
- Belegbeträge: Zahlungsbetrag, MwSt-Satz
  Bei Beträgen über 150 EUR zusätzlich:
  - Nettoerlös
  - Ausweis des MwSt-Betrags
  - Name des Leistungsempfängers
- Rechnungsangaben:
  - Name des Leistungsempfängers
  - Steuernummer oder USt.-IdNr. des Ausstellers
  - Rechnungsnummer
  - Rechnungsdatum
  - Zeitpunkt der Lieferung/Leistung
  - ggf. Hinweise auf eine Steuerbefreiung mit eindeutiger Bezeichnung der Befreiungsvorschrift wie z. B. »steuerfreie EG-Lieferung«, »Differenzbesteuerung Gebrauchtwaren«
  - ggf. Skontovereinbarung
- Belegzeichnung: Der Aussteller hat den Beleg abzuzeichnen.
- Belegverweis: Kontierungsvermerk, der vom Beleg zum Konto verweist.
  Bei kritischen Betriebsausgaben sind an die Belege zusätzliche Anforderungen gestellt. Mehr erfahren Sie im Abschnitt zu den geringwertigen Wirtschaftsgütern (siehe Kapitel 4.1.4) und im Abschnitt zu den Betriebsausgaben, wie Löhne und Gehälter, Bewirtungskosten, Geschenke und Reisekosten (siehe Kapitel 6).

3. Prüfen Sie bei Konten mit regelmäßigen Zahlungen, ob die Zahlungen vollständig verbucht sind und durchweg dasselbe Konto verwendet wurde. Suchen Sie nach fehlenden Zahlungen und buchen Sie ggf. um.

**Beispiel**

Auf dem Konto »Strom, Gas, Wasser« sind lediglich zehn Zahlungen verbucht. Zwei Zahlungen zu insgesamt 300 EUR finden sich unter »sonstige Raumkosten«.

| Soll | Haben | GegenKto | Datum | Konto | |
|---|---|---|---|---|---|
| 300,00 | ~~~~ | 4280/6345 | | 4240/6325 | Gas, Strom, Wasser an |
| ~~~~ | ~~~~ | ~~~~ | ~~~~ | | Sonstige Raumkosten |

4. Prüfen Sie, ob Vorsteuerbeträge berechtigt, vollständig und zu den richtigen Steuersätzen abgezogen wurden. In den meisten Buchhaltungssystemen ist ein Vorsteuerabzug bei jeder einzelnen Buchung oder generell als Kontenfunktion gekennzeichnet.
   - Aus Privatentnahmen, Versicherungsbeiträgen, Beiträgen zur IHK, HWK und Berufsgenossenschaft u. a. gibt es keinen Vorsteuerabzug.
   - Der Verkauf von Büchern, Zeitschriften, Wasser, Blumen und vielen Lebensmitteln unterliegt dem ermäßigten Steuersatz von 7 Prozent.
   - Bei Abschlagszahlungen (z. B. für Strom), bei Lastschriften (z. B. Telefonrechnungen) und ggf. bei laufenden Mietzahlungen wird häufig der Vorsteuerabzug von 19 Prozent vergessen. Auch Miete und Zinszahlungen können Vorsteuer enthalten.
5. Wenn in der Auswertung vom Dezember die Eröffnungswerte nicht vollständig erfasst waren, fehlen zum Abstimmen etliche Kontenblätter, insbesondere im Anlagenbereich und bei den Verbindlichkeiten. Damit kein Konto übersehen wird, legen Sie deshalb die Buchungsliste der Eröffnungsbilanz neben die Summen- und Saldenliste.
6. Halten Sie die Ergebnisse der Abstimmung schriftlich fest. Die aufgelisteten Umbuchungen sind durch Buchungstexte, Nebenrechnungen und sonstige Belege nachvollziehbar zu dokumentieren.

# 5 Abstimmen der Aktiva

| **Ablaufplan Jahresabschluss** |
|---|
| Vortragen der Eröffnungsbilanz |
| Abstimmen der Buchhaltung |
| **Abstimmen: Aktiva** |
| Abstimmen: Passiva |
| Abstimmen: Gewinn- und Verlustrechnung |
| Inventur |
| Anlagevermögen, Abschreibungen, Anlagenspiegel |
| Umlaufvermögen |
| Eigenkapitalgliederung |
| Rückstellungen und Verbindlichkeiten |
| Gewinn- und Verlustrechnung und Gewinnverteilung |
| Übermitteln der Steuererklärungen |
| GmbH & Co. KG: Offenlegung des Jahresabschlusses mit Anhang |
| Übermitteln der E-Bilanz |

In diesem Kapitel werden die einzelnen Konten der Aktivseite mit ihren Eigenheiten beschrieben, so wie sie später auch in der Bilanz erscheinen.

- Abstimmen des Anlagevermögens: Zugang von Anlagegütern, Anlagenabgänge (Verkäufe, Inzahlungnahmen, Verschrottungen und Entnahmen von Anlagegegenständen), Besonderheiten bei den geringwertigen Wirtschaftsgütern.
- Abstimmen im Umlaufvermögen: Vorräte, unfertige Arbeiten und Erzeugnisse, erhaltene Anzahlungen, Forderungen gegenüber Kunden, sonstige Vermögensgegenstände, Vorsteuerbeträge und Umsatzsteuerforderungen, Kasse, Bankguthaben und weitere liquide Mittel sowie schließlich aktive Rechnungsabgrenzungsposten und Disagios.

## 5.1 Abstimmen des Anlagevermögens

Die Konten des Anlagevermögens werden im Laufe des Jahrs weniger häufig angesprochen als andere Konten. Beim Abstimmen sollen lediglich Falschbuchungen und unterlassene Neuzugänge erkannt werden. Bereiten Sie jedoch schon die Abschlussbuchungen im Anlagevermögen — insbesondere der Abschreibungen — vor:

! **Arbeitsschritt:**

**Kopieren Sie die Rechnungen von Neuzugängen und ggf. von Anschaffungsnebenkosten. Auf andere Konten gebuchte Anschaffungsnebenkosten, nachträgliche Anschaffungskosten oder Preisnachlässe sind umzubuchen. Sofern kein Buchungstext auf das Anlagevermögen hinweist, ergänzen Sie diesen Hinweis handschriftlich auf dem Kontenblatt.**

### 5.1.1 Zugang von Anlagegütern

Achten Sie bei der Überprüfung der Konten besonders auf die Eröffnungsbilanz. Zusätzlich zu den Konten in der Summen- und Saldenliste sind auch die nachträglichen Vortragsbuchungen abzustimmen.

! **Arbeitsschritt:**

**Verwenden Sie für die Anschaffung neuer Wirtschaftsgüter nach Möglichkeit Anlagekonten, die bereits in die Vorjahresbilanz eingeflossen sind. Buchen Sie ggf. um.**

**Beispiel**

Bei den im laufenden Jahr unter »Maschinen« erfassten 60.000 EUR für eine Verpackungsanlage handelt es sich tatsächlich um eine zusätzliche »Betriebsvorrichtung«. Buchen Sie um:

| Soll | Haben | GegenKto | Datum | Konto | |
|---|---|---|---|---|---|
| 60.000,00 | ~~~~ | 0210/0440 | | 0280/0470 | Betriebsvorrichtungen an |
| ~~~~ | ~~~~ | ~~~~ | ~~~~ | | Maschinen |

Wenn Ihr Buchhaltungsprogramm jede Habenbuchung auf einem Anlagenkonto als Anlagenabgang deutet, müssen Sie zunächst den Zugang stornieren.
Für den integrierten Anlagenspiegel der DATEV schalten Sie z. B. die folgende Buchung (Generalumkehr) vor:

| Soll | Haben | GegenKto | Datum | Konto | |
|---|---|---|---|---|---|
| 60.000,00 | | 2000210/ 2000440 | | 1799/1499 | Storno Zugang Maschinen |
| 60.000,00 | | 1799/1499 | | 0280/0470 | Zugang Betriebsvorrichtung |

## 5.1.2 Anlagenabgänge

!

**Arbeitsschritt:**

**Noch nicht erfasste Anlagenabgänge sind ebenfalls Geschäftsvorfälle der laufenden, abzustimmenden Buchhaltung. Kopieren Sie Verkaufsrechnungen, Entnahmebelege, Hinweise auf Inzahlungnahmen u. Ä. und buchen Sie ggf. nach.**

Verkäufe und Entnahmen von Anlagegegenständen sind in zwei Buchungen zu berücksichtigen:

1. Der Verkaufserlös bzw. Entnahmewert wird auf einem Ertragskonto wie »Erlöse aus Anlagenverkäufen«, »Entnahme von Gegenständen«, »Erträge aus dem Abgang von Anlagegegenständen« gebucht.
2. Ist der Verkauf bereits auf einem anderen Erlöskonto erfasst, buchen Sie um.

Der Wert des Gegenstands auf dem Anlagekonto (Buchwert) ist als Aufwand auszubuchen. Der Buchungssatz lautet hier: »Buchwertabgang« an »Anlagenkonto«.

| SKR03 | SKR04 | Kontenbezeichnung (SKR) |
|---|---|---|
| 8820 | 4845 | Erlöse Anlagenverkäufe 19 % USt., Buchgewinn |
| 8801 | 6885 | Erlöse Anlagenverkäufe 19 % USt., Buchverlust |
| 2315 | 4855 | Anlagenabgang Restbuchwert, Buchgewinn |
| 2310 | 6895 | Anlagenabgang Restbuchwert, Buchverlust |

Der Buchwert ist der Restwert in der Buchhaltung, den das Anlagegut nach den Abschreibungen für die vergangene Nutzung und eventuell nach einem außerordentlichen Wertverlust noch hat. Der »Wert in den Büchern« muss nicht dem erzielbaren Verkaufswert entsprechen. Bei einem Buchgewinn liegt der Verkaufserlös über dem Restwert des Anlageguts, bei einem Buchverlust darunter.

## Woher nimmt man den Buchwert des Anlageguts zum Zeitpunkt des Verkaufs?

Ausgehend vom Wertansatz im letzten Jahresabschluss sollten die zeitanteiligen monatlichen Abschreibungen bis zum Verkauf berücksichtigt werden. Sie erhalten den Restbuchwert durch Fortführung von monatlich 1/12 der Jahresabschreibungen. Aber auch ohne Ansatz der anteiligen Abschreibungen geht keine Betriebsausgabe verloren. Sowohl der Buchwertabgang als auch die Abschreibungen stellen einen Aufwand dar. Da die Buchung der Abschreibungen den Restbuchwert um den gleichen Betrag vermindert, ändert sich somit nichts am Betriebsergebnis.

## Entnahme eines Anlageguts

Die Entnahme eines Anlageguts durch den Unternehmer wird als sog. unentgeltliche Wertabgabe (Eigenverbrauch) verbucht, und zwar

- bei einer unentgeltlichen Entnahme in voller Höhe,
- bei einer »verbilligten« Entnahme die Differenz zum Marktwert.

## Beispiel

Der abgeschriebene Firmenwagen eines GbR-Gesellschafters wird an seine Tochter verkauft. Sie hat bereits 500 EUR in bar gezahlt. Diese Zahlung wurde jedoch nicht als umsatzsteuerpflichtiger Erlös, sondern als Privateinlage des Gesellschafters erfasst. Der Marktwert laut Gebrauchtwagenliste beträgt noch 2.900 EUR inkl. Umsatzsteuer.

| Soll | Haben | GegenKto | Datum | Konto | |
|---|---|---|---|---|---|
| 500,00 | | 8820/4845 | | 1890/2180 | Umbuchung Verkauf Pkw |
| 2.400,00 | | 8920/4645 | | 1880/2130 | Unentgeltliche Wertabgabe Pkw |
| | 1,00 | 2315/4855 | | 0320/0520 | Buchwertabgang Pkw |

| SKR03 | SKR04 | Kontenbezeichnung (SKR) |
|---|---|---|
| 8915 | 4610 | Entnahme von Ggst. 7 % USt. § 1 I 2a UStG |
| 8910 | 4620 | Entnahme von Ggst. 19 % USt. § 1 I 2a UStG |

### 5.1.3 Inzahlungnahme eines Anlageguts

Bei der Inzahlungnahme handelt es sich üblicherweise um einen Tausch mit Wertausgleich in bar. Beim Betriebsvermögen von Kaufleuten unter sich sind beide Teile dieses Geschäfts umsatzsteuerpflichtig (Ausnahme: Differenzbesteuerung. Die Abstimmung von diesen Geschäften wird in Kapitel 6.1 behandelt).

**Tipp:** !

**Achten Sie insbesondere bei der Inzahlungnahme eines Fahrzeugs durch einen Autohändler auf den Beleg: Der richtige Rechnungsausweis durch den Autohändler entscheidet darüber, ob beide Seiten Vorsteuer geltend machen können.**

Bei einer falschen Darstellung oder stillschweigenden Verrechnung der Inzahlungnahme und einer Rechnung nur über den Restbetrag kann es passieren, dass

- sowohl der Händler die Differenz nachversteuern muss, weil der Verkaufspreis tatsächlich höher lag,
- als auch der Käufer Umsatzsteuer auf die Inzahlungnahme seines Altfahrzeugs nachzahlen muss,

ohne dass zunächst eine Seite einen Vorsteuerabzug in gleicher Höhe geltend machen kann (weil keine Rechnung mit Umsatzsteuerausweis vorhanden ist).

Am sichersten fahren beide Unternehmer bei zwei getrennten Rechnungen über den Verkauf des Neuwagens und den Verkauf des Altfahrzeugs.

**Beispiel**

Inzahlungnahme eines Pkws mit Buchgewinn. Der Zugang des Neuwagens wurde nur zum Barpreis gebucht.

| | |
|---|---|
| Kaufpreis Neuwagen netto | 48.000 EUR |
| Inzahlungnahme Altfahrzeug | 25.000 EUR |
| Restkaufpreis Neuwagen netto | 23.000 EUR |

Hier sind jeweils 25.000 EUR sowohl als umsatzsteuerpflichtiger Erlös für den Altwagen als auch als Anschaffungskosten des Neuwagens zu buchen.

| | |
|---|---|
| Erlös Altfahrzeug netto | 25.000 EUR |
| Buchwert Altfahrzeug | 20.000 EUR |
| Buchgewinn | 5.000 EUR |

Zusätzlich ist ein Buchwertabgang zu erfassen.

| Soll | Haben | GegenKto | Datum | Konto | |
|---|---|---|---|---|---|
| | 28.750,00 | 900320/ 900520 | | 8820/4845 | Inzahlungnahme Alt-Kfz |
| | 20.000,00 | 2315/4855 | | 0320/0520 | Buchwertabgang Alt-Kfz |

Für Kfz-Händler ist auch der Sonderfall »Verdeckter Preisnachlass« relevant.

### Beispiel

Bei der Überprüfung sämtlicher im Lauf des Jahrs 2012 in Zahlung genommener Pkws wurde festgestellt, dass im Jahr 2016 drei Wagen nur mit Verlust weiterverkauft werden konnten. In Höhe des Verlusts von insgesamt 3.000 EUR liegen verdeckte Preisnachlässe vor. Wenn der Händler die entsprechenden Verkaufsrechnungen im Nachhinein um diese Nachlässe nachbessert, kann er die Umsatzsteuer um 478,99 EUR (19 Prozent) korrigieren.

## 5.1.4 Geringwertige Wirtschaftsgüter (GWG)

Anlagegüter sind Wirtschaftsgüter, die dem Betrieb auf Dauer dienen sollen und deren eventueller Wertverlust über die voraussichtliche Nutzungsdauer abgesetzt werden soll. Aus steuerlichen Gründen werden je nach Anschaffungskosten und Nutzungsdauer drei verschiedene Gruppen von Anlagegütern unterschieden:

- Anlagegüter bis zu einem Wert von netto 150 EUR oder einer Nutzungsdauer von unter einem Jahr,
- Anlagegüter mit einem Wert von netto 150 EUR bis 1.000 EUR,
- Anlagegüter mit einem Wert von netto über 1.000 EUR.

Die ersten beiden Gruppen zählen zu den geringwertigen Wirtschaftsgütern.

### Anlagegüter bis zu einem Wert von netto 150 EUR oder einer Nutzungsdauer von unter einem Jahr

Anlagegüter bis zu einem Wert von netto 150 EUR oder einer Nutzungsdauer von unter einem Jahr sind als sofort abziehbare Betriebsausgaben auf den Konten »Werkzeuge und Kleingeräte«, »sonstiger Betriebsbedarf« u. Ä. zu erfassen — also nicht bei den Anlagegütern, sondern im Aufwandsbereich.

**Tipp:** !

Wenn Sie solche Kleinbeträge bei den Anlagegütern entdecken, klären Sie ab: Handelt es sich um nachträgliche Anschaffungskosten von Anlagegütern bzw. Nebenkosten oder ist der Betrag in den Aufwandsbereich umzubuchen?

| SKR03 | SKR04 | Kontenbezeichnung (SKR) |
|---|---|---|
| 4985 | 6845 | Werkzeuge und Kleingeräte |

### Anlagegüter mit einem Wert von netto 150 EUR bis 1.000 EUR

Bis Ende 2007 und erneut wieder seit 2010 können bewegliche abnutzbare Vermögensgegenstände des Anlagevermögens bis zu Nettoanschaffungskosten von 410 EUR (GWG) sofort im Jahr der Anschaffung unabhängig von ihrer tatsächlichen Nutzungsdauer abgeschrieben werden.

Im Jahr 2008 wurden die GWG neu bestimmt:

1. GWG mit Anschaffungskosten bis 150 EUR sind zwingend in voller Höhe als Betriebsausgaben abzusetzen.
2. GWG zwischen 150 und 1.000 EUR sind in einen Sammelposten einzustellen, der über fünf Jahre mit jeweils einem Fünftel gewinnmindernd aufzulösen ist.

Seit 2010 können Sie demnach wählen, wie Sie sämtliche GWG innerhalb eines Kalenderjahrs einheitlich behandeln wollen:

1. Entweder bis 410 EUR sofort und darüber hinaus über die Nutzungsdauer abschreiben oder
2. zwischen 150 und 1.000 EUR Anschaffungskosten in einem Sammelpool auf fünf Jahre verteilen.

! **Arbeitsschritt:**

**Suchen Sie beim Abstimmen der Anlagekonten nach Kleingeräten/Betriebsbedarf bis 150 EUR und nach geringwertigen Wirtschaftsgütern im Wert bis zu 410 EUR bzw. 1.000 EUR und buchen Sie sie um.**

| SKR03 | SKR04 | Kontenbezeichnung (SKR) |
|---|---|---|
| 0480 | 0670 | Geringwertige Wirtschaftsgüter |
| 0485 | 0675 | Sammelkonto geringwertige Wirtschaftsgüter (GWG) |
| 4855 | 6260 | Sofortabschreibung GWGs |
| 4912 | 6549 | Abschreibungen auf den Sammelposten GWG |

Werkzeuge und Kleingeräte werden bis zu einem Wert von 150 EUR als Sofortaufwand gebucht. Sind diese Gegenstände auf dem Konto »GWG« erfasst, müssen sie umgebucht werden, etwa auf das Konto »Betriebs- und Geschäftsausstattung«.

| SKR03 | SKR04 | Kontenbezeichnung (SKR) |
|---|---|---|
| 0300 | 0500 | Betriebs- und Geschäftsausstattung |
| 0310 | 0510 | Andere Anlagen |
| 0440 | 0620 | Werkzeuge |
| 0430 | 0640 | Ladeneinrichtung |
| 0420 | 0650 | Büroeinrichtung |

| SKR03 | SKR04 | Kontenbezeichnung (SKR) |
|---|---|---|
| 0460 | 0660 | Gerüst- und Schalungsmaterial |
| 0490 | 0690 | Sonstige Betriebs- und Geschäftsausstattung |

In manchen Anschaffungsrechnungen über Geräte und Einrichtungen lassen sich geringwertige Wirtschaftsgüter ausmachen und auf das Konto »GWG« umbuchen.

### Beispiel

In der Rechnung über die neue Büroausstattung zu 7.500 EUR sind Sitzgruppen mit sechs Stühlen/Sesseln zu je 300 EUR, ein Tisch zu 400 EUR und ein weiterer Tisch mit 600 EUR ausgewiesen. Sie sind deshalb auf das Konto »GWG« umzubuchen.

| Soll | Haben | GegenKto | Konto | |
|---|---|---|---|---|
| 2.200,00 | | 2000420/ 2000650 | 1799/1499 | Storno Zugang Büroeinrichtung |
| 2.200,00 | | 1799/1499 | 0485/0675 | Zugang GWG |

## 5.2 Abstimmen des Umlaufvermögens

Zum Umlaufvermögen gehören die Roh-, Hilfs- und Betriebsstoffe, Warenvorräte und Erzeugnisse, Forderungen, sonstige Vermögensgegenstände und liquide Mittel. Sofern vorhanden, sollten auch aktive Rechnungsabgrenzungen (ARAP) und Disagios aufgelöst werden.

### 5.2.1 Vorräte, unfertige Arbeiten und Erzeugnisse, erhaltene Anzahlungen

Der tatsächliche Bestand an Vorräten ergibt sich aus der Inventur zum Ende des Geschäftsjahrs (siehe Kapitel 7). Die Bestandsveränderungen gegenüber der Vorjahresbilanz sind erst dann zu bestimmen. Daher sollten Sie bei der Abstimmung der Buchhaltung nur auf Fehlbuchungen achten. So finden sich gelegentlich »Wareneinkauf« oder »Wareneinsatz« irrtümlicherweise auf den Warenbestandskonten. Sie sind entsprechend umzubuchen.

! **Arbeitsschritt:**

**Wurde die Inventur der Vorräte richtig durchgeführt? Klären Sie eventuelle Differenzen für den Jahresabschluss. Bereiten Sie die Unterlagen für eventuelle Bewertungsabschläge bei den Vorräten vor. Sind die Wertminderungen ausreichend dokumentiert, können beim Jahresabschluss Teilwertabschreibungen vorgenommen werden.**

Wertminderungen bei Vorräten kommen in Betracht,

- wenn die Wiederbeschaffungskosten unter die Anschaffungskosten der Vorräte gesunken sind (gesunkene Wiederbeschaffungspreise sind durch Preislisten der Lieferanten leicht darzustellen),
- wenn der voraussichtliche Veräußerungspreis nicht mehr die Selbstkosten deckt (Selbstkosten = Anschaffungspreis + anteiliger betrieblicher Aufwand + anteiliger Unternehmensgewinn aus dem Vorjahr). Gründe hierfür können z. B. bei Boutiquen die Änderung der Mode oder im Kfz-Handel das Vorhandensein von Ersatzteilen für Auslaufmodelle sein. Weitere Gründe sind das Ausbleichen von Ware, Sortimentsumstellungen etc.

Tatsächlich erzielte niedrigere Verkaufspreise für eine ausreichende Menge an herabgesetzter Ware können Sie hingegen durch Preisherabsetzungslisten, durchgestrichene Preisschilder, Werbebroschüren oder -annoncen nachweisen. Zeigen Sie anhand der Verkaufspreise vor und nach der Preissenkung, um wie viel die Selbstkosten im Einzelfall unterschritten wurden und wie sich daraus die gebuchte Teilwertabschreibung zusammensetzt.

Die Möglichkeit der Teilwertabschreibung ist eingeschränkt: Wollen Sie die niedrigeren Teilwertansätze des Umlaufvermögens aus der Vorjahresbilanz beibehalten, müssen Sie die Voraussetzungen dafür alljährlich erneut nachweisen.

! **Beachten Sie:**

**Die Preisrückgänge müssen zum Bilanzstichtag noch nicht eingetreten sein. Sie können sich auch einige Zeit später ereignen.**

Eröffnungsbilanzbestände an unfertigen Erzeugnissen und Leistungen, noch nicht abgerechnete Bauaufträge und andere in Arbeit befindliche Aufträge sind in der laufenden Buchhaltung unbeachtlich. Bereinigen Sie auf diesen Konten lediglich Fehlbuchungen. Bestandsveränderungen werden erst nach der Inventur in den Abschlussbuchungen festgestellt.

**Arbeitsschritt:** !

**Bereiten Sie die Unterlagen zu den angefangenen Arbeiten und zur Bewertung der unfertigen Erzeugnisse zu (bis dahin angefallenen) Herstellungskosten vor. Aus den ersten Monatsbuchhaltungen des neuen Jahrs können Sie die meisten angefangenen Arbeiten und ihren Bearbeitungsstand zum Jahresende nachvollziehen. Allerdings können sich z. B. manche Bauarbeiten auch über Jahre hinziehen. Geleistete und erhaltene Anzahlungen auf Bestellungen aus dem vorangegangenen und dem laufenden Jahr sind zu prüfen. Wurde die Endabrechnung zwischenzeitlich gestellt, buchen Sie die Anzahlung um. Achten Sie bei geleisteten Anzahlungen auf den korrekten Vorsteuerausweis und die notwendigen Rechnungsangaben auf dem Beleg — und lassen Sie sich nicht auf die spätere Rechnung vertrösten.**

Im Streitfall mit dem Lieferanten sind Sie nämlich nicht nur die Anzahlung los, sondern müssen zudem auch den Vorsteuerabzug rückgängig machen.

## Beispiel

Die von einem Kunden im Januar 2016 geleistete Anzahlung von brutto 5.950 EUR (inkl. 19 Prozent Umsatzsteuer) wurde in der Endabrechnung im Mai 2016 über 23.800 EUR (inkl. 19 Prozent Umsatzsteuer) gutgeschrieben. Als Forderungsausgleich wurden seinerzeit aber lediglich 17.400 EUR gebucht — die Anzahlung wurde schlichtweg vergessen. Umgekehrt wurde im April für die Renovierung der Geschäftsräume eine Anzahlung an einen Handwerker über brutto 11.900 EUR (inkl. 19 Prozent Umsatzsteuer) geleistet. Nach Endabrechnung von 46.000 EUR wurde in der Buchhaltung auch hier nur der Überweisungsbetrag berücksichtigt.

Bei der Abstimmung der Konten »erhaltene Anzahlungen auf Bestellungen« und »geleistete Anzahlungen« ist umzubuchen:

| Soll | Haben | GegenKto | Konto | |
|---|---|---|---|---|
| | 5.950,00 | 301710/ 301190 | 1410/1210 | Januarumbuchung Anzahlung zu 19 % USt. auf Forderungen a. LuL |
| | 11.900,00 | 1610/3310 | 1517/1184 | Umbuchung Bruttoanzahlung auf Renovierung |

| SKR03 | SKR04 | Kontenbezeichnung (SKR) |
|---|---|---|
| 1510 | 1180 | Geleistete Anzahlungen auf Vorräte |
| 1511 | 1181 | Geleistete Anzahlungen 7 % VSt. |
| 1517 | 1184 | Geleistete Anzahlungen 19 % VSt. |
| 1710 | 1190 | Erhaltene Anzahlungen auf Bestellungen |

## 5.2.2 Forderungen gegenüber Kunden

Forderungen aus Lieferungen und Leistungen der Gesellschaft werden in der Buchführung unterschiedlich erfasst:

1. In einer separaten Debitorenbuchhaltung werden Kundenkonten geführt, deren Gesamtsaldo auf dem Konto »Forderungen aus Lieferungen und Leistungen« erscheint. Die Abstimmung dieser Konten wird zusammen mit den Lieferantenkonten vorgenommen.
2. Bei einer überschaubaren Anzahl von Kunden reichen einige wenige Sachkonten innerhalb der eigentlichen Finanzbuchhaltung für die Darstellung der Forderungen aus.

! **Arbeitsschritt:**

Buchen Sie die Forderungen der Eröffnungsbilanz aus, sofern sie im laufenden Jahr beglichen wurden. Wenn Sie auch während des laufenden Jahrs Forderungskonten verwenden — wozu Sie steuerlich für die Umsatzsteuervoranmeldungen verpflichtet sind —, dann stimmen Sie zum Jahresende die ausstehenden Posten auf den Kontenblättern ab: Sind die offenen Rechnungen tatsächlich noch nicht ausgeglichen? Buchen Sie sämtliche als Forderungen und bei Zahlung doppelt erfassten Umsatzerlöse um.

### Beispiel

Die nachfolgenden Geschäftsvorfälle sind gar nicht oder unrichtig erfasst:

Sämtliche aus dem Vorjahr stammenden Forderungen von 100.000 EUR (inkl. 19 Prozent Umsatzsteuer) wurden im Laufe des Jahrs ausgeglichen, bis auf eine i. H. v. 4.800 EUR. Die Zahlungen waren als Erlöse gebucht.

| | |
|---|---|
| Umsatzerlöse | 80.000 EUR |
| Umsatzsteuerkorrektur | 15.200 EUR |
| an Forderungen aus Lieferungen u. Leistungen | 95.200 EUR |

Zwei Ausgangsrechnungen von September und Ende Dezember über jeweils netto 15.000 EUR sind noch nicht erfasst. Der Ausgleich der Septemberrechnung führte auf dem Forderungskonto zu einer Überzahlung.

| | |
|---|---|
| Forderungen aus Lieferungen u. Leistungen | 35.700 EUR |
| an Umsatzerlöse | 30.000 EUR |
| Umsatzsteuer | 5.700 EUR |

Eine Rechnung aus dem März über netto 40.000 EUR ist seit Langem ausgeglichen. Die laut Kontoblatt vermeintlich offene Rechnung wurde bei Zahlung nochmals als Erlös erfasst.

| | |
|---|---|
| Umsatzerlöse | 40.000 EUR |
| Umsatzsteuerkorrektur | 7.600 EUR |
| an Forderungen aus Lieferungen u. Leistungen | 47.600 EUR |

| Soll | Haben | GegenKto | Konto | |
|---|---|---|---|---|
| | 95.200,00 | 4400 | 1210 | Doppelt erfasste Erlöse aus Vj. |
| 35.700,00 | | 4400 | 1210 | Noch nicht erfasste Ausgangsnr. |
| | 47.600,00 | 4400 | 1210 | Noch nicht erfasster Rechnungsausgl. |

**Arbeitsschritt:** !

Die Neubewertung und ggf. Abschreibung von alten und zweifelhaften Forderungen sowie die pauschale Wertberichtigung auf den gesamten Forderungsbestand werden zum Jahresabschluss vorgenommen. Bereiten Sie Schriftstücke vor, aus denen sich einzelne Risiken (wie erreichte Mahnstufen und ein entsprechender Schriftwechsel, fruchtlose Pfändungen, eidesstattliche Versicherungen, Konkursverfahren) und das pauschale Ausfallrisiko im Verhältnis zu den Gesamtforderungen oder Umsätzen erkennen lassen. Kennzeichnen Sie auch diejenigen Forderungen, bei denen später etwa durch Warenrücksendungen und Preisnachlässe Abzüge gemacht werden.

### 5.2.3 Sonstige Vermögensgegenstände

Unter diese Rubrik fallen sämtliche andere Forderungen, Besitzwechsel, Kautionen, Arbeitnehmervorschüsse und -darlehen, Vorsteuer- und andere Steuerguthaben. Daneben soll hier das Abstimmen der durchlaufenden Posten, des Geldtransits und der unklaren Posten behandelt werden.

! **Arbeitsschritt:**

**Für sämtliche Vermögensgegenstände ist zu prüfen, inwieweit die vorgetragenen Eröffnungsbilanzwerte am Jahresende noch vorhanden sind. Buchen Sie ggf. auf anderen Konten erfasste Abgänge um.**

#### Beispiel

Die folgenden Eröffnungsbilanzwerte sind in der laufenden Buchhaltung unbeachtet geblieben:

Ein Arbeitnehmervorschuss über 1.000 EUR ist längst in den Lohnabrechnungen des ersten Quartals verrechnet worden.

Die drei Jahre alte Umsatzsteuerforderung über 500 EUR wurde von der Finanzkasse laut Mitteilungsschreiben mit einer Einkommensteuervorauszahlung verrechnet.

Zum Jahresbeginn bestand in einem Haftpflichtfall eine Schadensersatzforderung über 7.500 EUR. Gebucht wurde der Geldeingang unter Kfz-Versicherungen im Haben.

| Soll | Haben | GegenKto | Konto | |
|---|---|---|---|---|
| | 1.000,00 | 4110/6010 | 1530/1340 | Verrechnung des Lohnvorschusses mit Lohn |
| | 500,00 | 1810/2150 | 1545/1425 | Verrechnung des USt.-Guthabens mit ESt. |
| | 7.500,00 | 4520/6520 | 1502/1305 | Kfz-Haftpflichtfall Umbuchung |

!

**Arbeitsschritt:**

**Erstellen Sie eine Liste der vorhandenen Besitzwechsel und gleichen Sie den Bestand auf dem Konto ab. Erstellen Sie eine Liste über die ausstehenden sonstigen Forderungen. Stimmen Sie die durchlaufenden Posten und das Konto »Geldtransit« ab.**

Mit dem Konto »Geldtransit« gehen Sie sicher, dass das Geld im »Übergang« von einem Konto auch beim anderen Konto ankommt. Gerade bei mehreren gleich hohen Einzahlungen hintereinander ist eine Kontrolle hilfreich. Wird die Verrechnungsstelle »Geldtransit« nicht nachvollziehbar ausgeglichen, ist etwas schief gelaufen. Möglicherweise wurde eine Eintragung vergessen, es liegen Additionsfehler oder Buchungsfehler vor oder es ist tatsächlich Geld abhandengekommen. Sollte das Konto zum Jahresende nicht ausgeglichen sein und kein tatsächlicher Überhang zwischen den Jahren bestehen, verfolgen Sie rückwärts nach und nach sämtliche Geldbewegungen:

| Bei Einzahlungen auf das Bankkonto | Bei Barabhebung vom Bankkonto |
|---|---|
| Ausgang Kasse = Eingang Geldtransit | Ausgang Bank = Eingang Geldtransit |
| Eingang Bank = Ausgang Geldtransit | Eingang Kasse = Ausgang Geldtransit |

## Beispiel

Geschäftsführer Schröder schreibt aus Zeitmangel die täglichen Ein- und Ausgaben seiner Filialen jeweils einige Tage später nach (das kann zu einer nicht ordnungsmäßigen Buchhaltung führen!). Dabei übersieht Schröder eine Einzahlung bei der Bank i. H. v. 1.000 EUR. Durch die vergessene Einzahlung steht am Jahresende auf dem Konto »Geldtransit« ein Habensaldo. In der Buchhaltung muss dieser Vorgang rekonstruiert werden: Die eingezahlten 1.000 EUR stammen aus Umsatzerlösen. Daher müssen nachträglich unter dem damaligen Datum sowohl die Kasseneinnahmen als auch die Entnahme zur Einzahlung auf das Bankkonto gebucht werden.

| Soll | Haben | GegenKto | Konto | |
|---|---|---|---|---|
| 1.000,00 | | 8300/4300 | 1003/1603 | »Vergessener« Umsatz in Filiale 3 |
| | 1.000,00 | 1550/1360 | 1003/1603 | Einzahlung Bank/Ausgleich Geldtransit |

Das Konto »Unklare Posten« finden Sie in keinem offiziellen Kontenrahmen wieder und es wird in kaum einem Lehrbuch behandelt, weil Geschäftsvorfälle in der Buchhaltung klar und eindeutig zu sein haben. In der Praxis aber steht dem Anspruch auf Perfektion der Grundsatz der Wirtschaftlichkeit und zeitnahen Erfassung entgegen – unter dem Termindruck der Abgabe von Umsatzsteuervoranmeldungen. Vorfälle, die wegen fehlender Belege und Angaben nicht einzuordnen sind, dürfen die Eingabe weiterer Buchungssätze nicht blockieren. Sie sind vorübergehend als unklare Posten zu erfassen, aber möglichst schnell zu klären und auszubuchen. Spätestens zum Jahresabschluss gibt es keine unklaren Posten mehr. Je mehr Zeit ins Land geht, desto schwieriger wird die Aufklärung. Lassen Sie deshalb bis zum Jahresende nicht seitenweise ungeklärte Posten auflaufen.

### Beispiel

Das dritte Blatt des Bankauszugs mit der Nr. 113/3 vom 14.12. ist spurlos verschwunden. Um die schon späte Erfassung der Dezemberbuchhaltung nicht weiter zu verzögern, wird der gesamte Umsatz dieses Blattes mit einer Gutschrift von 523 EUR als unklarer Posten eingebucht. Die Bank verspricht, eine Auszugskopie zu liefern.

| Soll | Haben | GegenKto | Konto | |
|---|---|---|---|---|
| 523,00 | | 1399/1499 | 1200/1800 | fehlender Auszug 113/3 vom 14.12. |

Bei der Abschlusserstellung im Mai des Folgejahrs wird nochmals um eine Kopie gebeten. Dadurch lässt sich nun ein Zahlungseingang über 1.000 EUR einer ausstehenden Rechnung des Kunden 12300 zuordnen. Für eine Barauszahlung von 200 EUR und einen Scheck über 277 EUR fehlt jedoch nach wie vor jeglicher Bezug. Wie sind solche Ausgaben zu behandeln? Für einen Abzug als Betriebsausgabe ist der Unternehmer nach § 160 Abgabenordnung (AO) auf Verlangen des Finanzamts verpflichtet, den Empfänger zu benennen. Da er das beim besten Willen nicht kann, kommt hier nur der Ansatz als »nicht abzugsfähige Betriebsausgabe« infrage.

| Soll | Haben | GegenKto | Konto | |
|---|---|---|---|---|
| 1.000,00 | | 12300/<br>12300 | 1799/1499 | Rechnungsausgleich durch Kunden |
| | 477,00 | 4652/6642 | 1799/1499 | nicht zuzuordnende Ausgaben |

| SKR03 | SKR04 | Kontenbezeichnung (SKR) |
|---|---|---|
| 1590 | 1370 | Durchlaufende Posten |
| 1360 | 1460 | Geldtransit |
| 1399 | 1499 | Unklare Posten |
| 4652 | 6642 | Nicht abziehbare Betriebsausgaben |

### 5.2.4 Vorsteuerbeträge und Umsatzsteuerforderungen

Als Eröffnungsbilanzwert sollte auf dem Vorsteuerkonto lediglich die im Vorjahr noch nicht abziehbare Vorsteuer stehen. Umsatzsteuerforderungen aus Vorjahr(en) finden Sie auch als Sollsaldo von Verbindlichkeitskonten auf der Passivseite, wenn sich bei der Umsatzsteuer insgesamt eine Schuld ergibt.

**Arbeitsschritt:** !

**Gleichen Sie die Eröffnungswerte zur Vorsteuer und zu den Umsatzsteuerforderungen mit den Konten ab. Überprüfen Sie ungewöhnlich hohe Vorsteuerbeträge und Habenbuchungen.**

Hohe Vorsteuerbeträge können aus verwechselten Kontonummern herrühren oder bei der Erfassung von Umsatzsteuervorauszahlungen entstehen. Auch eine Stornierung von Umsatzerlösen, bei der Umsatzsteuer und Vorsteuer verwechselt wurden, führt zu Fehlbuchungen auf der Sollseite. Diese Fehler lassen sich leicht beim Abstimmen der Umsatzkonten entdecken.

| SKR03 | SKR04 | Kontenbezeichnung (SKR) |
|---|---|---|
| 1570 | 1400 | Abziehbare Vorsteuer |
| 1571 | 1401 | Abziehbare Vorsteuer 7 % |
| 1575 | 1405 | Abziehbare Vorsteuer 19 % |

Bei den Habenbuchungen sollte es sich ausschließlich um Vorsteuerkorrekturen handeln, d. h., um Korrekturen, die aus Preisnachlässen, Rücksendungen an Lieferanten, Vorsteuererstattungen resultieren. Dank der EDV-Auswertung ist es nicht mehr üblich, die Vorsteuerkonten monatlich über das Umsatzsteuerkonto abzuschließen. Die verbleibende Zahllast für die Umsatzsteuervorauszahlung wird auch ohne Saldierung fertig in das Voranmeldungsformular gedruckt. Deshalb ist man in der Lage, zum Jahresende auf einfache Weise eine Verprobung der Vorsteuer vorzunehmen.

! **Arbeitsschritt:**

**Verproben Sie die Vorsteuer des laufenden Jahrs und halten Sie das Ergebnis für den Jahresabschluss fest.**

Bei der Verprobung überschlagen Sie anhand der Jahressalden der Aufwandskonten, geleisteten Anzahlungen und Zugänge im Anlagevermögen die Vorsteuerabzugsbeträge des laufenden Jahrs.

| Konto | Bezeichnung | Soll | Haben | VSt. | Bemerkungen |
|---|---|---|---|---|---|
| 0210/0440 | Maschinen | 60.000 | | 11.400 | |
| 0320/0520 | Kfz | 45.000 | | 8.550 | Anschaffung Februar |
| 0420/0650 | Büroeinrichtung | 15.000 | | 2.850 | |
| 0480/0670 | GWG | 20.000 | | 3.800 | |
| 1400/1200 | Forderungen aus LuL | 220.000 | | -------- | |
| 1570/1400 | Abziehbare Vorsteuer | 160.728 | | | |
| 1000/1600 | Kasse | 1.100 | | -------- | |
| 1200/1800 | Bank | | 50.000 | -------- | |
| 1600/3300 | Verbindlichkeiten aus LuL | | 330.000 | -------- | |
| 0630/3560 | Darlehen | 60.000 | | -------- | |
| 1770/3800 | Umsatzsteuer | | 216.000 | -------- | |
| 1780/3820 | Umsatzsteuerzahlungen | 90.080 | | -------- | |
| 8000/4000 | Umsatzerlöse | | 1.440.000 | -------- | |
| 3200/5200 | Wareneingang | 673.000 | | 115.000 | ggf. unterschiedliche Steuersätze beachten |
| 6004100/0 | Löhne und Gehälter | 400.000 | | -------- | |

| Konto | Bezeichnung | Soll | Haben | VSt. | Bemerkungen |
|---|---|---|---|---|---|
| 4220/6315 | Pacht | 48.000 | | 9.120 | Ist Vorsteuerabzug gegeben? |
| 4500/6500 | Kfz-Kosten | 30.000 | | 7.600 | Kfz-Versicherung und Steuern (hier 10.000 EUR) sind umsatzsteuerfrei |
| 4650/6640 | Bewirtungskosten | 5.000 | | 950 | |
| 4670/6670 | Reisekosten | 10.000 | | 800 | mit Vorsteuerabzug |
| 4930/6815 | Bürobedarf | 5.000 | | 748 | inkl. Fachliteratur 500 EUR zu 7 % |
| 2110/7310 | Zinsen kurzfristige Verbindlichkeiten | 2.000 | | | |
| 2120/7320 | Zinsen langfristige Verbindlichkeiten | 50.500 | | | |
| 4320/7610 | Gewerbesteuer | 5.000 | | | |
| 9000 | Saldenvorträge Sachkonten | | 3.000 | | |
| 9008 | Saldenvorträge Debitoren | | 120.000 | | |
| 9009 | Saldenvorträge Kreditoren | 130.000 | | | |
| 10100 | Kunde | 0 | | | |
| ~~~ | ~~~~ | ~~~~ | ~~~~ | | |
| 60100 | Lieferant | | 5.000 | | |
| | | | | 160.818 | max. möglicher VSt.-Abzug |
| | | | | 160.728 | Salden der Vorsteuerkonten |
| | | | | 90 | Differenz Vorsteuerverprobung |

Die »Pi mal Daumen« ermittelten Vorsteuerbeträge müssen in ihrer Summe den Salden auf den Vorsteuerkonten entsprechen. Da hier der maximale mit dem tatsächlichen Vorsteuerabzug verglichen wird, ist eine positive Differenz die Regel. Eine zu hohe Differenz deutet auf Buchungsfehler zu Ihren Lasten hin, eine

Unterdeckung des Vorsteuerausweises durch die verprobten Beträge provoziert hingegen bereits ab 500 EUR Rückfragen vom Finanzamt.

Meist sind es ungewöhnliche Geschäftsvorfälle, Korrekturen oder die Verwechslung von Vorsteuer und Umsatzsteuer, die als einzelne Ausreißer für die Differenz verantwortlich sind. Achten Sie in diesem Fall bei den folgenden Aufwandskonten besonders auf den Vorsteuerabzug und auf Sollbuchungen bei den Erlösen.

! **Tipp:**

**Die Vorsteuer ist nicht abziehbar, soweit der Unternehmer Umsätze tätigt, die den Vorsteuerabzug ausschließen, z. B. steuerfreie Umsätze nach § 4 Nr. 8 bis 28 UStG:**

**Hier kommen insbesondere infrage:**

**Honorare von Ärzten (Ausnahme z. B. zahntechnisches Labor), Umsätze von Krankenhäusern und Altenheimen, Provisionen von Versicherungsvertretern und Versicherungsentschädigungen, Umsätze aus Vermietungen und Handel von Grundstücken, Umsätze aus Lehrtätigkeit, Jugendhilfe und ehrenamtliche Aufwandsentschädigungen.**

Vorsteuerbeträge sind auf den folgenden Konten zu erfassen, wenn die Aufwendungen nicht einzeln zugeordnet werden können. Bei der späteren Aufteilung nach ihrer wirtschaftlicher Zuordnung sind sie aufzuteilen in abziehbare und nicht abziehbare Vorsteuer.

| SKR03 | SKR04 | Kontenbezeichnung (SKR) |
|---|---|---|
| 1560 | 1410 | Aufzuteilende Vorsteuer |
| 1561 | 1411 | Aufzuteilende Vorsteuer 7 % |
| 1565 | 1415 | Aufzuteilende Vorsteuer 19 % |

Die Aufteilung der Vorsteuer in abziehbare und nicht abziehbare Vorsteuer sollte bei den Abschlussarbeiten vorgenommen werden, weil das richtige Verhältnis ggf. erst nach dem Abstimmen der Umsatzerlöse ermittelt werden kann.

Mit dem Rechner zur Vorsteuerverprobung auf den Arbeitshilfen online können Sie den Gesamtbetrag der abziehbaren Vorsteuer errechnen. Das dient als Vergleichsbasis zur Abstimmung der Vorsteuerkonten.

### 5.2.5 Kasse, Bank und weitere liquide Mittel

**Arbeitsschritt:** !

Stimmen Sie die letzten Kontenblätter der Kasse und Ihrer Konten bzw. Depots (Girokonten, Sparguthaben, Festgeldkonten, Wertpapiere etc.) mit dem Kassenbuch Dezember bzw. dem letzten Konto- oder Depotauszug ab. Machen Sie zum Nachweis jeweils Kopien.

Auch hier sind die in der Praxis auftretenden Differenzen zwischen der Buchhaltung und dem tatsächlichen Kassenbestand sowie dem tatsächlichen Stand des Bankkontos nicht vorgesehen. Es bleibt Ihrer Ausdauer vorbehalten, wie Sie mit solchen dennoch vorkommenden Differenzen umgehen: Bagatellbeträge von einigen Euro sind eher über Privatentnahmen auszubuchen, statt stundenlang nachzuforschen. Bei erheblichen Beträgen stellt eine solche formell nicht ordnungsmäßige Kontenführung jedoch einen gravierenden Mangel dar. Gehen Sie in einem solchen Fall die Monate anhand der Saldenlisten bis zum Fehlermonat zurück und gleichen Sie die Primanota (Protokoll der eingegebenen Buchungssätze) mit den Bankkontoauszügen, Kassenbuch etc. ab.

**Tipp:** !

Ist die Differenz zwischen der Buchhaltung und dem tatsächlichen Kassen- bzw. Bankkontobestand durch 9 teilbar? Dann liegt höchstwahrscheinlich ein Zahlendreher vor.

**Beispiel**

| Differenz | Zahlendreher |
|---|---|
| 63 | 81 anstatt 18 |
| 63 | 92 anstatt 29 |
| 495 | 803 anstatt 308 |
| 7200 | 19XX anstatt 91XX |

Ein Fehler kommt selten allein. Den zweiten Platz in einer noch aufzustellenden Fehlerstatistik nehmen »Kombinationsfehler« ein. Sie sind an den geringen Abweichungen von glatten Beträgen erkennbar.

**Beispiel**

| Differenz | kombinierte Fehler |
|---|---|
| 19,98 | a) 20,00 nicht erfasst |
| | b) 248,07 statt 248,05 |
| 1.003,00 | a) 5.678,12 statt 6.678,12 |
| | b) 27,00 statt 24,00 |

Soll mit Haben zu verwechseln führt zu Fehlern mit doppelten Beträgen. Das geschieht häufig bei einzelnen Korrekturbuchungen, wenn eine Kontrolle und Abstimmung mit der Bank oder der Kasse nicht möglich ist. Eine vierfache »Blüte« dieses Fehlers entsteht, wenn eine solche Verwechslung nochmals falsch korrigiert wird.

! **Tipp:**

**Versuchen Sie, Ihr persönliches Fehlermuster zu identifizieren. Dann tun Sie sich bei der Suche und der Vermeidung von Buchungsfehlern leichter.**

## 5.2.6 Aktive Rechnungsabgrenzungsposten und Disagio

Vorauszahlungen größerer Betriebsausgaben aus dem Vorjahr für das laufende Jahr sind in der Eröffnungsbilanz als aktive Rechnungsabgrenzung vorgetragen. Vorwegzinsen und Abschlussgebühren eines Darlehens werden als Disagio eingestellt. Sie sind über die Laufzeit des Darlehens zu verteilen.

! **Arbeitsschritt:**

**Sofern noch nicht geschehen, lösen Sie sämtliche aktiven Rechnungsabgrenzungen aus dem Vorjahr auf. Lösen Sie die Disagios zeitanteilig für das laufende Jahr auf.**

Anhand einer Liste der einzelnen Posten aus dem Vorjahr buchen Sie die unterschiedlichen Aufwandsarten ein. Auch die eingestellten Disagios können Sie den Unterlagen des Vorjahrs entnehmen und zeitanteilig als monatliche Zinsaufwendungen berücksichtigen. Die Rechnungsabgrenzungen im neuen Jahresabschluss sind erst nach dem Abstimmen sämtlicher Aufwandskonten zu ermitteln und in einer Liste vorzubereiten. Beim Abstimmen der Darlehen wird nochmals von Disagios die Rede sein (siehe Kapitel 5).

### Beispiel

Im Vorjahr wurden die nachfolgenden Rechnungsabgrenzungen gebildet und Disagios ausgewiesen.

| | |
|---|---|
| Kfz-Versicherungen | 3.000 EUR |
| Kfz-Steuer | 1.000 EUR |
| Summe ARAP | 4.000 EUR |

| Disagio Darlehen | Stand 1.1. | | Aufwand lfd. Jahr | Stand 31.12. | |
|---|---|---|---|---|---|
| Hypo-Darlehen A | 102/240 Mon. | 6.120 EUR | (720 EUR) | 90/240 Mon. | 5.400 EUR |
| Hypo-Darlehen B | 60/240 Mon. | 5.000 EUR | (5.000 EUR) | aufgelöst | |
| Invest-Darlehen | 54/60 Mon. | 1.620 EUR | (360 EUR) | 42/60 Mon. | 1.260 EUR |
| | | 12.740 EUR | (6.080 EUR) | | 6.660 EUR |

| Soll | Haben | GegenKto | Konto | |
|---|---|---|---|---|
| | 3.000,00 | 4520/6520 | 0980/1900 | im Vj. vorausgez. Kfz-Versicherung |
| | 1.000,00 | 4510/7685 | 0980/1900 | im Vj. vorausgez. Kfz-Steuer |
| | 6.080,00 | 2120/7320 | 0986/1940 | anteiliges Disagio laufendes Jahr |

| SKR03 | SKR04 | Kontenbezeichnung (SKR) |
|---|---|---|
| 0980 | 1900 | Aktive Rechnungsabgrenzung |
| 0986 | 1940 | Damnum/Disagio |

# 6 Abstimmen der Passiva

**Ablaufplan Jahresabschluss**

Vortragen der Eröffnungsbilanz

Abstimmen der Buchhaltung

Abstimmen: Aktiva

**Abstimmen: Passiva**

Abstimmen: Gewinn- und Verlustrechnung

Inventur

Anlagevermögen, Abschreibungen, Anlagenspiegel

Umlaufvermögen

Eigenkapitalgliederung

Rückstellungen und Verbindlichkeiten

Gewinn- und Verlustrechnung und Gewinnverteilung

Übermitteln der Steuererklärungen

GmbH & Co. KG: Offenlegung des Jahresabschlusses mit Anhang

Übermitteln der E-Bilanz

Dieses Kapitel befasst sich mit den Konten der Passivseite der Bilanz. Beim Abstimmen dieser Konten gehen wir zunächst kurz auf die folgenden Sachverhalte ein:

- Eigenkapitalkonten,
- Auflösung von Rückstellungen,
- Abstimmung der Darlehen und erhaltenen Anzahlungen,
- Verbindlichkeiten gegenüber Lieferanten und
- sonstige Verbindlichkeiten wie Schuldwechsel, erhaltene Kautionen, Verbindlichkeiten zu den Lohnkosten und Steuern, insbesondere der Umsatzsteuer.

## 6.1 Eigenkapitalkonten

Auf der Passivseite der Bilanz stehen das Eigenkapital (sofern es kein Fehlkapital gibt) und die Schulden der Gesellschaft. Während des Jahrs werden das Festkapital und die Rücklagen einer Gesellschaft selten verändert. Auf die folgenden Positionen gehen wir deshalb erst bei der Aufstellung der Bilanz näher ein:

- Kapitalkonto I: Festkapital/Kommanditkapital,
- Kapitalkonto II: Variables Kapital/Verlustausgleichskonto, Abschluss der Privatkonten von Vollhaftern,
- Kapitalkonto III: Gesellschafterdarlehen, Abschluss der Privatkonten von Teilhaftern,
- Konten zur neuen Kapitalkontenentwicklung.

Seit 2015 ist eine Kapitalkontenentwicklung zwingender Bestandteil der E-Bilanz. Aus diesem Grund hat die DATEV ab dem Wirtschaftsjahr 2015 erweiterte Buchungsmöglichkeiten geschaffen. Deshalb ist bereits unterjährig auf eine peinlich genaue Zuordnung der Buchungen zum jeweils betroffenen Gesellschafter zu achten. Insbesondere Privatentnahmen lassen sich leichter in der laufenden Buchhaltung als nach Ablauf eines Jahrs bestimmen.

Sofern die Gesellschafter in den Stammdaten hinterlegt sind, öffnet sich bei jeder Buchung auf allgemeine Kapitalkonten ein Eingabefenster, in dem eine Zuordnung zum betreffenden Gesellschafter vorgenommen werden kann.

Daneben ist mit der Aufgabe der Endzifferlogik von 0 bis 9 die Begrenzung auf 10 Gesellschafter aufgehoben. So kann z. B. eine Buchung auf dem Konto »Privatentnahme« 1800/2100 über das Zusatzfenster bis zu 9999 Gesellschaftern zugeordnet werden.

| Neue DATEV-Konten zur Kapitalkontenentwicklung | SKR03 | SKR04 |
|---|---|---|
| Gesamthänderisch gebundene Rücklagen | 989 | 2959 |
| Gewinnvortrag vor Verwendung (Kapitalkontenentwicklung) | 865 | 2975 |
| Verlustvortrag vor Verwendung (Kapitalkontenentwicklung) | 867 | 2977 |
| Gewinnvortrag nach Verwendung (Kapitalkontenentwicklung) | 2865 | 7705 |
| Verlustvortrag nach Verwendung (Kapitalkontenentwicklung) | 2867 | 7725 |

| Neue DATEV-Konten zur Kapitalkontenentwicklung | SKR03 | SKR04 |
|---|---|---|
| Entnahmen aus gesamthänderischen Rücklagen (Kapitalkontenentwicklung) | 2841 | 7751 |
| Einstellung in gesamthänderische Rücklagen | 2481 | 7781 |
| Ansprüche aus betrieblicher Altersversorgung Mitunternehmer | 1389 | 1349 |
| Sonderbetriebseinnahmen, Tätigkeitsvergütung | 8500 | 4500 |
| Sonderbetriebseinnahmen, Miet-/Pachteinnahmen | 8501 | 4501 |
| Sonderbetriebseinnahmen, Zinseinnahmen | 8502 | 4502 |
| Sonderbetriebseinnahmen, Haftungsvergütung | 8503 | 4503 |
| Sonderbetriebseinnahmen, Pensionszahlungen | 8504 | 4504 |
| Sonderbetriebseinnahmen, sonstige Sonderbetriebseinnahmen | 8505 | 4505 |

## 6.2 Steuerliche Rücklagen

Die Bildung, Übertragung und Auflösung von Rücklagen gehört ebenfalls zu den Jahresabschlussarbeiten und betrifft nicht die Abstimmung der laufenden Buchhaltung. Bereiten Sie dennoch schon entsprechende Planungsunterlagen zur Bildung von Rücklagen vor.

**Arbeitsschritt:** !

**Sind Reinvestitionen von Erträgen aus Anlageverkäufen geplant? Sollen die Gelder in Grund und Boden oder Gebäude reinvestiert werden?**

**Für den Ansatz von »Investitionsabzugsbeträgen« – als dem außerbilanziellen Nachfolger der früheren »Ansparrücklage« – können Sie die in den folgenden drei Jahren geplanten Anlageinvestitionen in einer Liste zusammenstellen. Bis zu 40 % der zukünftigen Anschaffungskosten lassen sich vom steuerlichen Gewinn abziehen, quasi als vorweggenommene Abschreibungen (mehr zu diesem Thema in Kapitel 8.1).**

## 6.3 Rückstellungen

Rückstellungen dürfen nicht mit Rücklagen verwechselt werden. Rückstellungen dienen dazu, noch nicht exakt bestimmte Verbindlichkeiten zu erfassen. Wirtschaftlich gesehen ist der zugrunde liegende Aufwand dem alten Jahr zuzurechnen. Ob und wann der Unternehmer die Rückstellung zur Zahlung der Verbindlichkeit tatsächlich in Anspruch nehmen wird oder wie hoch der Aufwand endgültig zu beziffern ist, zu dem Zeitpunkt, zu dem die Rückstellung gebildet wird, ungewiss.

!

**Arbeitsschritt:**

**Überprüfen Sie die Rückstellungen aus der Eröffnungsbilanz und lösen Sie sie ggf. auf.**

Was soll mit den Rückstellungen aus der Eröffnungsbilanz geschehen?

1. Üblicherweise tritt die konkrete Inanspruchnahme, für die die Rückstellungen gebildet wurden, im Folgejahr ein. Je nachdem, ob die Rückstellung zu niedrig oder zu hoch ausgewiesen war, kommt es zu periodenfremden Aufwendungen oder Erträgen. Bleibt die Inanspruchnahme definitiv aus, ist die gesamte Rückstellung ertragswirksam aufzulösen.
2. Dagegen bleiben Pensionsrückstellungen u. Ä. am Jahresende bestehen und werden üblicherweise bis zur Zahlung der Altersrente aufgestockt.
3. Hiervon zu unterscheiden sind Rückstellungen wie z. B. für Jahresabschlusskosten, die jährlich neu zu bilden sind. Sie stehen zu lassen und lediglich die Differenz zur neuen Rückstellung aufstocken bzw. kürzen zu wollen, ist in der Praxis zwar üblich, aber trotzdem falsch.
4. Bei einigen wenigen Rückstellungen konkretisiert sich lediglich zum Jahresende die Verbindlichkeit. Sie sind dementsprechend »umzuwidmen«.
5. Beachten Sie die Besonderheit bei der Gewerbesteuer aus dem Jahr 2008 oder später: Die Auflösung der Rückstellung, Nachzahlungen oder Erstattungen für diese Zeiträume ist nach § 4 Abs. 5b Einkommensteuergesetz (EStG) steuerlich nicht ergebniswirksam.

Vorsteuer kann schon deshalb nicht zurückgestellt werden, weil zum Zeitpunkt der Rückstellung keine ordnungsgemäße Rechnung vorliegt.

### Beispiel

In der Eröffnungsbilanz sind die folgenden Rückstellungen eingestellt:

| Rückstellung Eröffnungsbilanz | Was hat sich im Laufe des Jahrs getan? |
|---|---|
| Jahresabschlusskosten 2015<br>10.000 EUR | Gezahlt und als Abschlusskosten eingebucht wurden im laufenden Jahr 2016 10.500 EUR. |

| Rückstellung Eröffnungsbilanz | Was hat sich im Laufe des Jahrs getan? |
|---|---|
| Gewerbesteuerrückstellung 2014/2015 20.000 EUR bzw. 15.000 EUR | Die Steuernachzahlung für 2014 von 18.000 EUR wurde auf das Konto »Gewerbesteuer« gebucht. Es liegt zum Jahresende ein Steuerbescheid für 2015 vor, demzufolge 16.000 EUR nachzuzahlen sind. Aus einer ungewissen wird dadurch eine gewisse Verbindlichkeit. Diese Nachzahlung für 2015 ist nach § 4 Abs. 5b EStG nicht ergebniswirksam. |

| Soll | Haben | GegenKto | Konto | |
|---|---|---|---|---|
| 10.000,00 | | 4957/6827 | 0977/3095 | Auflösung Rückstellung Abschlusskosten |
| 500,00 | | 4957/6827 | 2020/6960 | 2015 mit periodenfremdem Aufwand |
| 18.000,00 | | 4320/7610 | 0956/3035 | Auflösung Gewerbesteuer 2014 |
| 2.000,00 | | 2283/7643 | 0956/3035 | mit Ertrag aus Auflösung Steuerrückstellung |
| 15.000,00 | | 1736/3700 | 0957/3035 | Umwidmen Rückstellung § 4 Abs. 5b EStG/Verbindlichkeit |
| | 1.000,00 | 2289/7641 | 1736/3700 | Gewerbesteuer 2015, Nachzahlung Vorjahr § 4 Abs. 5b EStG |

| SKR03 | SKR04 | Kontenbezeichnung (SKR) |
|---|---|---|
| 2735 | 4930 | Erträge Auflösung von Rückstellungen |
| 2735 | 7644 | Erträge Auflösung Rückstellung f. Steuern Einkommen/Ertrag |
| 956 | 3035 | Gewerbesteuerrückstellung, § 4 Abs. 5b EStG |
| 2289 | 7694 | Erträge Auflösung Rückstellung sonst. Steuern |
| 2281 | 7641 | Gewerbesteuernachzahlungen und -erstattungen für Vorjahre, § 4 Abs. 5b EStG |
| 2283 | 7643 | Erträge aus der Auflösung von Gewerbesteuerrückstellungen, § 4 Abs. 5b EStG |

**Arbeitsschritt:** !

**Dokumentieren Sie beim Bilden aktueller Rückstellungen deren Grund und Höhe in einer Liste.**

Nachweise und Unterlagen mit den entsprechenden Zahlen können Sie u. a. für die folgenden Ereignisse/Situationen vorbereiten:

- ins neue Jahr übertragbare Urlaubsansprüche der Mitarbeiter, Anzahl der ausstehenden Urlaubstage zu anteiligen Lohnkosten,
- unterlassene Instandhaltungsarbeiten, die in den ersten drei Monaten des neuen Jahrs nachgeholt werden (in der Regel liegen Ihnen dann die Abrechnungen vor),
- drohende Verluste aus schwebenden Geschäften, die durch aussagekräftige Nachkalkulationen belegt sind,
- Gewährleistungen aus Kulanz für Umsätze aus dem abgelaufenen Jahr, anhand von Vergangenheitswerten für den entsprechenden Aufwand in Gewährleistungsfällen zu Selbstkosten im Verhältnis zum Umsatz,
- nachträglich gewährte Rabatte und Jahresboni, aus den Vorjahreszahlen hochgerechnet,
- Aufwand für die Beseitigung von Umweltschäden laut Sachverständigengutachten, Kostenvoranschläge oder Behördenverfügungen,
- Schadensersatzleistungen und Patentverletzungen in Höhe der eingeforderten, realistischen Beträge,
- Prozess- und Rechtsanwaltskosten, die Ihr Anwalt überschlagen kann (Kosten für ein etwaiges Berufungs- oder Revisionsverfahren gehören nicht hierhin),
- Pensionsgutachten der Versicherungen bzw. Finanzmathematiker, aus denen die Bilanzwerte hervorgehen.

Klären Sie im Einzelfall ab, von wem welche Unterlagen für den Jahresabschluss beigebracht werden sollen.

## 6.4 Darlehen und erhaltene Anzahlungen

! **Arbeitsschritt:**

**Stimmen Sie die Darlehenskonten einzeln mit den Jahresauszügen der Bank ab und buchen Sie ggf. falsch zugeordnete Tilgungen oder nicht getrennte Zinsanteile um. Erstellen Sie einen Darlehensspiegel und Kopien der Jahres(end)auszüge.**

Bei mehreren Darlehenskonten kommt es gelegentlich vor, dass Ratenzahlungen dem falschen Konto zugeordnet sind oder während des Jahrs überhaupt nicht erfasst wurden. Ziehen Sie dazu auch die Kontenblätter für den Zinsaufwand heran. Entsprechend sind Annuitätenraten in ihre Zins- und Tilgungsanteile zu trennen. Wurden stattdessen die Raten in voller Höhe als Zins oder als Tilgung gebucht, buchen Sie anhand des Darlehensauszugs den gesamten Zinsaufwand bzw. die Tilgungen in einer Summe um.

**Beispiel**

| Darlehen | Kontonr. | Stand 1.1. | Zinsaufwendungen | Tilgungen | Stand 31.12. |
|---|---|---|---|---|---|
| Hypothekendarlehen A-Bank | 0651/3171 | 350.000 | 20.800 | 50.000 | 300.000 |
| Hypothekendarlehen Sparka B | 0652/3172 | 450.000 | 24.250 | 450.000 | ------ |
| Hypothekendarlehen C-Bank | 0653/3173 | ----- | ----- | ----- | 450.000 |
| Investitionsdarlehen | 0630/3560 | 150.000 | 11.560 | 508.440 | 141.560 |

Anhand der Darlehensauszüge lässt sich die folgende Übersicht aufstellen. Bebucht wurde während des Jahrs lediglich das Darlehenskonto 3560 und das Zinskonto für langfristige Verbindlichkeiten:

| Kontobezeichnung: | | | | Kontonr. | Blatt-Nr. |
|---|---|---|---|---|---|
| Darlehen | | | | 0630/3560 | 1 |
| **Datum** | **GegenKto** | **Buchungstext** | **Soll** | **Umsatz** | **Haben** |
| 31.03. | 1200/1800 | Rate | | | |
| | | I. Quartal | 5.000,00 | | |
| 30.06. | 1200/1800 | Rate | | | |
| | | II. Quartal | 5.000,00 | | |
| 01.07. | 1200/1800 | Tilgung | | | |
| | | Hypo-Darlehen B | 25.000,00 | | |
| 31.12. | 1200/1800 | Tilgung | | | |
| | | Hypo-Darlehen B | 25.000,00 | | |
| **gebucht bis** | **EB-Wert** | **Saldo neu** | **Soll** | **Jahresverkehrszahlen** | **Haben** |
| 31.12. | | 60.000,00 | 60.000,00 | | |

| Kontobezeichnung: | | | | Kontonr. | Blatt-Nr. |
|---|---|---|---|---|---|
| Zinsaufwand langfristige Verbindlichkeiten | | | | 2120/7320 | 1 |
| **Datum** | **GegenKto** | **Buchungstext** | **Soll** | **Umsatz** | **Haben** |
| 31.03. | 1200/1800 | Zins I. Hypo-Darlehen A | 5.600,00 | | |
| 30.06. | 1200/1800 | Zins II. Hypo-Darlehen A | 5.600,00 | | |
| 30.09. | 1200/1800 | Zins III. Hypo-Darlehen A | | | |
| 30.09. | 1200/1800 | Rate III. Quartal | 5.000,00 | | |
| 31.12. | 1200/1800 | Zins IV. Hypo-Darlehen A | 4.800,00 | | |
| 31.12. | 1200/1800 | Zins Hypo-Darlehen B | 24.250,00 | | |
| **gebucht bis** | **EB-Wert** | **Saldo neu** | **Soll** | **Jahresverkehrszahlen** | **Haben** |
| 31.12. | | 60.000,00 | 60.000,00 | | |

Während des Jahrs wurde auf keinem Darlehenskonto der Eröffnungsbilanzwert erfasst — das ist jedoch bereits zu Beginn dieser Abstimmarbeiten nachzuholen.

Darüber hinaus braucht es einige zusätzliche Umbuchungen:

Auf Konto 3560 sind nur zwei Raten erfasst. Zins und Tilgung für dieses Konto betrugen insgesamt 20.000 EUR. Da sich die dritte Rate auf dem Zinsaufwandskonto wiederfindet, müssen Zins und Tilgung neu aufgeteilt werden. Die Zahlung der vierten Rate erscheint erst in der Januarbuchhaltung des neuen Jahrs, weil die Lastschrift auf dem Girokonto zum 2.1. erfolgte. Der genaue Zins- und Tilgungsanteil dieser Rate ist nicht bekannt, weshalb er in einer Summe als (äußerst) kurzfristige Verbindlichkeit oder als Geldtransit zu erfassen ist. Die Tilgungsraten für das Hypo-Darlehen der A-Bank gehören auf das Konto 3171. Dann stimmt das Konto 3560 mit dem Auszug überein.

| Soll | Haben | GegenKto | Konto | |
|---|---|---|---|---|
| | 6.560,00 | 2120/7320 | 0630/3560 | 11.560 Darlehenszins 5.000 bereits gebucht |
| | 5.000,00 | 1701/3501 | 0630/3560 | Rate IV, Lastschrift Girokonto 02.01. |
| | 50.000,00 | 0651/3171 | 0630/3560 | Umbuchung Tilgungen Hypo-Darlehen |

Nach der Eröffnungsbuchung von 350.000 EUR im Haben und der Umbuchung der Tilgung von 50.000 EUR im Soll weist das Konto 3171 nunmehr den richtigen Saldo von 300.000 EUR im Haben aus.

**Arbeitsschritt:**

**Kopieren Sie bei neu aufgenommenen oder umgeschuldeten Darlehen die Verträge und buchen Sie das Disagio nach.**

!

### Beispiel

Zum Jahresende wird das Darlehen der Sparkasse B über 450.000 EUR zu einem niedrigen Zins von der C-Bank umgeschuldet. Das neue Darlehen lautet nominal ebenfalls über 450.000 EUR. Das Disagio über 1 Prozent wird bei der Auszahlung abgezogen. Sie soll laut Vertrag noch im alten Jahr über das neue Darlehenskonto 3173 erfasst werden.

| Soll | Haben | GegenKto | Konto | |
|---|---|---|---|---|
| 450.000,00 | | 1550/1360 | 0652/3172 | Tilgung Darlehen Sparkasse B |
| | 445.500,00 | 1550/1360 | 0653/3173 | Auszahlung Darlehen C-Bank |
| | 4.500,00 | 0986/1940 | 0653/3173 | Disagio Darlehen C-Bank |

## 6.5 Verbindlichkeiten gegenüber Lieferanten

Verbindlichkeiten aus Lieferungen und Leistungen der Gesellschaft werden wie die Forderungen in der Buchführung unterschiedlich erfasst:

1. In einer separaten Kreditorenbuchhaltung werden Lieferantenkonten geführt, deren Gesamtsaldo auf dem Konto »Verbindlichkeiten aus Lieferun-

gen und Leistungen« erscheint. Die Abstimmung dieser Konten wird zusammen mit den Kundenkonten behandelt.

2. Bei einer überschaubaren Anzahl von Lieferanten reichen einige wenige Sachkonten innerhalb der eigentlichen Finanzbuchhaltung für die Darstellung der Verbindlichkeiten aus.

Die Abstimmungstechnik ist Ihnen sicherlich bereits von den Forderungen vertraut.

! **Arbeitsschritt:**

**Sind Verbindlichkeiten aus Lieferungen und Leistungen in der Eröffnungsbilanz ausgewiesen, überprüfen Sie die Buchungen zum Rechnungsausgleich im laufenden Jahr. Stornieren Sie ggf. doppelt erfasste Eingangsrechnungen.**

## Beispiel

Die in der Eröffnungsbilanz ausgewiesenen Verbindlichkeiten aus Lieferungen und Leistungen i. H. v. 50.000 EUR sind in der laufenden Buchhaltung unbeachtet geblieben. Der aus dem alten Jahr stammende Wareneinkauf von brutto 20.000 EUR zu 7 Prozent Umsatzsteuer und brutto 30.000 EUR zu 19 Prozent Umsatzsteuer sind im laufenden Jahr nochmals als Aufwand mit Vorsteuerabzug zu 7 Prozent/ 19 Prozent Umsatzsteuer erfasst worden. Die Verbindlichkeiten sind aufzulösen und der Wareneinkauf zu stornieren:

| Soll | Haben | GegenKto | Konto | |
|---|---|---|---|---|
| 20.000,00 | | 3300/5300 | 1610/3310 | Bereits im Vj. erfasster WE zu 7 % |
| 30.000,00 | | 3400/5400 | 1610/3310 | Bereits im Vj. erfasster WE zu 19 % |

! **Arbeitsschritt:**

**Bereiten Sie für den Jahresabschluss Kopien von allen ausstehenden Eingangsrechnungen vor und addieren Sie gleichartige Verbindlichkeiten auf. Wenn Sie das bereits während des Jahrs so handhaben: Buchen Sie die Verbindlichkeiten direkt ein.**

## 6.6 Sonstige Verbindlichkeiten

Unter diese Rubrik fallen sämtliche andere Verbindlichkeiten, Schuldwechsel, erhaltene Kautionen, Verbindlichkeiten zu den Lohnkosten und Steuern, insbesondere die Umsatzsteuer.

**Arbeitsschritt:** !

**Für sämtliche sonstigen Verbindlichkeiten ist zu prüfen, inwieweit die vorgetragenen Eröffnungsbilanzwerte am Jahresende noch vorhanden sind. Mitunter wurde eine im Vorjahr erfasste Verbindlichkeit im laufenden Jahr noch einmal als Aufwand gebucht. Buchen Sie dann den doppelt erfassten Aufwand um.**

### Beispiel

Die folgenden Eröffnungsbilanzwerte der sonstigen Verbindlichkeiten wurden in der laufenden Buchhaltung unrichtig verbucht:

1. Lohnsteuer/Kirchensteuer/Solidaritätsbeitrag von 10.000 EUR und Sozialbeiträge von 15.000 EUR aus dem Dezember sind bei der Zahlung im Januar als Aufwendungen gebucht.
2. Die Nachzahlung nach der Stromabrechnung für das vergangene Jahr i. H. v. 2.000 EUR wurde im Februar ein zweites Mal als Aufwand mit Vorsteuerabzug erfasst.
3. Eine Abfindung von 12.000 EUR für einen zum Jahresende ausgeschiedenen Mitarbeiter wurde Ende Januar gezahlt und als Gehalt gebucht.

Die Korrekturbuchungen sehen folgendermaßen aus:

| Soll | Haben | GegenKto | Konto | |
|---|---|---|---|---|
| 15.000,00 | | 4130/6110 | 1740/3740 | Verbindl. Sozialv. altes Jahr |
| 10.000,00 | | 4110/6010 | 1741/3730 | Verbindl. Lohn/Kirchenst. altes Jahr |
| 2.000,00 | | 904240/ 906325 | 1701/3501 | Verbindl. Nachzahlung Strom altes Jahr |
| 12.000,00 | | 4110/6010 | 1740/3720 | Verbindl. Abfindung altes Jahr |

! **Arbeitsschritt:**

**Als Bruttolohnverbucher stimmen Sie das Lohnverrechnungskonto und die zugehörigen Lohnkostenverbindlichkeiten ab. Erstellen Sie eine Liste über die sonstigen Verbindlichkeiten zum Jahresende und heften Sie Belegkopien an. Kopieren Sie die aktuellen Schuldwechsel aus dem Wechselbuch bzw. erstellen Sie eine Liste und gleichen Sie den Bestand auf dem Konto ab.**

Bei der Bruttolohnverbuchung sind sämtliche Personalkosten als Gesamtverbindlichkeit auf dem Konto »Lohn- und Gehaltsverrechnungen« zu erfassen. Dieses Konto wird aufgelöst entweder

- nach und nach durch Buchungen im Zuge der Überweisungen und Auszahlungen oder
- durch einmaliges Umbuchen auf Verbindlichkeiten gegenüber Personal, Finanzamt, Krankenkasse, Bausparkasse u. a.

! **Tipp:**

**Sollte das Verrechnungskonto am Ende des Jahrs nicht ausgeglichen sein, lassen sich im Nachhinein Buchungsfehler leichter aufspüren. Gehen Sie bis zum letzten stimmigen Monat zurück und vergleichen Sie anhand der Lohnabrechnungen und Bruttolohnlisten die ausgezahlten und verrechneten Beträge.**

Wenn Sie zudem die diversen Konten »Verbindlichkeiten aus/gegenüber …« verwenden, kontrollieren Sie die korrekten Zahlungsanweisungen an die richtigen Empfänger. Eventuelle Über- oder Unterzahlungen an Mitarbeiter, Krankenkassen oder an das Finanzamt können Sie als Differenzen aufspüren.

### Beispiel

Auf dem Konto »Verbindlichkeiten aus Lohn- und Kirchensteuer« stehen 5.000 EUR im Soll.

Die Verbindlichkeiten aus den Dezemberlöhnen sind daher um diesen Betrag zu niedrig ausgewiesen. Es handelt sich um die Fehlbuchung der Umsatzsteuervorauszahlung Februar vom 10.4.

| Soll | Haben | GegenKto | Konto | |
|---|---|---|---|---|
| | 5.000,00 | 1780/3820 | 1741/3730 | USt.-Voranmeldung Febr. 10.4. |

Prüfen Sie bei alten Schuldwechseln, ob sie regelmäßig prolongiert wurden und noch bestehen oder ob sie ausgelöst oder verrechnet wurden. Schuldwechsel liegen — anders als Besitzwechsel — nicht mehr vor. Deshalb können sie in der Buchhaltung leicht »verloren« gehen. Als Folge rechnen Sie sich reich und versteuern Scheingewinne.

### Beispiel

Als Ausgleich von Lieferantenverbindlichkeiten sind während des Jahrs akzeptierte Schuldwechsel unbedingt einzubuchen. In diesem Beispiel könnte die Fa. Febit GmbH den Wechsel weitergeben.

| Soll | Haben | GegenKto | Konto | |
|---|---|---|---|---|
| | 40.000,00 | 77500/ 77500 | 1660/3350 | Wechsel Fa. Febit GmbH |

Nach einmaliger Prolongation wird der Wechsel mit der Rücksendung unverkäuflicher Ware verrechnet. Die entsprechende Korrespondenz blieb in der Buchhaltung unbeachtet, weil keine Zahlung erfolgte. Die Verrechnung ist zu buchen:

| Soll | Haben | GegenKto | Konto | |
|---|---|---|---|---|
| | 40.000,00 | 1660/3350 | 3400/5400 | Wechsel Fa. Febit GmbH/Warenretoure |

| SKR03 | SKR04 | Kontenbezeichnung (SKR) |
|---|---|---|
| 1660 | 3350 | Wechselverbindlichkeiten |
| 1700 | 3500 | Sonstige Verbindlichkeiten |
| 1701 | 3501 | Sonstige Verbindlichkeiten (b. 1 J.) |
| 1740 | 3720 | Verbindlichkeiten aus Lohn und Gehalt |
| 1741 | 3730 | Verbindlichkeiten Lohn- und Kirchensteuer |
| 1736 | 3700 | Verbindlichkeiten Betriebssteuern und -abgaben |
| 1755 | 3790 | Lohn- und Gehaltsverrechnungen |

| SKR03 | SKR04 | Kontenbezeichnung (SKR) |
|---|---|---|
| 1740 | 3740 | Verbindlichkeiten soziale Sicherheit |
| 1750 | 3770 | Verbindlichkeiten aus Vermögensbildung |

## 6.7 Umsatzsteuerverbindlichkeiten

Als Eröffnungsbilanzwerte wurden bereits die verschiedenen Umsatzsteuerforderungen und -verbindlichkeiten behandelt. Sie werden auf der Aktiv- oder auf der Passivseite zusammengefasst – je nachdem, ob ein Gesamtguthaben oder eine Umsatzsteuerschuld besteht.

! **Arbeitsschritt:**

**Gleichen Sie die Eröffnungswerte zu den Umsatzsteuerverbindlichkeiten aus dem Vorjahr mit den Konten ab. Überprüfen Sie ungewöhnlich hohe Beträge und Sollbuchungen auf den Umsatzsteuerkonten.**

### Beispiel

Die Umsatzsteuervorauszahlung Dezember wurde im Februar als Vorauszahlung des laufenden Jahrs gebucht.

| Soll | Haben | GegenKto | Konto | |
|---|---|---|---|---|
| | 15.000,00 | 1790/3841 | 1780/3820 | Umbuch. USt. Vj. an USt.-Vorausz. |

Ein Kunde gibt einen Firmenwagen in Zahlung und zieht von der Warenrechnung den Betrag von 23.800 EUR mit ausgewiesener Umsatzsteuer (19 Prozent) ab. Gebucht wurde bereits der Anlagenzugang von 20.000 EUR. Anstatt eines Vorsteuerabzugs für die Anschaffung ist die Umsatzsteuer der Warenrechnung um 3.000 EUR gekürzt. Stornieren Sie in solchen Fällen die Buchungen oder buchen Sie um.

| Soll | Haben | GegenKto | Konto | |
|---|---|---|---|---|
| | 3.800,00 | 1565/1405 | 1775/3805 | Umbuch. VSt. Anlagenzugang Pkw |

**Arbeitsschritt:**

**Stimmen Sie die umsatzsteuerpflichtigen Erlöse mit der Umsatzsteuer ab.**

!

Spätestens in der Umsatzsteuererklärung müssen die ausgewiesenen Umsätze und Steuern bis auf Rundungsdifferenzen mit denen in der Bilanz übereinstimmen. Jedoch sollten Sie schon beim Abstimmen der Buchhaltung die Umsatzsteuer verproben, damit sich etwaige Abweichungen dann an den folgenden Umbuchungen und Abschlussbuchungen festmachen lassen. Fassen Sie bei der Verprobung sowohl gleiche Erlöskonten als auch die entsprechenden Umsatzsteuerkonten zusammen.

## Beispiel

| Konto | | USt. |
|---|---|---|
| 8400/4400 Umsatzerlöse 19 % (1.000.000 EUR) | entspricht | 190.000 |
| 8508/4508 Provisionserlöse 19 % (50.000 EUR) | entspricht | 9.500 |
| 1775/3805 Umsatzsteuer 19 % | | 195.695 |
| Differenz | | 3.805 |
| Umsatzerlöse 7 % (20.000 EUR) | entspricht | 1.400 |
| Umsatzsteuer 7 % | | 1.400 |
| Differenz | | 0 |
| 8140/4140 Umsatzerlöse, steuerfrei (5.000 EUR) | entspricht | 0 |

Die Differenz bei der Umsatzsteuer zu 19 Prozent i. H. v. 3.800 EUR erklärt sich leicht aus der Fehlbuchung beim Pkw-Kauf im vorherigen Beispiel.

Bei der Verwendung von Automatikkonten — alle auf diesen Konten gebuchten Beträge werden bei automatischer Abspaltung und Umbuchung der Umsatzsteuer als Bruttoumsätze angesehen — werden Sie kaum Abweichungen bei der Umsatzsteuer finden. Stornobuchungen und die Aufhebung der Umsatzsteuerautomatik sind in der Regel gesondert ausgewiesen und können leicht identifiziert werden. Bei einer unüberschaubaren Zahl von Fehlbuchungen oder systematischen Fehlern ist die Umsatzsteuer en bloc »stimmig« zu machen. Dieses

Vorgehen heilt aber keineswegs einen etwaigen Systemfehler oder rettet im Zweifelsfall auch nicht die Ordnungsmäßigkeit der Buchhaltung!

Differenzen können auftreten, wenn aus steuerpflichtigen Erlösen keine Umsatzsteuer errechnet wurde (weil keine Automatikkonten verwendet wurden oder die Automatik ausgeschaltet war).

## Beispiel

| | | |
|---|---|---|
| Als Umsatzerlöse 19 % 1.000.000 EUR netto gebucht | | |
| entsprechen USt. | | 190.000 EUR |
| Auf Umsatzsteuerkonten gebucht | entspricht | 180.718 EUR |
| Differenz | | 9.282 EUR |

Nach Überprüfung der Erlöskonten zeigt sich, dass bei vielen Kleinumsätzen vergessen wurde, die Umsatzsteuer zu buchen. Auf den Erlöskonten stehen also sowohl Brutto- wie auch Nettobeträge. Die Differenz von 9.282 EUR teilen Sie bei einem Umsatzsteuersatz von 19 Prozent durch 1,19 und erhalten so die umzubuchende Umsatzsteuer.

| Soll | Haben | GegenKto | Konto | |
|---|---|---|---|---|
| | 7.800,00 | 8000/4000 | 1770/3800 | Nachbuchung USt. aus Bruttoerlösen |

Nach der Umbuchung stimmen die Umsatzsteuerbeträge entsprechend den Erlösen mit denen auf den Umsatzsteuerkonten überein. Auf den Konten ergibt sich das folgende Bild:

| | | |
|---|---|---|
| Umsatzerlöse 19 % 992.500 EUR netto | entsprechen | 188.518 EUR |
| Umsatzsteuerkonten | | 188.518 EUR |
| Differenz | | 0 EUR |

Die recht aufwendige Fehlersuche bei der Aufteilung von steuerfreien und steuerpflichtigen Erlösen behandeln wir im Rahmen der Differenzbesteuerung (siehe Kapitel 6.2).

Eine weitere »beliebte« Fehlerquelle liegt in der Verwechslung von Umsatzsteuer mit Vorsteuerbeträgen (oder ggf. der Korrektur). Vorsteuer wird bei den folgenden Ereignissen abgezogen oder korrigiert:

- Erstattung von Aufwand,
- Rücksendungen an Lieferanten,
- erhaltene Rabatte.

Umsatzsteuer wird fällig oder korrigiert bei:

- unentgeltlichen Wertabgaben,
- Rücksendungen durch Kunden,
- gewährten Rabatten,
- Verkauf von Vorführwagen und Differenzbesteuerung.

## Beispiel

Bei der Verprobung der zu 19 Prozent steuerpflichtigen Umsatzerlöse mit den Umsatzsteuerkonten ergibt sich eine Differenz von 450 EUR zu viel an Umsatzsteuer. Die Lösung hier: Ein Teil der Warenrücksendungen von Kunden wurde als Wareneingang angesehen. Die Erlösschmälerung ist fälschlich mit Vorsteuerabzug gebucht. Nachdem andere Fehler ausgeschlossen werden konnten, ist die Vorsteuer in einer Summe umzubuchen (im DATEV-System ist dieser Fehler kaum möglich).

| Soll | Haben | GegenKto | Konto | |
|---|---|---|---|---|
| 450,00 | | 1570/1400 | 1770/3800 | Nachbuchung USt.-Korrektur |

Bei größeren Abweichungen in der Umsatzsteuer und Vorsteuer zu den Gesamtbeträgen aus den monatlichen Umsatzsteuervoranmeldungen — erfahrungsgemäß ab 500 EUR — wird Sie das Finanzamt um Aufklärung bitten.

**Arbeitsschritt:** !

**Erstellen Sie eine Übersicht über die Beträge aus den Umsatzsteuervoranmeldungen und gleichen Sie sie mit den Konten zu den Umsatzsteuervorauszahlungen ab. Wurden die Vorauszahlungen mit Verspätungszuschlägen und durch Verrechnungen geleistet, empfiehlt es sich, einen Kontoauszug von der Finanzkasse anzufordern.**

Wenn die Zusammenstellung nicht von der EDV erstellt wird, bedeutet das ein gutes Stück Arbeit. Doch wer außer dem Buchhalter kann Abweichungen zu den Voranmeldungen rasch aufklären?

Zum Abstimmen des Kontos »Umsatzsteuervorauszahlungen« gehen Sie folgendermaßen vor:

1. Buchen Sie alle Vorgänge um, die keine regulären Umsatzsteuervorauszahlungen des laufenden Jahrs sind, also die Sondervorauszahlung, Vorauszahlungen des Vorjahres, Umsatzsteuer aus früheren Jahren, sonstige Steuern, Zuschläge u. a.
2. Suchen Sie alle Vorauszahlungen des laufenden Jahrs zusammen, ggf. falsch auf anderen Konten zugeordnete Zahlungen (insbesondere Erstattungen!). In der Regel sind das von Januar bis Oktober zehn Vorauszahlungen. Die Zahlungen November und Dezember erfolgen üblicherweise erst im neuen Jahr.
3. Buchen Sie diese letzten, in der Buchhaltung noch nicht erfassten Voranmeldungen gegen das Konto »Umsatzsteuer laufendes Jahr« ein.

### Beispiel

Das Konto »Umsatzsteuervorauszahlungen« weist folgende Buchungen auf.

| **Kontobezeichnung:** | | | | **Kontonr.** | **Blatt-Nr.** |
|---|---|---|---|---|---|
| Umsatzsteuervorauszahlungen | | | | 3820 | 1 |
| **Datum** | **GegenKto** | **Buchungstext** | **Soll** | **Umsatz** | **Haben** |
| 10.01. | 1800 | USt. November | 10.000,00 EUR | | |
| 10.02. | 1800 | USt. | 25.000,00 EUR | | |
| 03.04. | 1800 | USt. Januar | 8.080,00 EUR | | |
| 23.05. | 1800 | USt. März | | | 15.000,00 EUR |
| ... | ... | ... | ... | | |
| 15.12. | 1800 | ESt IV | 12.00,000 EUR | | |
| 16.12. | 1800 | USt. Oktober | 4.000,00 EUR | | |
| **gebucht bis** | **EB-Wert** | **Saldo neu** | **Soll** | **Jahres-verkehrs-zahlen** | **Haben** |
| 31.12. | | 90.080,00 EUR | 105.080,00 EUR | | 15.000,00 EUR |

Um das Konto abstimmen zu können, werden die Voranmeldungen des Jahrs zusammengestellt:

| Monat | Umsätze 19 % | USt. | VSt. | Zahllast/ Soll | |
|---|---|---|---|---|---|
| Sonder-VZ | | | | 10.000 EUR | |
| Januar | | 12.000 EUR | 4.000 EUR | 8.000 EUR | |
| Februar | ... | ... | ... | 5.000 EUR | |
| März | ... | ... | ... | −15.000 EUR | |
| ... | ... | ... | ... | ... | |
| Oktober | ... | ... | ... | 4.000 EUR | Summe: Jan. bis Okt. 48.000 EUR |
| November | ... | ... | ... | 8.000 EUR | |
| Dezember | 180.000 EUR | 28.800 EUR | 6.800 EUR | 22.000 EUR | Abzüglich Sondervorzahlung 10.000 EUR |
| Summen | 920.000 EUR | 225.200 EUR | 147.200 EUR | 78.000 EUR | |

Nach dem obigen Schema werden im ersten Schritt die Fehlbuchungen korrigiert.

| | | | |
|---|---|---|---|
| Umsatzsteuer Vorjahr (Dez) | 7.500,00 EUR | | |
| Umsatzsteuerüberzahlung | 7.500,00 EUR | | |
| Umsatzsteuer Vorjahr (Nov.) | 10.000,00 EUR | | |
| USt. Sonder-VZ 1/11 | 10.000,00 EUR | | |
| Verspätungszuschläge | 80,00 EUR | | |
| Körperschaftsteuer | 12.000,00 EUR | | |
| | an | Umsatzsteuervorauszahlung | 47.080,00 EUR |

Im zweiten Schritt ist die Vollständigkeit der Vorauszahlungen zu prüfen.

Nach den obigen Umbuchungen weist das Konto »Umsatzsteuervorauszahlungen« einen Saldo von 43.000 EUR auf, während die Summe aller Vorauszahlungen bis Oktober laut Aufstellung 48.000 EUR beträgt. Tatsächlich fehlt auf dem Konto die Februarvoranmeldung.

War da nicht etwas? Richtig, beim Abstimmen des Kontos »Verbindlichkeiten aus Lohn- und Kirchensteuer« wurde die dort falsch erfasste Februarvorauszahlung bereits umgebucht.

! **Beachten Sie:**

**Wenn Sie bei Umbuchungen bereits abgestimmte Konten ansprechen, ist erhöhte Vorsicht geboten.**

Haben Sie dort bereits den Fehler korrigiert oder ihn etwa übersehen?

Neben den Kontenblättern sollten daher stets die Eröffnungsbuchungen und die Liste der Korrekturbuchungen liegen.

### Beispiel

Im dritten Schritt sind die ausstehenden Vorauszahlungen einzubuchen. In der Jahreserklärung stellen sie ein Guthaben gegenüber dem Finanzamt dar. Da diese Vorauszahlungen tatsächlich noch nicht geleistet wurden, ist eine Verbindlichkeit in gleicher Höhe zu bilden. Der Sinn dieser Prozedur besteht darin, das Jahresvorauszahlungssoll der Umsatzsteuer klar auf einem Konto auszuweisen. Bei der Dezembervoranmeldung weicht das Vorauszahlungssoll von der Zahllast ab, wenn die Sondervorauszahlung abgezogen wird. Buchen Sie hier das Vorauszahlungssoll ein, und nicht den Betrag, den Sie im kommenden Jahr tatsächlich zahlen.

| Soll | Haben | GegenKto | Konto | |
|---|---|---|---|---|
| 8.000,00 | | 1789/3840 | 1780/3820 | USt.-Voranmeldung Zahllast Nov. |
| 22.000,00 | | 1789/3840 | 1780/3820 | USt.-Voranmeldung Soll Dez. |

| SKR03 | SKR04 | Kontenbezeichnung (SKR) |
|---|---|---|
| 1770 | 3800 | Umsatzsteuer |
| 1771 | 3801 | Umsatzsteuer 7 % |
| 1775 | 3805 | Umsatzsteuer 19 % |
| 1780 | 3820 | Umsatzsteuervorauszahlungen |
| 1760 | 3810 | Umsatzsteuer nicht fällig |
| 1761 | 3811 | Umsatzsteuer nicht fällig 7 % |
| 1765 | 3815 | Umsatzsteuer nicht fällig 19 % |
| 1781 | 3830 | Umsatzsteuervorauszahlungen 1/11 |
| 1789 | 3840 | Umsatzsteuer laufendes Jahr |
| 1790 | 3841 | Umsatzsteuer Vorjahr |
| 1791 | 3845 | Umsatzsteuer frühere Jahre |

# 7 Abstimmen der Gewinn- und Verlustrechnung

| Ablaufplan Jahresabschluss |
| --- |
| Vortragen der Eröffnungsbilanz |
| Abstimmen der Buchhaltung |
| Abstimmen: Aktiva |
| Abstimmen: Passiva |
| **Abstimmen: Gewinn- und Verlustrechnung** |
| Inventur |
| Anlagevermögen, Abschreibungen, Anlagenspiegel |
| Umlaufvermögen |
| Eigenkapitalgliederung |
| Rückstellungen und Verbindlichkeiten |
| Gewinn- und Verlustrechnung und Gewinnverteilung |
| Übermitteln der Steuererklärungen |
| GmbH & Co. KG: Offenlegung des Jahresabschlusses mit Anhang |
| Übermitteln der E-Bilanz |

Dieses Kapitel befasst sich mit der Abstimmung der Gewinn- und Verlustrechnung:

- Die Umsatzerlöse und die sonstigen betrieblichen Erträge sind von innergemeinschaftlichen Lieferungen, steuerfreien Umsätzen, der Differenzbesteuerung und unentgeltlichen Wertabgaben abzugrenzen.
- Bei den betrieblichen Aufwendungen wird auf die kritischen Betriebsausgaben wie geringwertige Wirtschaftsgüter, Löhne und Gehälter, Bewirtungskosten und Geschenke sowie Reisekosten eingegangen. Daneben werden Leistungen ausländischer Unternehmer und Mietereinbauten abgestimmt.

Außerdem wird in diesem Kapitel auf das Abstimmen von Personenkonten eingegangen.

Eine große Checkliste, in der alle Abschlussvorarbeiten zusammengefasst sind, finden Sie unter den Arbeitshilfen online zu diesem Buch.

## 7.1 Abstimmen der Umsatzerlöse und der sonstigen betrieblichen Erträge

Etliche der nachfolgenden Konten haben Sie bereits beim Abstimmen der Bestandskonten angeschaut und dabei etwaige Fehler korrigiert. Deshalb fällt die kommende Arbeit leichter und beschränkt sich im Wesentlichen auf Umbuchungen zwischen den verschiedenen Ertrags- bzw. Aufwandsarten.

Die Umsatzerlöse – falls sie umsatzpflichtig sind – sind bereits in den Summen mit den jeweiligen Umsatzsteuerkonten abgeglichen.

! **Arbeitsschritt:**

Achten Sie darauf, dass die Erlöse nach steuerlichen Gesichtspunkten auf getrennten Konten richtig erfasst sind. Darüber hinaus sollte man die unterjährige Aufgliederung nach verschiedenen Warengruppen oder Dienstleistungen zum Jahresende wieder zusammenfassen, damit Außenstehenden (Finanzamt, Banken, Wettbewerbern, Lieferanten, existenzgründungsbereiten Mitarbeitern etc.) die Nachkalkulation nicht allzu leicht fällt.

Klären Sie bei ungewöhnlich hohen Sollbuchungen und auffälligen Bank- und Forderungsumsätzen in gleicher Höhe ab, ob tatsächlich Umsatz storniert bzw. doppelt erzielt wurde. Buchen Sie auch Bagatellerlöse wie etwa »Erlöse Leergut«, »Erlöse Abfallverwertung« und »Provisionserlöse« auf die »Umsatzerlöse« um, wenn sie nicht zu Ihrem Hauptgeschäft gehören. Zu den Umsatzerlösen zählen seit 2016 auch die für die gewöhnliche Geschäftstätigkeit untypischen Erlöse aus dem Verkauf und der Vermietung oder Verpachtung von Produkten (Waren und Erzeugnissen) sowie aus der Erbringung von Dienstleistungen. Erträge aus dem Abgang von Anlagevermögen sind jedoch weiterhin unter den sonstigen betrieblichen Erträgen auszuweisen.

Bereiten Sie für den Abschluss zu den Auslandsumsätzen die Ausfuhrbescheinigungen und zu den EU-Umsätzen ordnungsmäßige Rechnungen und Versendernachweise vor. Die entsprechenden Erlöskonten sind ebenso auf »Ausreißer« hin zu prüfen.

Lieferungen aus Deutschland in einen anderen EU-Mitgliedstaat als Bestimmungsort werden als »innergemeinschaftliche Lieferungen« bezeichnet. Diese Lieferungen an einen Unternehmer bleiben nur dann umsatzsteuerfrei, wenn etliche umständliche Formalitäten erfüllt sind.

So müssen die Lieferungen an einen Unternehmer oder eine juristische Person erfolgen

1. mit dem Nachweis durch die Verwendung der (gültigen) USt.-IdNr. des Empfängers (bei neuen aber z. B. auch bei fusionierten Geschäftspartnern Bestätigung vom Bundeszentralamt für Steuern einholen: http://evatr.bff-online.de/eVatR/),
2. der Angabe Ihrer eigenen USt.-IdNr. sowie dem Hinweis »VAT free delivery within the EC, CE-livraison exonéré, Entrega exenta intercomunitaria« und
3. der Angabe des Gewerbezweigs oder Berufs für die unternehmerische Verwendung.

Außerdem sind die Lieferungen selbst nachzuweisen durch

- das Doppel der Rechnung,
- den Lieferschein sowie
- beim Transport
  - durch den Lieferer oder den Empfänger mit der sog. Gelangensbestätigung oder alternativ
  - durch das Transportunternehmen mit einer Spediteursbescheinigung über den erfolgten Transport oder
  - durch Frachtbriefe mit der Unterschrift des Empfängers.

### Beispiel

Auf der Rechnung an einen italienischen Selbstabholer und Einmalkunden fehlt sowohl die USt.-IdNr. Ihres Kunden als auch seine Gelangensbestätigung. Die an sich steuerfreie EU-Lieferung über 2.000 EUR ist deshalb auf das Konto »Erlöse aus im Inland steuerpflichtigen EU-Lieferungen« umzubuchen.

| Soll | Haben | GegenKto | Konto | |
|---|---|---|---|---|
| 2.000,00 | | 8315/4315 | 8125/4125 | Im Inl. zu 19 % steuerpfl. EU-Liefer. |

Zusätzlich zu den formellen Anforderungen sind diese Geschäfte gleich dreifach anzugeben, nämlich in der Umsatzsteuer-Voranmeldung, der »Zusammenfassenden Meldung« und schließlich in der Jahreserklärung.

### 7.1.1 Steuerfreie Umsätze

Mit den steuerfreien Umsätzen nach § 4 Nr. 8 bis 28 UStG sind z. B. die Honorare von Ärzten (Ausnahme z. B. zahntechnisches Labor) gemeint, Umsätze von Krankenhäusern, Altenheimen, die Provisionen von Versicherungsvertreter und Versicherungsentschädigungen, Umsätze aus der Vermietung von und dem Handel mit Grundstücken, Umsätze aus Lehrtätigkeit, Jugendhilfe und ehrenamtlichen Aufwandsentschädigung.

| SKR03 | SKR04 | Kontenbezeichnung (SKR) |
|---|---|---|
| 8100 | 4100 | Steuerfreie Umsätze § 4 Nr. 8 ff. UStG |

Diese Umsätze schließen einen Vorsteuerabzug aus. Andere steuerfreie Umsätze nach § 4 Nr. 1a, 2 bis 7 und 1c UStG schließen dagegen einen Vorsteuerabzug nicht aus. Hier handelt es sich z. B. um Exporte, d. h. Lieferungen in ein Land außerhalb der EU (1a) oder eine Beförderungsleistung dorthin (3), Seeschifffahrt und Luftfahrt (2) und diesbezügliche Reisebüroumsätze (5) sowie Offshoregeschäfte (7).

| SKR03 | SKR04 | Kontenbezeichnung (SKR) |
|---|---|---|
| 8120 | 4120 | Steuerfreie Umsätze § 4 Nr.1a, 2–7 u. 1c UStG |

Die Aufteilung in abziehbare und nicht abziehbare Vorsteuer sollte erst bei den Abschlussarbeiten vorgenommen werden.

| SKR03 | SKR04 | Kontenbezeichnung (SKR) |
|---|---|---|
| 8400 | 4400 | Erlöse 19 % USt. |
| 8000 | 4000 | Umsatzerlöse |
| 8200 | 4200 | Erlöse |
| 8300 | 4300 | Erlöse 7 % USt. |
| 8520 | 4510 | Erlöse Abfallverwertung |
| 8540 | 4520 | Erlöse Leergut |
| 8196 | 4186 | Erlöse Geldspielautomaten 19 % USt. |
| 8510 | 4560 | Provisionserlöse |

| SKR03 | SKR04 | Kontenbezeichnung (SKR) |
|---|---|---|
| 8515 | 4565 | Provisionserlöse steuerfrei |
| 8516 | 4566 | Provisionserlöse 7 % USt. |
| 8519 | 4569 | Provisionserlöse 19 % USt. |

## 7.2 Steuerschuldnerschaft nach § 13b UStG

Zu einer steuerpflichtigen Leistung stellt ein Unternehmer in der Regel auch die Umsatzsteuer in Rechnung und kassiert sie ein, weil er sie dem Finanzamt schuldet. Gemäß der Ausnahmebestimmung des § 13b Abs. 1 UStG schuldet indes der Leistungsempfänger für folgende steuerpflichtige Umsätze dem Finanzamt die Steuer:

1. Werklieferungen und sonstige Leistungen eines im Ausland ansässigen Unternehmers,
2. Lieferungen sicherungsübereigneter Gegenstände durch den Sicherungsgeber an den Sicherungsnehmer außerhalb des Insolvenzverfahrens,
3. Umsätze, die unter das Grunderwerbsteuergesetz fallen,
4. Werklieferungen und sonstige Leistungen, die der Herstellung, Instandsetzung, Instandhaltung, Änderung oder Beseitigung von Bauwerken dienen, mit Ausnahme von Planungs- und Überwachungsleistungen. Das betrifft nur Leistungsempfänger, die selbst nachhaltig Bauleistungen erbringen.
5. Die Steuerschuldnerschaft des Leistungsempfängers ist seit 2011 auch bei der Gebäude- und Fensterreinigung als Subunternehmer, bei der Lieferung von Schrott und weiteren Altmetallen und bei der Lieferung von Edelmetallen und unedlen Metallen gegeben.
6. Großhandel mit Mobilfunkgeräten und Speicherchips sowie von Tablet-PCs und Spielekonsolen, soweit der Wert von zusammengehörigen Verkäufen 5.000 EUR übersteigt.

| SKR03 | SKR04 | Kontenbezeichnung (SKR04) |
|---|---|---|
| 8337 | 4337 | Erlöse aus Leistungen, für die der Leistungsempfänger die Steuer nach § 13b UStG schuldet. |
| 8335 | 4335 | Erlöse nach § 13b USt., Mobilfunkgeräte Speicherchips |

Bei Bauleistungen an einen anderen Bauunternehmer (im weiteren Sinne) ist der leistende Unternehmer zur Ausstellung von Rechnungen ohne gesonderten Steuerausweis verpflichtet. In diesen Rechnungen ist auf die Steuerschuldnerschaft des Leistungsempfängers hinzuweisen, der die Umsatzsteuer direkt an das Finanzamt abführen muss.

Zu den Bauleistungen im weiteren Sinne zählen: Einbau von Fenstern und Türen sowie Bodenbelägen, Aufzügen, Rolltreppen und Heizungsanlagen, aber auch von Einrichtungsgegenständen, wenn sie mit einem Gebäude fest verbunden sind, wie z. B. Ladeneinbauten, Schaufensteranlagen, Gaststätteneinrichtungen, Installation einer Lichtwerbeanlage, die Dachbegrünung eines Bauwerks. Bei Reparatur- und Wartungsarbeiten an Bauwerken oder Teilen von Bauwerken wird der Leistungsempfänger aus Vereinfachungsgründen nur dann Steuerschuldner, wenn das (Netto-) Entgelt für den einzelnen Umsatz mehr als 500 EUR beträgt. Für die Buchung von Anzahlungen, die unter § 13b UStG fallen, stellt die DATEV keine Automatikkonten zur Verfügung. Den Ausweis in der Umsatzsteuervoranmeldung erreichen Sie in diesen Fällen durch einen Umsatzsteuerschlüssel an der 1. und 2. Stelle.

Ist der Leistungsempfänger vorsteuerabzugsberechtigt, kann er aus diesen Rechnungen auch ohne gesonderten Steuerausweis die Vorsteuer abziehen.

Ein Leistungsempfänger von Bauleistungen ist nur von dieser Regelung betroffen, wenn er selbst Bauleistungen erbringt – unabhängig davon, ob er sie für eine von ihm erbrachte Bauleistung verwendet.

Der Leistungsempfänger muss derartige Bauleistungen nachhaltig erbringen oder erbracht haben. Das Finanzamt stellt dem Leistungsempfänger eine diesbezügliche Bescheinigung nach dem Vordruckmuster »USt 1 TG« aus, die bis zu drei Jahre gültig ist.

**Beispiel**

Ladenbau Tertz renoviert sein Materiallager und lässt Elektro Zapp die Elektroinstallation erneuern. Tertz weist durch die Bescheinigung »USt 1 TG« nach, dass er nachhaltige Bauleistungen erbringt. Durch die Rechnung von 20.000 EUR, in der auf die Steuerschuldnerschaft des Leistungsempfängers hingewiesen ist, schuldet der Leistungsempfänger Tertz die Umsatzsteuer.

| Umsatz | GegenKto | Beleg | Datum | Konto | Text |
|---|---|---|---|---|---|
| 20.000,00 | 1200/1800 | | 05.08. | 3120/5920 | |

Das Automatikkonto 3120/5920 ergänzt 3.200 EUR Umsatzsteuer und Vorsteuer auf den entsprechenden Konten.

In der Buchhaltung von Elektro Zapp stellt sich der Erlös folgendermaßen dar:

| Umsatz | GegenKto | Beleg | Datum | Konto | Text |
|---|---|---|---|---|---|
| 20.000,00 | 8337/4337 | | 05.08. | 1200/1800 | |

Die Steuerschuldnerschaft des Leistungsempfängers nach § 13b UStG ergibt sich nicht nur in der Baubranche und den anderen oben bezeichneten Geschäftszweigen, sondern allgemein bei Leistungen ausländischer Unternehmer. Auch hier will das Finanzamt verhindern, dass der Unternehmer zwar die Umsatzsteuer einstreicht, sie aber dann doch nicht abführt.

### 7.2.1 Abstimmen bei Differenzbesteuerung

Im Regelfall sind Umsätze entweder als Ganzes umsatzsteuerpflichtig oder umsatzsteuerfrei. Die Differenzbesteuerung nach § 25a UStG bildet eine Ausnahme. Mehrwertsteuerpflichtig ist nur die Differenz zwischen Ankauf- und Verkaufspreis eines (Gebraucht-)Gegenstandes beim Ankauf durch

- eine Privatperson,
- einen Kleinunternehmer mit weniger als 17.500 EUR Jahresumsatz oder
- einen Kollegen, der ebenfalls die Differenzbesteuerung anwendet, oder
- einen anderen Unternehmer mit überwiegend umsatzsteuerfreien Erlösen (Arzt, Versicherungsvertreter etc.).

Der Rohaufschlag auf den Einkauf ist also im Regelfall mit dem Umsatzsteuersatz von 19 Prozent zu belegen.

Bis zur Höhe der Anschaffungskosten bleibt der Verkaufserlös umsatzsteuerfrei, wenn

- beim Ankauf des Gegenstands kein Vorsteuerabzug gegeben war,
- der Wiederverkäufer Unternehmer ist und
- es sich bei dem Gegenstand weder um Edelmetall (Sonderregelungen bei Importen und Altbeständen bei Silbermünzen) noch um einen Edelstein handelt.

Der Wiederverkäufer, der Umsätze von Gebrauchtgegenständen nach § 25a UStG versteuert, hat für jeden Gegenstand getrennt den Verkaufspreis, den Einkaufspreis und die jeweilige Differenz aufzuzeichnen. Bei Gegenständen unter dem Wert von insgesamt 500 EUR kann er auch den Gesamteinkaufspreis aufzeichnen.

Die Aufzeichnungen für die Differenzbesteuerung sind getrennt von den übrigen Aufzeichnungen zu führen. Dazu sollten drei Konten angelegt werden: ein Einkaufskonto und zwei Erlöskonten für den steuerfreien und den steuerpflichtigen Teil (»Differenz«).

| SKR03 | SKR04 | Kontenbezeichnung (SKR) |
|---|---|---|
| 8191 | 4136 | Differenzbesteuerung, Erlöse m. USt. § 25a |
| 8193 | 4138 | Differenzbesteuerung, Erlöse o. USt. § 25a |
| 3210 | 5210 | Neu anlegen: Gebrauchtwareneingang |

! **Arbeitsschritt:**

**Stimmen Sie bei der Differenzbesteuerung die gesonderten Konten »Gebrauchtwareneinkauf« und »steuerfreie und steuerpflichtige Erlöse aus Differenzbesteuerung« miteinander ab. Suchen Sie sämtliche Einkaufsbelege und Verkaufsrechnungen der Gebrauchtgegenstände heraus. Nur solche Belegpaare kommen für die Differenzbesteuerung infrage. Holen Sie nun ggf. die Einzelaufzeichnungen sämtlicher Gegenstände mit einem Einkaufspreis über 500 EUR nach und bilden Sie ansonsten monatliche Gesamtsummen.**

Beginnen Sie mit einer formellen Prüfung:

- Die Differenzbesteuerung bei Antiquitäten, Kunstgegenständen oder Sammlungsstücken ist von einer formlosen Erklärung abhängig, die spätestens bei der Abgabe der ersten Voranmeldung des Kalenderjahrs beim Finanzamt einzureichen ist. Darin müssen die Gegenstände bezeichnet werden, auf die sich die Differenzbesteuerung erstreckt. Also: Ohne rechtzeitige Erklärung ist keine Differenzbesteuerung möglich.

- Wenn die Aufzeichnungen zur Differenzbesteuerung sehr lückenhaft sind, ist es fraglich, ob sich die Abstimmarbeiten überhaupt lohnen. Bedenken Sie, dass die Aufzeichnungen zeitnah erfolgen müssen und eine Verspätung von einem Jahr zur nachträglichen Vermeidung von Umsatzsteuer möglicherweise nicht akzeptiert wird.

Ist auf einer Verkaufsrechnung unzulässigerweise die Umsatzsteuer gesondert ausgewiesen, schuldet der Wiederverkäufer die ausgewiesene Steuer zusätzlich zur Differenzsteuer. Dabei gilt der bloße Hinweis auf den Umsatzsteuersatz (»Der Rechnungsbetrag enthält 19 Prozent Umsatzsteuer«) genau genommen nicht als »Ausweis«. Zwar können Sie für jeden einzelnen Gebrauchtgegenstand über 500 EUR entscheiden, ob Sie die Differenzbesteuerung anwenden oder nicht, die Entscheidung ist aber u. U. bereits mit der Erfassung in der Buchhaltung dokumentiert.

### Beispiel

Bei der Überprüfung von Einkaufsbelegen und Wareneinkaufsbuchungen ohne Vorsteuerabzug finden sich drei bislang noch nicht zur Differenzbesteuerung erfasste Gebrauchsgegenstände. Die dazu passenden Verkaufsrechnungen sind ebenfalls auffindbar. Sie sind bereits in voller Höhe als umsatzsteuerpflichtige Erlöse gebucht. Wenn möglich, sollten sie zugunsten der Differenzbesteuerung umgebucht werden.

| Einkauf | Verkauf | Korrektur |
|---|---|---|
| Wert 12.000 EUR, über das reguläre Einkaufskonto erfasst mit unzulässigem Vorsteuerabzug | Verkaufspreis brutto 20.000 EUR (19 %), als umsatzsteuerpflichtiger Erlös erfasst. In der Rechnung aber kein Umsatzsteuerausweis. | Umbuchung Wareneinkauf mit Vorsteuerkorrektur, Umbuchung Verkauf mit Umsatzsteuerkorrektur. Buchung der steuerpflichtigen Differenz. Damit lässt sich möglicherweise nachträglich die Differenzbesteuerung retten. |

| Einkauf | Verkauf | Korrektur |
|---|---|---|
| Wert 14.000 EUR, auf dem regulären Einkaufskonto ohne Vorsteuerabzug erfasst | Verkaufspreis brutto 25.500 EUR, als umsatzsteuerpflichtiger Erlös erfasst. In der Rechnung Umsatzsteuerausweis. | Die nachträgliche Anwendung der Differenzbesteuerung könnte hier zu einer zusätzlichen Umsatzsteuerschuld von 1.836 EUR (19 % aus 11.500 EUR Differenz) führen. An diesen beiden Fehlbuchungen sollte besser nicht gerührt und deshalb auf eine Differenzbesteuerung verzichtet werden. |
| Wert 14.000 EUR, auf dem Einkaufskonto für Gebrauchtwaren erfasst | Verkaufspreis brutto 25.500 EUR, als umsatzsteuerpflichtiger Erlös erfasst. In der Rechnung Umsatzsteuerausweis (19 %) von 4.071 EUR. | Hier führt die Anwendung der Differenzbesteuerung zu einer zusätzlichen Umsatzsteuerschuld von 1.836 EUR (19 % aus 11.500 EUR Differenz). Anders als im vorherigen Fall ist die Wahl durch die Erfassung auf dem Gebrauchtwareneinkaufskonto bereits getroffen. Die Umbuchung auf regulären Wareneinkauf könnte in einer Überprüfung keinen Bestand haben. |

| Bsp. | Soll | Haben | GegenKto | Konto | |
|---|---|---|---|---|---|
| 1. | | 12.000,00 | 3210/5210 | 3400/5400 | Umbuchung Gebrauchtwareneinkauf |
| 1. | | 20.000,00 | 8400/4400 | 8193/4138 | Umbuchung steuerfreier Gebrauchtwarenverkauf |
| 1. | 8.000,00 | | 8193/4138 | 8191/4136 | Umbuchung steuerpflichtige Differenz |
| 3. | | 14.000,00 | 3200/5200 | 3210/5210 | Umbuchung regulärer Wareneinkauf |

## 7.3 Unentgeltliche Wertabgaben

Unentgeltliche Wertabgaben umfassen jegliche unentgeltliche Zuwendung eines Gegenstands oder einer Leistung durch das Unternehmen, auch an Dritte. Dabei ist es unerheblich, ob die zugewendeten Gegenstände oder erbrachten Leistungen unternehmerischen oder nicht unternehmerischen Zwecken dienen.

### 7.3.1 Lieferung

Als Lieferungen gelten

1. die Entnahme eines Gegenstands durch einen Unternehmer aus seinem Unternehmen für Zwecke, die außerhalb der Gesellschaft liegen (ein Lebensmittelhändler entnimmt von einem Großhändler bezogene Nahrungsmittel zur Versorgung seiner Familie),
   und zusätzlich
2. die unentgeltliche Zuwendung eines Gegenstands durch das Unternehmen an sein Personal für dessen privaten Bedarf, sofern keine Aufmerksamkeiten vorliegen (ein Rohbauunternehmer errichtet für private Wohnzwecke ein schlüsselfertiges Haus mit Mitteln der Gesellschaft; Gegenstand der Entnahme ist hier das schlüsselfertige Haus — nicht lediglich der Rohbau),
3. jede andere unentgeltliche Zuwendung eines Gegenstands, ausgenommen Geschenke von geringem Wert und Warenmuster für Zwecke der Gesellschaft (ein Schuhhersteller spendet Computer an örtliche Schulen und an den Sportverein einen gebrauchten Transporter sowie einige Schuhe für die Weihnachtstombola des Vereins).

### 7.3.2 Sonstige Leistungen

Als sonstige Leistungen gelten die Verwendung eines dem Unternehmen zugeordneten Gegenstands, der zum vollen oder teilweisen Vorsteuerabzug berechtigt hat, und die unentgeltliche Erbringung einer anderen sonstigen Leistung

- durch den Gesellschafter für Zwecke, die außerhalb der Gesellschaft liegen, oder
- für den privaten Bedarf des Personals, sofern keine Aufmerksamkeiten vorliegen.

Dienstleistungen können teils dem nicht unternehmerischen, teils dem unternehmerischen Bereich zugeordnet werden. Zum Beispiel sind private Telefongespräche nicht dem Unternehmen zuzuordnen und stellen daher keine Wertabgabe dar.

### Beispiel

1. Ein Bauunternehmer setzt einen Bauhilfsarbeiter zur Gartenpflege seines selbst bewohnten Einfamilienhauses ein.
2. Ein Unternehmer setzt die im Unternehmen angestellte Putzfrau auch zum Putzen seines Privathaushalts ein.
3. Der Zahnarzt repariert in seinem Labor eine Zahnbrücke für seine Frau.
4. Ein Architekt lässt unentgeltlich für einen Freund durch einen bei ihm angestellten Bauzeichner den Entwurf eines Bauplans fertigen.

Nicht steuerbar sind auch die unentgeltlichen sonstigen Leistungen aus unternehmerischen Gründen.

### Beispiel

Die Schuhfabrik überlässt dem örtlichen Sportverein kostenlos einen gebrauchten Transporter mit Werbeaufdruck für jedes Wochenende. Der Wagen bleibt im Eigentum der Fabrik und wird jeden Sonntagabend zurückgegeben.

| SKR03 | SKR04 | Kontenbezeichnung (SKR) |
|---|---|---|
| 8910 | 4600 | Unentgeltliche Wertabgaben |
| 8905 | 4605 | Entnahme von Gegenständen (ohne USt.) |
| 8915 | 4610 | Entnahme durch Unternehmer für Zwecke außerhalb des Unternehmens (7 % USt.) |
| 8919 | 4619 | Entnahme durch Unternehmer für Zwecke außerhalb des Unternehmens (ohne USt.) |
| 8910 | 4620 | Entnahme durch Unternehmer für Zwecke außerhalb des Unternehmens (19 % USt.) |
| 8905 | 4630 | Verwendung von Gegenständen für Zwecke außerhalb des Unternehmens (7 % USt.) |
| 8924 | 4639 | Verwendung von Gegenständen für Zwecke außerhalb des Unternehmens (ohne USt.) |
| 8920 | 4640 | Verwendung von Gegenständen für Zwecke außerhalb des Unternehmens (19 % USt.) |

| SKR03 | SKR04 | Kontenbezeichnung (SKR) |
|---|---|---|
| 8932 | 4650 | Unentgeltliche Erbringung einer sonst. Leistung (7 % USt.) |
| 8929 | 4659 | Unentgeltliche Erbringung einer sonst. Leistung (ohne USt.) |
| 8925 | 4660 | Unentgeltliche Erbringung einer sonst. Leistung (19 % USt.) |
| 8945 | 4670 | Unentgeltliche Zuwendung von Waren (7 % USt.) |
| 8939 | 4679 | Unentgeltliche Zuwendung von Waren (ohne USt.) |
| 8935 | 4680 | Unentgeltliche Zuwendung von Waren (19 % USt.) |
| 8940 | 4686 | Unentgeltliche Zuwendung von Gegenständen (19 % USt.) |
| 8949 | 4689 | Unentgeltliche Zuwendung von Gegenständen (ohne USt.) |

### 7.3.3 Skonti, Rabatte und Rücksendungen

Die Erlösschmälerungen durch gewährte Skonti, Rabatte und Rücksendungen behandeln wir bei den Personenkonten (siehe Kapitel 6.6).

### 7.3.4 Private Kfz-Nutzung

Grundsätzlich werden bei jedem Dienstfahrzeug Privatfahrten unterstellt. Die bloße Behauptung, man verwende für solche Privatfahrten einen privaten Zweitwagen, reicht nicht aus, das Finanzamt vom Gegenteil zu überzeugen. Eine unentgeltliche Wertabgabe muss nur dann nicht für volle Monate angesetzt werden, wenn der Wagen zur privaten Nutzung nicht zur Verfügung stand oder nachweislich nicht genutzt wurde, z. B., wenn der Geschäftsführer den Wagen wegen eines Fahrverbots nicht fahren konnte.

Bei der Verwendung durch den Unternehmer oder der privaten unentgeltlichen Nutzung durch einen Arbeitnehmer gelten ähnliche Bestimmungen. Sie betreffen nur Pkws im Betriebsvermögen oder geleaste und gemietete Fahrzeuge, nicht aber Lkws oder Zugmaschinen.

#### Einsatz des Privatwagens

Eine Alternative zum Firmenwagen besteht darin, den Privatwagen für betriebliche Zwecke einzusetzen. Damit wird die leidige Privatnutzung am Geschäftswagen vermieden. Unternehmer wie Arbeitgeber können für geschäftlich bzw. dienstlich veranlasste Fahrten eine Pauschale von 0,30 EUR pro gefahrenem Kilometer ansetzen oder auch die tatsächlichen Gesamtkosten für das Auto (inkl. der Abschreibungen) ins Verhältnis zu den privat gefahrenen Kilometern setzen.

### Beispiel

Geschäftsführer Schmitt zeichnet bei Geschäftsreisen die mit seinem Privatwagen gefahrenen Kilometer auf. Im Monat Mai ist er 2.000 km gefahren. Er rechnet die Kilometer ab und zahlt sich das Kilometergeld i. H. v. 2.000 x 0,30 EUR bar aus.

| Soll | Haben | GegenKto | Konto | |
|---|---|---|---|---|
| | 600,00 | 4678/6688 | 1000/1600 | Kilometergeld Mai |

## Firmenwagen: private Nutzung nach der 1 %-Methode

Die einfachste und oft teuerste Methode den Eigenverbrauch zu ermitteln, stellt die 1 %-Methode dar. Das Finanzamt greift gerne darauf zurück, wenn kein ordnungsmäßiges Fahrtenbuch vorliegt. Der Arbeitnehmer versteuert hierbei monatlich 1 Prozent des Pkw-Listenneupreises plus Sonderausstattung — auch für einen Gebrauchtwagen — plus die Fahrten von der Wohnung zur Arbeitsstätte mit weiteren 0,03 Prozent des Listenpreises pro Entfernungskilometer (bei fiktiven fünfzehn Arbeitstagen pro Monat; alternativ sind nachgewiesene Arbeitstage pro Kilometer mit 0,002 Prozent anzusetzen). Der Vorteil dieser Methode ist, dass die Firma sämtliche Leasing-, Betriebs- und Reparaturkosten als Betriebsausgaben geltend macht — auch, wenn der Arbeitnehmer mit dem Wagen in den Urlaub fährt.

### Beispiel

Der Firmenwagen hat einen Listenpreis von 50.000 EUR inkl. Sonderausstattung und Mehrwertsteuer. Für die private Nutzung durch den Angestellten sind monatlich Sachbezüge von 1 Prozent des Listenpreises anzusetzen, also 500 EUR. Die Entfernung von seiner Wohnung zum (werktäglich angefahrenen) Arbeitsplatz beträgt 12 km und muss zusätzlich angesetzt werden. Damit sind weitere 0,03 Prozent des Listenpreises pro Entfernungskilometer fällig: 12 km x 0,03 % x 50.000 EUR = 180 EUR. Ohne Führung eines Fahrtenbuchs sind demnach 680 EUR Sachbezüge pro Monat anzusetzen.

| Soll | Haben | GegenKto | Konto | |
|---|---|---|---|---|
| 680,00 | | 8611/4947 | 4120/6020 | Sachbezug Kfz |

Unternehmer wie auch Arbeitnehmer können für die Fahrten von der Wohnung zur Arbeitsstätte 0,30 EUR für jeden Entfernungskilometer und ohne Nachweis mindestens 15 Fahrten pro Monat ansetzen.

Bei mehreren Firmenwagen kommt es nicht darauf an, wie viele Personen für eine Privatnutzung in Betracht kommen. Auch wenn nachweislich nur der Geschäftsführer die Geschäftswagen privat nutzt, hat er ohne Fahrtenbuch die 1 %-Regelung für jeden einzelnen Pkw anzusetzen.

Wenn andererseits nur ein Fahrzeug zum Betriebsvermögen gehört, ist die 1 %-Methode auf dieses Fahrzeug einmal und nicht mehrfach für alle Angehörigen anzuwenden. Liegt die Privatnutzung bei über 90 Prozent, gehört der Firmenwagen automatisch ins Privatvermögen.

Die unentgeltliche Wertabgabe bzw. der Sachbezug ist durch die tatsächlichen Kosten für den Pkw gedeckelt. Das bedeutet, dass die Kosten durch private Nutzung die tatsächlichen Kosten nicht übersteigen können.

## Einzelnachweis durch Fahrtenbuch

Neben dieser pauschalen Methode gibt es zur Bestimmung des privaten Nutzungsanteils nur noch die Möglichkeit des Einzelnachweises. Dazu müssen

1. für den einzelnen Pkw sämtliche Aufwendungen nachgewiesen werden und
2. sich aus einem ordnungsgemäß geführten Fahrtenbuch sämtliche Fahrten lückenlos nachvollziehen lassen, und zwar
    a) Datum und Kilometerstand zu Beginn und am Ende jeder einzelnen Auswärtstätigkeit,
    b) Reiseziel und Reiseroute,
    c) Reisezweck und aufgesuchte Geschäftspartner,
    d) jeweilige Abfahrts- und Ankunftszeit, soweit Verpflegungsmehraufwendungen geltend gemacht werden.

Bei Kundendienstmonteuren und Handelsvertretern mit täglich wechselnden Auswärtstätigkeiten reicht es z. B. aus, wenn sie angeben, welche Kunden sie an welchem Ort aufsuchen. Werden regelmäßig dieselben Kunden aufgesucht, reicht der Hinweis auf den Kunden aus, dessen Anschrift sich aus einer beigefügten Kundenliste ergeben kann. Angaben über die Reiseroute und zu den Entfernungen zwischen den Stationen einer Auswärtstätigkeit sind nur bei größerer Differenz zwischen direkter Entfernung und tatsächlicher Fahrtstrecke erforderlich.

Taxifahrer und Fahrlehrer müssen lediglich zu Beginn und am Ende ihrer Schicht den Kilometerstand festhalten und als Zweck »Taxifahrten im Pflichtfahrgebiet« bzw. »Fahrschulfahrten« angeben. Sonderfahrten sind gesondert aufzuzeichnen.

Für Privatfahrten genügen Kilometerangaben, ohne dass im Einzelnen der Reiseweg und der Reisezweck angegeben werden müssen, für Fahrten zwischen Wohnung und Betrieb sowie für Heimfahrten genügt jeweils ein entsprechender kurzer Vermerk im Fahrtenbuch.

Bei den Ausdrucken von elektronischen Fahrtenbüchern müssen nachträgliche Änderungen technisch unmöglich oder zumindest dokumentiert sein.

Mit der Methodenwahl — 1 %-Regelung oder Fahrtenbuch — ist die Eigenverbrauchsermittlung für jedes Fahrzeug ein Jahr lang festgelegt.

Die Entscheidung für die günstigste Methode kann ein Unternehmer auch am Ende des Jahrs treffen, wenn alle Zahlen zum Vergleich vorliegen. Dagegen muss für den Arbeitnehmer die Höhe des Sachbezugs bereits bei der Lohnversteuerung festgestellt werden.

## 7.4 Betriebsausgaben

Die betrieblichen Aufwendungen sind in den Kontenplänen der Unternehmen auf vielen verschiedenen Konten erfasst. Bis auf einige kritische Betriebsausgaben können viele Konten jedoch schnell abgehakt werden. Es genügt hier eine allgemeine Prüfung auf Vollständigkeit und zulässigen Vorsteuerabzug.

## 7.5 Vergütungen an Mitunternehmer

Eine Besonderheit in Personengesellschaften stellen Vergütungen an Gesellschafter dar, die als sog. Mitunternehmer (§ 15 Abs. 1 Nr. 2 EStG) tätig sind.

In der Finanzbuchhaltung werden sie als Personalaufwendungen, Zinsaufwendungen, Mietaufwendungen etc. erfasst, steuerlich jedoch mindern sie letztlich nicht das Ergebnis, sondern sind als sog. Vorabgewinne den betreffenden Gesellschaftern zuzurechnen. Dafür sorgen insbesondere im Rahmen der E-Bilanz eingeführte Konten wie »Vergütungen an angestellte Mitunternehmer § 15 EStG« u. Ä. In der Einkommensteuererklärung des Gesellschafters gehören sie zu den Einkünften aus Gewerbebetrieb.

Mitunternehmer betreiben gemeinsam ein Unternehmen mit Gewinnerzielungsabsicht auf der »Ebene der Gesellschaft«, also nicht nur auf der Ebene des Einzelnen. Darin unterscheiden sie sich z. B. von einer reinen Bürogemeinschaft zur Kostenersparnis. Neben der gemeinschaftlichen Gewinnerzielungsabsicht zeichnen diese Gesellschafter Mitunternehmerinitiative und die Übernahme eines Mitunternehmerrisikos aus.

Im Falle einer Komplementär-GmbH ist ein Komplementär auch dann ein Mitunternehmer, wenn er weder am Gewinn und Verlust der KG noch an deren Vermögen beteiligt ist. Ein Kommanditist ohne Gewinnbeteiligung ist indes nicht als Mitunternehmer anzusehen. Seine Vergütungen gehören somit steuerlich nicht zu den Einkünften aus Gewerbebetrieb, sondern zu den Einkünften aus Kapitalvermögen.

Den Vergütungen an Mitunternehmer werden wir nochmals bei der Gewinnverteilung begegnen (siehe Kapitel 12).

| SKR03 | SKR04 | Kontenbezeichnung (SKR) |
|---|---|---|
| 4128 | 6028 | Vergütung Mitunternehmer |
| 4128 | 6314 | Vergütungen an Mitunternehmer für die mietweise Überlassung ihrer unbeweglichen Wirtschaftsgüter § 15 EStG |
| 4137 | 6118 | Ges. soz. Aufwend. Mituntern. § 15 EStG |
| 4148 | 6068 | Freiwillige Zuwendungen an Mitunternehmer § 15 EStG |

| SKR03 | SKR04 | Kontenbezeichnung (SKR) |
|---|---|---|
| 4154 | 6074 | Sachzuwendungen und Dienstleistungen an Mitunternehmer § 15 EStG |
| 4168 | 6148 | Aufw. Altersversorg. Mituntern. § 15 EStG |
| 4197 | 6038 | Pauschale Steuern für angestellte Mitunternehmer § 15 EStG |
| 4219 | 6823 | Vergütung freiberufl. Mituntern. § 15 EStG |
| 4229 | 6319 | Vergütungen an Mitunternehmer für die pachtweise Überlassung ihrer unbeweglichen Wirtschaftsgüter § 15 EStG |
| 4948 | 6823 | Vergütungen an Mitunternehmer § 15 EStG |
| 4949 | 6824 | Haftungsvergütung an Mitunternehmer § 15 EStG |
| 4959 | 6834 | Vergütungen an Mitunternehmer für die miet- oder pachtweise Überlassung ihrer beweglichen Wirtschaftsgüter § 15 EStG |

## 7.5.1 Personalkosten

Im Zusammenhang mit den Verbindlichkeiten und dem Lohnverrechnungskonto wurde bereits ein Teil der Lohnkosten abgestimmt. Bleiben noch die Bezüge der Gesellschafter, die Sachbezüge/Lohnersatzleistungen und Aushilfslöhne, die geprüft werden müssen.

! **Arbeitsschritt:**

Weisen Sie nach den Vorgaben der E-Bilanz-Gliederung Bezüge an die Gesellschafter als Mitunternehmer auf gesonderten Konten aus.

Stimmen Sie die Sachbezüge mit den Lohnabrechnungen ab.

Überprüfen Sie stichprobenweise die Belege für die Aushilfslöhne.

Gleichen Sie die an die Krankenkassen gemeldeten Jahresbeiträge mit dem Konto zur Sozialversicherung ab und buchen Sie ggf. den Arbeitnehmeranteil vom Konto »Lohn/Gehalt« um. Buchen Sie auf diesem Konto ggf. im Haben erfasste Krankengeldzuschüsse um.

| SKR03 | SKR04 | Kontenbezeichnung (SKR) |
|---|---|---|
| 4909 | 6303 | Fremdleistungen |
| 4780 | 6780 | Fremdarbeiten |
| 4125 | 6050 | Ehegattengehalt |

| SKR03 | SKR04 | Kontenbezeichnung (SKR) |
|---|---|---|
| 4127 | 6027 | Geschäftsführergehälter |
| 4212 | 6312 | Miete/Aufwendungen für doppelte Haushaltsführung |
| 4288 | 6348 | Aufwendungen für Arbeitszimmer, abziehbar |
| 4289 | 6349 | Aufwendungen für Arbeitszimmer, nicht abziehbar |
| 4590 | 6590 | Kfz-Kosten für Privatfahrzeuge |
| 4678 | 6688 | Fahrten UN Wohnung — Arbeitsst., abziehb. Anteil |
| 4679 | 6689 | Fahrten UN Wohnung — Arbeitsst., nicht abziehb. Anteil |
| 4680 | 6690 | Fahrten UN Wohnung — Arbeitsst. und Familienheimfahrt. (Haben) |
| 4681 | 6691 | Verpflegungsmehraufwendungen bei dop. Haushaltsführung |

## 7.5.2 Sachbezüge

Beim Überprüfen der Lohnkonten ist es möglich, dass Sie auf bislang unversteuerte und noch nicht erfasste Sachbezüge und Lohnersatzleistungen stoßen. Sollte das der Fall sein, buchen Sie die fehlenden Beträge nach. Die Höhe der Sachbezüge richtet sich nach der amtlichen Sachbezugsverordnung und weiteren Erlassen des Bundesministeriums der Finanzen.

Als Sachbezugswert ist der Geldwert anzusetzen. Erhält der Arbeitnehmer die Sachbezüge nicht unentgeltlich, ist der Unterschiedsbetrag zwischen dem Geldwert des Sachbezugs und dem tatsächlichen Entgelt zu versteuern.

Für die Höhe des Privatanteils beim Unternehmer und für die Höhe des Sachbezugs für den Firmenwagen beim Arbeitnehmer gelten grundsätzlich die gleichen Regelungen. Die Ermittlung des Sachbezugs wurde bereits zuvor bei den unentgeltlichen Wertabgaben behandelt (siehe Kapitel 6.3).

### Beispiel

Bei der Bewertung der Privatnutzung eines Dienstwagens durch den Arbeitnehmer wurde die 1 %-Methode angewendet (in voller Höhe umsatzsteuerfrei).

| Soll | Haben | GegenKto | Konto | |
|---|---|---|---|---|
| 6.885,00 | | 8611/4947 | 4110/6010 | Kfz-Gestellung |

Zinsvorteilhafte Darlehen des Unternehmers an seine Arbeitnehmer sind nur dann als Sachbezüge einzuordnen,

- wenn die Darlehen 2.600 EUR übersteigen und
- wenn der Effektivzins nicht marktüblich ist.

Als Geldwert für Kost und Logis gelten die amtlichen Werte nach der Sozialversicherungsentgeltverordnung (Stand 2016):

- Freie Verpflegung der Arbeitnehmer oder volljähriger Familienangehöriger monatlich 236 EUR bzw. für Frühstück 50 EUR sowie für Mittag- und Abendessen 93 EUR. Bei nicht volljährigen Familienangehörigen reduzieren sich die zusätzlichen Sachbezüge pro Person auf 80 Prozent (ab dem 14. Lebensjahr) bzw. auf 40 Prozent (ab dem 7. Lebensjahr). Für Kinder unter sieben Jahren liegt der Sachbezugswert bei 30 Prozent.
- Der Wert einer freien Unterkunft beträgt monatlich 223 EUR. Bei einer Unterbringung im Haushalt des Arbeitgebers oder in einer Gemeinschaftsunterkunft reduzieren sich die Werte um 15 Prozent. Das gilt auch für Jugendliche und Auszubildende.

Die Reduzierung beträgt bei einer Belegung mit

- zwei Beschäftigten 40 Prozent,
- drei Beschäftigten 50 Prozent und
- mehr als drei Beschäftigten 60 Prozent.

Eine Wohnung ist grundsätzlich mit dem ortsüblichen Mietpreis zu bewerten. Ist die Feststellung des ortsüblichen Mietpreises im Einzelfall mit außergewöhnlichen Schwierigkeiten verbunden, ist die Wohnung mit 3,92 EUR pro qm, bei einfacher Ausstattung (ohne Sammelheizung oder ohne Bad oder Dusche) mit 3,20 EUR zu bewerten. Für Energie, Wasser und sonstige Nebenkosten ist der übliche Preis am Abgabeort anzusetzen.

Werden Verpflegung, Unterkunft oder Wohnung verbilligt als Sachbezüge zur Verfügung gestellt, muss dem Arbeitsentgelt der Unterschiedsbetrag zwischen dem vereinbarten Preis und den Sachbezugswerten zugerechnet werden.

### 7.5.3 Fremdarbeiten

Man unterscheidet zwischen Fremdleistungen als »Aufwand für bezogene Leistungen« für Erzeugnisse und andere Leistungserstellung, z. B. Subunternehmer, einerseits und Fremdarbeiten von freien Mitarbeitern andererseits, die für betriebsinterne Zwecke statt eigenen Personals herangezogen werden und als »sonstige betriebliche Aufwendungen« gelten.

| SKR03 | SKR04 | Kontenbezeichnung (SKR) |
|---|---|---|
| 4909 | 6303 | Fremdleistungen |
| 4780 | 6780 | Fremdarbeiten |
| 3100 | 5900 | Fremdleistungen |

Die Finanzämter gehen zunehmend dazu über, nicht erst im Rahmen von Betriebsprüfungen, sondern schon im Vorfeld bei den Jahresabschlüssen Kontrollmitteilungen zu erstellen. So werden Sie ggf. aufgefordert, Ihre Subunternehmer und freien Mitarbeiter mit Adressen und Jahresentgelten lückenlos aufzulisten. Sind Sie dazu nicht in der Lage oder willens, gehen die Betriebsausgaben verloren. Auch kommt es vor, dass langjährig freie Mitarbeiter plötzlich als Scheinselbstständige gelten. Dann können hohe Kosten auf die Gesellschaft zukommen: bis zu vier Jahre Renten- und Krankenversicherungsbeiträge (Arbeitnehmer und Arbeitgeberanteile!) bzw. Abfindungen, Lohnfortzahlungen etc.

### 7.5.4 Arbeitsförderung und Erstattung von Lohnfortzahlungen

Zahlungen der Arbeitsagentur zur Beschäftigungsförderung (Langzeitarbeitslose, Kurzarbeit etc.) sowie Erstattungen der Krankenkassen von Lohnfortzahlungen bei Krankheit oder Mutterschaft geraten häufig auf Lohnkonten im Haben oder sorgen bei Verrechnung mit Beitragsschulden für ein Habensaldo bei den »Verbindlichkeiten soziale Sicherheit«.

**Beispiel**

Entsprechend dem übermittelten Beitragsnachweis hätte die TIK-Krankenkasse 500 EUR abbuchen sollen. Tatsächlich wurden nur 200 EUR abgebucht. Der Habensaldo von 300 EUR auf dem Konto »Verbindlichkeiten soziale Sicherheit« hängt mit verrechneten Erstattungen nach U2 zusammen. Hier wurde ein Antrag auf Erstattung von 70 Prozent der Lohnfortzahlung gestellt.

| Soll | Haben | GegenKto | Konto | |
|---|---|---|---|---|
| | 300,00 | 1742/3740 | 1520/1369 | Forderungen ggü. TIK aus U2 |
| 300,00 | | 2749/4972 | 1520/1369 | Erstattung U2 |

| SKR03 | SKR04 | Kontenbezeichnung (SKR) |
|---|---|---|
| 1520 | 1369 | Forderungen ggü. Krankenkassen aus Umlagen (AAG) |
| 1742 | 3740 | Verbindlichkeiten soziale Sicherheit |
| 4155 | 6075 | Arbeitsamtszuschüsse |
| 2749 | 4972 | Erstattungen Krankenkassen aus Umlagen AAG |

### 7.5.5 eBay, Google, Amazon & Co: Leistungen ausländischer Unternehmer

Kommen ausländische Handelsplattformen oder Internetfirmen ins Spiel, wird es gerade bei der Umsatzsteuer kompliziert. Ist diese elektronische Leistung im Ausland oder in Deutschland steuerpflichtig? Im letzteren Fall schuldet der deutsche Händler als Empfänger solcher Dienstleistung die Umsatzsteuer.

eBay behält von Personen, die ihren Sitz oder Wohnsitz in Deutschland haben, 15 Prozent Mehrwertsteuer (Mehrwertsteuersatz in Luxemburg) ein. Alle bei eBay.de angegebenen Gebühren sind Bruttobeträge, d. h.: Sie enthalten bereits 15 Prozent Mehrwertsteuer.

**Beispiel**

Angebotsgebühr für einen deutschen Staatsbürger, der bei eBay.de anbietet:

| | | |
|---|---|---|
| Tatsächliche Angebotsgebühr | = | 1,50 EUR bei eBay.de |
| | | (Nettobetrag plus 15 % Luxemburg-MwSt) |

Daraus folgt:

| | | |
|---|---|---|
| Nettobetrag | = | 1,3043 EUR |
| Gesamtbetrag | = | 1,3043 EUR (Nettobetrag) |
| | + | 15 % (Luxemburg-MwSt) = 1,50 EUR (gerundet) |

Der Transparenz halber werden in der eBay-Rechnung sowohl die Bruttobeträge (mit MwSt.) als auch die Nettobeträge (ohne MwSt.) ausgewiesen.

Unternehmer mit einer gültigen Umsatzsteuer-Identifikationsnummer können sich von eBay unter bestimmten Voraussetzungen die Berechtigung für Nettorechnungen erteilen lassen. Dazu teilen Sie eBay die USt.-IdNr. Ihrer Gesellschaft mit.

**Tipp:** !

**Eine Umsatzsteuer-Identifikationsnummer kann beim Bundeszentralamt für Steuern beantragt werden: https://www.formulare-bfinv.de/**

Amazon verweist dagegen darauf, dass die Verkaufsgebühren nicht in Luxemburg, sondern beim Empfänger in Deutschland steuerpflichtig sind (»Bezugnahme auf: Artikel 21 (1) b, Sixth Council Directive 77/388/EEC vom 17. Mai 1977«).

Dem deutschen Fiskus bereitet es allerdings grundsätzliche Probleme, die Steuer von ausländischen Unternehmen auch einzuziehen. Deshalb hat er nach § 13b UStG den unternehmerischen Empfänger einer sonstigen Leistung eines ausländischen Anbieters verpflichtet, die fällige Umsatzsteuer direkt an das deutsche Finanzamt zu melden. Im Regelfall kann er aus der Rechnung Vorsteuer in gleicher Höhe abziehen.

## Beispiel

Die Verkaufsgebühren für die Agenturumsätze über einen Inter Web Shop in den USA betragen 300 USD (ca. 400 EUR). Die Rechnung auf die deutsche Umsatzsteuer erfolgt per E-Mail sofort nach Kreditkartenbelastung. Da die Leistung unter § 13b UStG fällt, bucht der deutsche Unternehmer folgendermaßen:

| | |
|---|---|
| Verkaufsgebühren | 400,00 EUR |
| Vorsteuer | 76,00 EUR |
| an Kreditkartenabrechnung | 400,00 EUR |
| an Umsatzsteuer 19 % | 76,00 EUR |

Im DATEV-System erfolgt bei der Buchung des Nettobetrags auf das Automatikkonto für Leistungen ausländischer Unternehmer im Hintergrund auch die Verbuchung der Vorsteuer und der Umsatzsteuer.

| SKR03 | SKR04 | Kontenbezeichnung (SKR) |
|---|---|---|
| 3113 | 5913 | Sonstige Leistungen EG-ausl. Unternehmer 7 % VSt. 7 % USt. |
| 3115 | 5915 | Leistungen ausl. Unternehmer 7 % VSt. und 7 % USt. |
| 3125 | 5925 | Leistungen ausl. Unternehmer 19 % VSt. und 19 % USt. |
| 3123 | 5923 | Sonstige Leistungen EG-ausl. Unternehmer 19 % VSt. 19 % USt. |
| 3125 | 5925 | Leistungen ausl. Unternehmer 19 % VSt. 19 % USt. |
| 3133 | 5933 | Sonstige Leistungen EG-ausl. Unternehmer ohne VSt. 7 % USt. |
| 3143 | 5943 | Sonstige Leistungen EG-ausl. Unternehmer ohne VSt. 19 % USt. |
| 3145 | 5945 | Leistungen ausl. Unternehmer ohne VSt. 19 % USt. |
| 3150 | 5950 | Erhaltene Skonti des Leistungsempfängers nach § 13b UStG |
| 3151 | 5951 | Erhaltene Skonti des Leistungsempfängers nach § 13b UStG 19 % USt. und VSt. |
| 3153 | 5953 | Erhaltene Skonti des Leistungsempfängers nach § 13b UStG mit USt., aber ohne VSt. |
| 3154 | 5954 | Erhaltene Skonti des Leistungsempfängers nach § 13b UStG mit 19 % USt., aber ohne VSt. |
| 3160 | 5960 | Leistungen nach § 13b UStG mit Vorsteuerabzug |
| 3165 | 5965 | Leistungen nach § 13b UStG ohne Vorsteuerabzug |

| SKR03 | SKR04 | Kontenbezeichnung (SKR) |
|---|---|---|
| 1579 | 1409 | Abziehbare Vorsteuer § 13b 19 % |
| 1758 | 3833 | USt. § 13b 19 % aus Leistungen ausländischer Unternehmer |

## 7.5.6 Sonstige betriebliche Aufwendungen

Die Bezeichnung »Sonstige betriebliche Aufwendungen« wird sowohl für eine Position der Gewinn- und Verlustrechnung für Raum-, Kfz-, Verwaltungs- und Vertriebskosten als auch für ein spezielles Konto verwendet.

Das Konto »Sonstige betriebliche Aufwendungen« sollte nicht mehr als 5 bis 10 Prozent der gesamten Aufwendungen aufnehmen, weil Sie ansonsten Rückfragen des Finanzamts provozieren. Zum einen ist für jede Aufwendung ein eigenes Konto aufzumachen. Lösen Sie deshalb Konten mit Bagatellbeträgen auf. Zum anderen sollen die Aufwendungen transparent aufgegliedert und relevante Kostenarten ausgewiesen sein.

**Arbeitsschritt:** !

**Buchen Sie soweit möglich die »Sonstigen betrieblichen Aufwendungen« auf aussagekräftige Konten um. Verwenden Sie ggf. die Konten »Sonstiger Betriebsbedarf« oder – z. B. für Gründungskosten – »Sonstige Aufwendungen, unregelmäßig«.**

| SKR03 | SKR04 | Kontenbezeichnung (SKR) |
|---|---|---|
| 4900 | 6300 | Sonstige betriebliche Aufwendungen |
| 4985 | 6850 | Sonstiger Betriebsbedarf |
| 2309 | 6969 | Sonstige Aufwendungen, unregelmäßig |

### 7.5.7 Miete, Raumkosten und Instandhaltungen

! **Arbeitsschritt:**

Achten Sie beim Abstimmen der Mietzahlungen auf Vollständigkeit. Bei einem Vorsteuerabzug sollte die Umsatzsteuer im Betrag entweder auf dem Bankauszug, einer Jahresabrechnung oder im Mietvertrag ausgewiesen sein. Der Steuersatz oder der Hinweis auf die »gesetzliche Umsatzsteuer« reicht nicht aus.

Buchen Sie Mietereinbauten, Herstellungsaufwendungen aus Instandhaltungskosten und Grundstücksaufwendungen um. Prüfen Sie auch bei anderen Instandhaltungskosten und Reparaturen, ob nicht auf das betreffende Anlagegut umgebucht werden muss.

Die Entscheidung, wann im Zusammenhang mit Gebäuden Erhaltungsaufwendungen und wann Herstellungsaufwendungen vorliegen, ist mitunter sehr umstritten. Aufwendungen für Baumaßnahmen an Gebäuden können auf Antrag als Erhaltungsaufwendungen behandelt werden, wenn die entsprechenden Maßnahmen den Standard des Gebäudes nicht gehoben bzw. den Gebrauchswert (das Nutzungspotenzial) eines Wohngebäudes gegenüber dem Zustand zum Zeitpunkt des Erwerbs nicht deutlich erhöht haben. Danach gehören Instandhaltungs- und Modernisierungskosten innerhalb von drei Jahren nach der Anschaffung zu den Herstellungskosten, wenn sie 15 Prozent des Anschaffungspreises übersteigen. In die 15 %-Grenze nicht einbezogen werden Aufwendungen für Erweiterungen des Gebäudes und jährlich üblicherweise anfallende Erhaltungsarbeiten.

### 7.5.8 Mietereinbauten

Baumaßnahmen, die der Mieter auf seine Rechnung vornimmt, können Mietereinbauten oder -umbauten sein. Die dafür aufgebrachten Aufwendungen sind vom Mieter entweder zu aktivieren oder sofort als Betriebsausgaben abzuziehen.

Als zu aktivierende Mietereinbauten und Mieterumbauten kommen infrage:

- Scheinbestandteile,
- Betriebsvorrichtungen,
- sonstige Mietereinbauten oder -umbauten.

## Scheinbestandteile

Scheinbestandteile werden nur »zu einem vorübergehenden Zweck« (§ 95 BGB) in ein Gebäude eingefügt und haben auch nach ihrem Ausbau noch einen beachtlichen Wiederverwendungswert. Dieser Wert darf durch den Ausbau nicht bis an die Grenze des Schrottwerts zerstört werden.

Ein Scheinbestandteil liegt auch dann vor, wenn der Mieter verpflichtet ist, den eingebauten Gegenstand beim Auszug wieder zu entfernen. Ein »vorübergehender« Zweck liegt nicht vor, wenn die Nutzungsdauer kürzer ist als die voraussichtliche Mietdauer.

## Beispiel

Der Mieter baut fünf Jahre vor Ablauf des Mietvertrags die Mieträume nach seinen betrieblichen Zwecken um, indem er mobile Zwischenwände neu einzieht. An einen Aufwandsersatz auch nur eines Teils der Kosten von 21.000 EUR ist im Falle des Auszugs nicht gedacht, im Gegenteil: Der Mieter hat sämtliche baulichen Veränderungen zu entfernen und die Mieträume in den ursprünglichen Zustand zu versetzen. Die Kosten sind als Mietereinbauten (Einbauten in fremde Grundstücke) zu aktivieren und die Einbauten als bewegliche Wirtschaftsgüter auf sieben Jahre abzuschreiben.

| Soll | Haben | GegenKto | Konto | |
|---|---|---|---|---|
| 21.000,00 | | 4260/6335 | 0450/0680 | Mietereinbauten |

| SKR03 | SKR04 | Kontenbezeichnung (SKR) |
|---|---|---|
| 0450 | 0680 | Einbauten in fremde Grundstücke |

## Betriebsvorrichtungen

Betriebsvorrichtungen sind Maschinen und sonstige Vorrichtungen aller Art, die zu einer Betriebsanlage gehören, selbst dann, wenn sie wesentliche Bestandteile eines Grundstücks sind. Sie dienen eben nicht der Gebäudenutzung im Allgemeinen, sondern den besonderen Zwecken des Betriebs. Hierzu zählen z. B.:

- Arbeitsbühnen, Bedienungs- und Beschickungsbühnen, Krananlagen, Lastenaufzüge, Transportbänder,

- Kühltürme, Kläranlagen, Schornsteine,
- Vorrichtungen, Befestigungen oder Fundamente für technische Anlagen und Maschinen.

Handelt es sich um Beleuchtungs- oder Belüftungsanlagen, Klimageräte, Öfen, Heizungsanlagen u. Ä. kommt es darauf an, ob sie überwiegend betrieblichen Zwecken dienen oder auch allgemein genutzt werden können.

**Scheinbestandteile** und **Betriebsvorrichtungen** gelten rechtlich als bewegliche Wirtschaftsgüter, selbst dann, wenn sie fest vermauert sind. Ihre Abschreibungsdauer entspricht der voraussichtlichen Mietzeit — es sei denn, ihre betriebsgewöhnliche Nutzungsdauer ist kürzer als die voraussichtliche Mietzeit.

### Beispiel

Eine gemeinnützige Wohnungsbaugesellschaft nimmt in einem angemieteten Wohnhaus für betreute Menschen umfangreiche Umbaumaßnahmen vor. So entstehen aus 3- und 4-Bett-Zimmern durch zusätzliche Zwischenwände 1- und 2-Bett-Zimmer mit neuen sanitären Anlagen. Waschbecken und Duschkabinen werden behindertengerecht vergrößert und abgesenkt und einige Türen für Rollstühle verbreitert. Die Umbaukosten inkl. der Planungskosten des Innenarchitekten führen zu Herstellungskosten der Betriebsvorrichtung zur Behindertenbetreuung.

Nach Ablauf einer Festmietzeit von zehn Jahren soll sich der Mietvertrag — sofern er nicht fristgerecht gekündigt wurde — jeweils um fünf Jahre verlängern. Zumindest eine einmalige Verlängerung ist vorgesehen, weshalb die voraussichtliche Mietdauer fünfzehn Jahre beträgt. Laut Mietvertrag müssen beim Auszug sämtliche Umbauten entfernt werden. Die Umbaukosten sind deshalb linear innerhalb dieser 15 Jahre abzusetzen.

Die Tabelle zum »Grundvermögen« auf den Arbeitshilfen online gibt bei den aufgelisteten Vermögensgegenständen an, ob sie einem Gebäude, einem Gebäudebestandteil oder einer Außenanlage zugeordnet werden oder ob sie zu den Betriebsvorrichtungen zählen. Stellen Vermögensgegenstände Betriebsvorrichtungen dar, sind sie einzeln zu erfassen und zu bewerten.

## Sonstige Mietereinbauten und Mieterumbauten

Sonstige Mietereinbauten und Mieterumbauten können Gegenstände sein, die unmittelbar den **besonderen betrieblichen oder beruflichen Zwecken des Mieters** dienen und nicht in einem einheitlichen Nutzungs- und Funktionszusammenhang mit dem Gebäude stehen.

### Beispiele

- Der Mieter schafft durch Entfernen von Zwischenwänden ein Großraumbüro.
- Der Mieter entfernt die vorhandenen Zwischenwände und teilt durch neue Zwischenwände den Raum anders ein.
- Der Mieter gestaltet das Gebäude so um, dass es für seine besonderen gewerblichen Zwecke nutzbar wird, z. B. durch das Entfernen von Zwischendecken, den Einbau eines Tors, das an die Stelle einer Tür gesetzt wird.
- Der Mieter ersetzt eine vorhandene Treppe durch eine Rolltreppe.

Um **sonstige Mietereinbauten und Mieterumbauten** handelt es sich auch, wenn die Bauten im **wirtschaftlichen Eigentum** des Mieters stehen. Danach sind die eingebauten Sachen

- entweder während der voraussichtlichen Mietdauer technisch oder wirtschaftlich verbraucht,
- oder der Mieter kann bei der Beendigung des Mietvertrags mindestens die Erstattung des Zeitwerts vom Eigentümer verlangen.

Solche Mietereinbauten gelten — im Gegensatz zu den Scheinbestandteilen und den Betriebsvorrichtungen — als unbewegliche Wirtschaftsgüter. Ohne eine gesonderte vertragliche Vereinbarung mit dem Gebäudeeigentümer unterliegen sie der regulären Gebäudeabschreibung von maximal 3 Prozent.

**Beachten Sie:** !

**Mietereinbaukosten sind Renovierungskosten.**

Ist der Mieter nicht der wirtschaftliche Eigentümer der Einbauten oder stehen die Einbauten in keiner sachlichen Beziehung zu seinem Betrieb, dürfen die Aufwendungen nicht aktiviert werden.

Eine unmittelbare sachliche Beziehung zum Betrieb des Mieters liegt nicht vor, wenn die entsprechenden Baumaßnahmen ohnehin hätten vorgenommen werden müssen, z. B., wenn der Mieter anstelle des Eigentümers eine ohnehin vorgesehene Zentralheizung installiert.

Anstelle von Mietereinbauten sind von Gerichten Erhaltungs- und Instandhaltungsaufwendungen anerkannt worden, als ein Mieter u. a. die Fußböden in den gemieteten Räumen erneuern, den Heizkessel reparieren und einen Öltank sowie Ölbrenner installieren ließ. Auch der Einbau von Doppelglasfenstern durch den Mieter stellt eine sofort abzugsfähige Betriebsausgabe dar.

### Beispiel

Nach fünf Jahren Mietzeit lässt der Mieter auf seine Kosten ohne finanzielle Beteiligung seines Vermieters einen neuen Teppichboden verlegen.

| Soll | Haben | GegenKto | Konto | |
|---|---|---|---|---|
| 11.900,00 | | 1200/1800 | 904260/<br>906335 | Renovierungskosten |

| SKR03 | SKR04 | Kontenbezeichnung (SKR) |
|---|---|---|
| 0450 | 0680 | Einbauten in fremde Grundstücke |
| 0980 | 1900 | Aktive Rechnungsabgrenzungen |
| 4830 | 6220 | Abschreibungen auf Sachanlagen |
| 7831 | 6221 | Abschreibungen auf Gebäude |
| 4210 | 6310 | Miete |
| 2350 | 6450 | Reparaturen und Instandhaltung von Bauten |
| 4260 | 6335 | Instandhaltung betrieblicher Räume |

Sofern Umbaukosten mit Mietzahlungen verrechnet werden können, müssen für diesen Teil der Aufwendungen Rechnungsabgrenzungsposten gebildet werden.

### 7.5.9 Kfz-Kosten

Das Konto »Fahrzeugkosten« nimmt alle Kosten auf, die nicht weiter unterschieden werden sollen, so z. B. Benzinkosten, Kfz-Steuer, Kfz-Versicherungen, Reparaturen, Leasing etc. Dagegen bezeichnen die sonstigen Kfz-Kosten Aufwendungen, die Sie anderweitig nicht zuordnen können, z. B. Gebühren für Autoradio, Reinigung, Parkgebühren. Unter den »laufenden Betriebskosten« sind u. a. Benzin, Diesel und Öl zu erfassen.

**Arbeitsschritt:** !

**Aus der Kfz-Steuer und der Kfz-Versicherung ist kein Vorsteuerabzug möglich. Erstattungsbeträge sind im Haben zu erfassen. Versicherungsentschädigungen für Unfallschäden sind auf einem gesonderten Konto zu erfassen.**

**Beispiel**

Die Versicherungsentschädigung für den Totalschaden des Firmenwagens über 15.000 EUR wurde im Vorjahr als sonstige Forderung eingebucht.

| Soll | Haben | GegenKto | Konto | |
|---|---|---|---|---|
| | 15.000,00 | 1502/1305 | 2742/4970 | Kfz-Haftpflichtfall |

| SKR03 | SKR04 | Kontenbezeichnung (SKR) |
|---|---|---|
| 4540 | 6540 | Kfz-Reparaturen |
| 4520 | 6520 | Kfz-Versicherungen |
| 2742 | 4970 | Versicherungsentschädigungen |
| 4510 | 7685 | Kfz-Steuern |

### 7.5.10 Spenden

Spenden sind bei Kapitalgesellschaften als Betriebsausgaben abziehbar.

> ! **Arbeitsschritt:**
>
> **Sortieren Sie die Originale der Spendenbescheinigungen, um sie dann zusammen mit dem Jahresabschluss beim Finanzamt einzureichen.**

Der Spendenempfänger muss bestätigen, dass er eine steuerbegünstigte Körperschaft ist und den zugewendeten Betrag nur für die satzungsmäßigen Zwecke der Körperschaft verwendet.

Als Nachweis gilt auch ein Zahlungsbeleg der Post oder eines Kreditinstituts bei der Einzahlung auf ein Sonderkonto für den Katastrophenfall oder bei einer Spende bis 200 EUR bei aufgedrucktem Empfängerkonto auf dem Einzahlungsbeleg.

Spenden und Beiträge an politische Parteien werden bis zu einem Höchstbetrag von 825 EUR (Splitting: 1.650 EUR) zu 50 Prozent direkt von der (Körperschaft-)Steuerschuld abgezogen. Darüber hinaus können sie nochmals zu gleichen Höchstbeträgen als Sonderausgaben angesetzt werden.

### 7.5.11 Bewirtungen und Geschenke

Geschenke und Bewirtungen dürfen auf keinen anderen als den vorgesehenen Konten verbucht werden. Die Aufzeichnungen haben zeitnah zu erfolgen — in der Regel innerhalb eines Monats. Außerdem dürfen auf den Konten »Geschenke« und »Bewirtungen« keine anderen Aufwendungen, insbesondere keine Werbekosten, Zugaben u. Ä., erfasst werden. Wegen der besonderen Aufzeichnungspflichten für Geschenke und Bewirtungen sollten Sie Fehlbuchungen unbedingt vermeiden — eine Korrektur findet im Falle einer Betriebsprüfung nicht immer Gnade.

Ein Geschenk ist eine unentgeltliche Zuwendung an einen Dritten. Keine Unentgeltlichkeit liegt vor, wenn die Zuwendung als Entgelt für eine bestimmte Gegenleistung des Empfängers anzusehen ist. Schmiergeld ist nicht mehr abzugsfähig.

**Arbeitsschritt:** !

**Bereinigen Sie die Konten »Geschenke« und »Bewirtungen« von den jeweiligen fremden Kosten. Buchen Sie ggf. Streuartikel, Zugaben und Aufmerksamkeiten um. Buchen Sie Geschenke, die einen Wert von 35 EUR pro Empfänger übersteigen, sowie Geld- und Sachgeschenke an Arbeitnehmer um. Prüfen Sie die Bewirtungsbelege und Aufzeichnungen zu den Empfängern.**

Geschenke bis 35 EUR bei einem oder mehreren Geschenken je Empfänger und Wirtschaftsjahr können als Betriebsausgabe abgezogen werden. Wird diese Grenze überschritten, entfällt der Abzug in vollem Umfang. Der Empfänger hat zumindest dem Gesetz nach den Geschenkwert in seiner Einkommensteuererklärung zu versteuern.

Seit dem 1.1.2007 gibt es die Möglichkeit, sämtliche Geschenke — auch die unter 35 EUR mit einem Pauschalsteuersatz von 30 Prozent (+ Solidaritätszuschlag + Kirchensteuer) zu versteuern (§ 37b EStG). Pauschalierungsfähig sind nunmehr Geschenke bis zu einem Gesamtwert von 10.000 EUR je Empfänger und Wirtschaftsjahr.

| SKR03 | SKR04 | Kontenbezeichnung (SKR04) |
|---|---|---|
| 4630 | 6610 | Geschenke, abzugsfähig |
| 4631 | 6611 | Geschenke abzugsfähig § 37b UStG |

Geld- und Sachgeschenke des Arbeitgebers an seine Arbeitnehmer sind in voller Höhe als Betriebsausgaben abziehbar. Sie werden beim Arbeitnehmer eventuell als steuerpflichtiger Arbeitslohn auf einem Konto für Löhne oder Gehälter erfasst.

Sofern Sachzuwendungen für einen besonderen Anlass üblich sind und den Wert von 60 EUR pro Arbeitnehmer nicht überschreiten, sind sie als steuerfreie freiwillige soziale Aufwendungen zu erfassen. Ohnehin sind Sachbezüge bis 44 EUR/Monat lohnsteuerfrei. Ansonsten kommt die Buchung als steuerpflichtiger Arbeitslohn auf einem Konto für Löhne oder Gehälter infrage.

Die für die geschäftliche Bewirtung von Geschäftsfreunden entstehenden angemessenen Aufwendungen, insbesondere für Essen, Trinken, Rauchen einschließlich des üblichen Trinkgelds sowie die Nebenkosten für Garderobe und Toilette, können i. H. v. 70 Prozent als Betriebsausgaben abgezogen werden. 30 Prozent der Aufwendungen sind beim Jahresabschluss als nicht abzugsfähiger Anteil zu berücksichtigen. Die auf die nicht abzugsfähige Betriebsausgabe von 30 Prozent der Bewirtungskosten entfallende Vorsteuer ist jedoch abziehbar.

Demgegenüber dürfen Aufwendungen für die ausschließliche Bewirtung von Arbeitnehmern (z. B. bei Betriebsfesten) voll abgezogen werden, weil eine solche Bewirtung nicht geschäftlich, sondern allgemein betrieblich veranlasst ist. Hier gilt allerdings eine lohnsteuerfreie Grenze von 110 EUR pro teilnehmendem Arbeitnehmer.

Nicht nur zur richtigen Verbuchung, sondern auch zur Ordnungsmäßigkeit der Belege gibt es zusätzliche Vorschriften. Zum Nachweis der Bewirtungskosten hat die Gesellschaft schriftlich aufzuzeichnen:

- den Ort,
- den Tag,
- den Anlass der Bewirtung,
- die Teilnehmer und
- die Höhe der Aufwendungen.

Die verzehrten Speisen und Getränke müssen aus der Rechnung einzeln aufgeschlüsselt hervorgehen. Die Finanzverwaltung erkennt nur noch Rechnungen an, die maschinell erstellt und registriert werden. Sie müssen ab einem Betrag von 150 EUR den Namen des bewirtenden Steuerpflichtigen enthalten. Die Namensangabe darf nachgeholt werden — allerdings nur vom Gastwirt selbst.

Der Rechtsprechung verdankt man die folgende Unterscheidung:

- Streuartikel — Gegenstände von geringem Wert — werden zu Hunderten oder Tausenden verschenkt, ohne dass die Empfänger bekannt sind. Für diese Geschenke besteht kein unmittelbarer Zusammenhang mit dem Verkauf von Ware. Bis zu einer Wertgrenze von 10 EUR greift das Finanzamt Streuartikel steuerlich nicht auf.
- Zugaben werden dagegen beim Verkauf kostenlos beigegeben. Sie sind deshalb als Kosten der Warenabgabe zu behandeln.
- Als Aufmerksamkeit gilt die Darreichung von Kaffee, Gebäck und Snacks bei einer Geschäftsbesprechung, Bonbons für Kinder u. Ä. Die abzugrenzende Bewirtung mit Speisen kann aber schon bei einer Bockwurst anfangen. Es handelt sich aufgrund des geringen Werts nicht um Geschenke (daher ist keine Empfängerliste zu führen), aber auch nicht um Zugaben beim Warenverkauf.

| SKR03 | SKR04 | Kontenbezeichnung (SKR) |
|---|---|---|
| 4635 | 6620 | Geschenke nicht abzugsfähig |
| 4650 | 6640 | Bewirtungskosten |
| 4654 | 6644 | Nicht abzugsfähige Bewirtungskosten |
| 4145 | 6130 | Freiwillige soziale Aufwendungen, LSt-frei |
| 4631 | 6611 | Neu anlegen: Streuartikel, ohne Empfängerliste |
| 4705 | 6705 | Zugaben |
| 4639 | 6629 | Zugaben mit § 37b EStG |
| 4653 | 6643 | Aufmerksamkeiten |
| 4640 | 6630 | Repräsentationskosten |

### 7.5.12 Reisekosten

Reisekosten sind alle Aufwendungen, die unmittelbar durch eine Reise veranlasst sind. Zu ihnen gehören insbesondere die Fahrtkosten — auch für Zwischenheimfahrten —, die Mehraufwendungen für Verpflegung mit Pauschalbeträgen, die Übernachtungskosten am Reiseziel und während der Reise sowie die Reisenebenkosten.

Aufwendungen, die nur unmittelbar durch eine Reise veranlasst sind (z. B. Kosten für Reisekleidung, Wäsche, Koffer), sind keine Reisekosten.

Ein Unternehmer kann die Umsatzsteuer auf die Reisekosten, die ihm für Leistungen aus Anlass einer inländischen Geschäftsreise erwachsen sind, als Vorsteuer abziehen.

Abzugsfähig sind die Fahrtkosten des Unternehmers und des Personals, soweit sie mit Fahrzeugen des Unternehmers oder mit Bus, Bahn, Taxi etc. erfolgt sind. Außerdem können die Kosten aus tatsächlichen Übernachtungen abgezogen werden. Die Rechnung muss jeweils auf den Unternehmer lauten.

Tatsächliche Verpflegungsmehraufwendungen für Inlandsreisen werden nicht anerkannt. Die steuerfreien Aufwendungen betragen pauschal (Stand 2016):

- bei mehr als 24 Std. Abwesenheit 24 EUR,
- bei Abwesenheit über 8 Std. sowie Anreise- und Abreisetage von mehrtägigen Reisen 12 EUR.

! **Arbeitsschritt:**

Überprüfen Sie die Reisekostenabrechnungen stichprobenweise auf die Vollständigkeit ihrer Angaben und die Einhaltung der steuerlich zulässigen Pauschalen. Wenn Sie entgegen geltendem Recht nach wie vor einen Vorsteuerabzug vornehmen wollen, müssen Sie hierzu Angaben in der Umsatzsteuererklärung machen. Überprüfen Sie die jeweiligen Konten bezüglich der Abzugsfähigkeit von Vorsteuern. Überprüfen Sie das Fahrtenbuch auf vollständige und lückenlose Einträge.

Eine Reisekostenabrechnung muss enthalten:

- Name des Reisenden,
- Zeit, Dauer, Ziel und Zweck der Reise, ggf. gefahrene Kilometer,
- Bemessungsgrundlage für den Vorsteuerabzug,
- dazu ggf. Tankquittungen, Fahrscheine, Telefonkosten, Übernachtungs- und pauschale Verpflegungskosten, Bewirtungsbelege (separates Konto), Eigenbelege über Trinkgelder.

### 7.5.13 Zinsaufwand und Zinserträge

! **Arbeitsschritt:**

Trennen Sie die Zinsaufwendungen für kurzfristige und langfristige Verbindlichkeiten. Buchen Sie Kontoführungsgebühren und ähnliche Kosten des Geldverkehrs um. Sortieren Sie die Belege der Zinserträge mit einbehaltener Zinsabschlagsteuer und Kapitalertragsteuer heraus, damit Sie sie zwecks Vergütung beim Finanzamt einreichen können. Buchen Sie ggf. unterlassene Steuerabzüge nachträglich als Zinserträge ein.

Die »Zinsaufwendungen für langfristige Verbindlichkeiten« wurden bereits im Zusammenhang mit den Darlehen abgestimmt.

Überziehungszinsen des Girokontos gehören auf das Konto »Zinsen auf Kontokorrentkonten«. Saldieren Sie sie nicht mit den Guthabenzinsen, sondern weisen Sie sie gesondert unter »sonstige Zinserträge« aus.

Die Quartalsabschlüsse des Bankkontos sind auseinanderzuziehen: Kontoführungsgebühren sind auf das Konto »Nebenkosten des Geldverkehrs« umzubuchen, ebenso wie Abschlussprovision bei betrieblichen Darlehen, Akkreditivspesen, Auszahlungsgebühren, Provisionsaufwendungen, Umsatzprovisionen, Buchungsgebühren, Beitreibungskosten, Wechselspesen ohne Diskont, Darlehensvermittlungsprovisionen, Depotgebühren, Eintragungskosten, Emissionskosten, Finanzierungskosten und Geldverkehrskosten, Geldbeschaffungskosten, Geldeinzüge, Nachnahmekosten, Hypothekenbeschaffungen, Maklerprovisionen, Kartengebühren, Inkassokosten, Mahnkosten, Kreditvermittlungsprovisionen, Scheckgebühren, Schließfachgebühren und viele weitere Dienstleistungen der Banken. Die Kreditinstitute gehen immer mehr dazu über, ihre Leistungen (z. B. auch Darlehenszinsen) der Umsatzsteuer zu unterwerfen. Achten Sie auf den richtigen Vorsteuerabzug.

Bei den Zinserträgen werden oftmals nur die ausgezahlten Beträge erfasst. Steuerlich gelten jedoch die Bruttobeträge als zugeflossen, wobei die einbehaltene Steuer auf die Steuerschuld angerechnet wird. Sofern noch nicht geschehen, ist also die als Kapitalertragsteuer, Zinsabschlagsteuer und sonstige Quellensteuer einbehaltene Steuer auch als Zinsertrag zu erfassen.

### Beispiel

Einbehaltene Zinsabschlagsteuern und Solidaritätszuschläge i. H. v. 2.000 EUR bzw. 110 EUR von den betrieblichen Festgeldkonten sind noch nicht erfasst worden.

| Soll | Haben | GegenKto | Konto | |
|---|---|---|---|---|
| | 2.000,00 | 2215/7635 | 2650/7100 | Abschlag Festgeldzinsen |
| | 110,00 | 2218/7638 | 2650/7100 | Abschlag Festgeldzinsen |

Wenn die Privatentnahmen den Gewinn und die Einlagen übersteigen, können Kontokorrentzinsen nicht mehr ohne Einschränkung als Betriebsausgaben abgezogen werden. 6 Prozent dieser sog. Überentnahmen werden dem Gewinn pauschal wieder hinzugerechnet — höchstens jedoch der um 2.050 EUR gekürzte Betrag der tatsächlich angefallenen Schuldzinsen (§ 4a EStG).

| SKR03 | SKR04 | Kontenbezeichnung (SKR) |
|---|---|---|
| 2650 | 7100 | Sonstige Zinsen und ähnliche Erträge |
| 8650 | 7110 | Sonstiger Zinsertrag |
| 2650 | 7120 | Zinsähnliche Erträge |
| 2670 | 7130 | Diskonterträge |
| 2657 | 7105 | Zinserträge § 233a AO betriebliche Steuern |
| 2658 | 7106 | Zinserträge § 233a AO KSt/Vermögensteuer |
| 2107 | 7305 | Zinsaufw. § 233a AO betriebliche Steuern |
| 2108 | 7306 | Zinsaufw. § 233a, 234, 237 AO a. Personenst. |
| 4970 | 6855 | Nebenkosten des Geldverkehrs |
| 2150 | 6880 | Aufwendungen aus Kursdifferenzen |
| 2110 | 7310 | Zinsaufwendungen für kurzfristige Verbindlichkeiten |
| 2113 | 7313 | Nicht abzugsfähige Schuldzinsen langfr. § 4/4a |
| 2118 | 7318 | Zinsen auf Kontokorrentkonten |
| 2120 | 7320 | Zinsaufwendungen für langfristige Verbindlichkeiten |
| 2128 | 7328 | Zinsen a. Mituntern. f. lfr. Kap.§15 EStG |
| 2147 | 7365 | Zinsaufw. aus der Abzinsung, Verrechnungen § 246 Abs. 2 HGB |

## 7.5.14 Steuerzahlungen

! **Arbeitsschritt:**

Gleichen Sie die auf dem Konto ausgewiesenen Zinsabschlagsteuern mit den Belegen zu den Steuergutschriften und Dividendenbescheinigungen für das Finanzamt ab. Stimmen Sie die Steuerzahlungen mit den Bescheiden und sonstigen Mitteilungen etwa über Umbuchungen des Finanzamts ab.

Wie bereits beim Konto Umsatzsteuervoranmeldungen gezeigt, kann sich auf Steuerkonten vieles ansammeln. Stellen Sie sicher, dass

- die Zahlungen dem richtigen Jahr zugeordnet sind und
- Verspätungszuschläge, Zwangsgelder, Zinsaufwendungen und -erträge zu Steuern auf anderen Konten erfasst sind.

## 7.6 Debitoren und Kreditoren

Das Abstimmen von Personenkonten zum Jahresende kann sehr viel Zeit in Anspruch nehmen. Im Gegensatz zu den Finanzkonten mit Fremdkontrolle — Ausdruck einzelner Buchungen, Saldo auf dem Kontoauszug, durch Kassensturz etc. — bleiben hier Fehlbuchungen ohne eine Kontenabstimmung völlig unbemerkt.

Wenn Sie bereits zu jedem Quartal oder besser einmal im Monat die ausstehenden Posten überprüft und ausgeglichene Posten um Preisnachlässe und Kleindifferenzen bereinigt haben, ist zum Jahresende nichts zu befürchten. An ausgeglichenen Konten gibt es in der Regel nichts mehr abzustimmen. Für die Abstimmung einer mittelgroßen Personenbuchhaltung mit 500 Konten, die das ganze Jahr über vor sich hin dümpelte, sollten Sie jedoch viel Zeit einplanen.

**Arbeitsschritt:** !

**Stimmen Sie die Konten in erster Linie nach großen ausstehenden Posten ab, dann erst in der Nummernfolge. Halten Sie die Abstimmungsergebnisse fest und buchen Sie falsche Zuordnungen und Nachlässe um.**

Für Rückfragen sollten sämtliche Personen greifbar sein, die mit den Buchungen, den Rechnungen und dem Einkauf bzw. Vertrieb zu tun hatten. Die Belegordner mit den ausstehenden Rechnungen sind die wichtigsten Papiere zum Abstimmen. In Zweifelsfällen brauchen Sie auch Zugriff auf die gezahlten Rechnungen (Personen), die Rechnungseingänge und -ausgänge (Nummern) sowie Bankauszüge.

**Tipp:** !

**Gehen Sie die Kontenblätter jedes Kontos mit ausgewiesenem Saldo rückwärts durch und haken Sie ausgleichende Zahlungen und Erlösschmälerungen, Rücksendungen etc. mit den zugrunde liegenden Rechnungen ab. Sie brauchen dabei nur so weit zurückzugehen, bis die noch nicht ausgeglichenen Rechnungen den Saldo ergeben bzw. bis nur noch Differenzen aus Skonti und anderen auf dem Papier noch nicht erfassten Nachlässen offen sind. Die auf dem Kontenblatt offenen Posten stimmen Sie anschließend mit den Rechnungsbelegen ab. Idealerweise arbeiten Sie mit einem Assistenten, der Ihnen die offenen Rechnungen vom Beleg herunter ansagt.**

### 7.6.1 Saldo auf der richtigen Seite

Im Regelfall und als Ergebnis der Abstimmarbeiten sollen die zum Jahresende ausstehenden Forderungen und Verbindlichkeiten auf den einzelnen Kundenkonten im Soll bzw. auf den Lieferantenkonten im Haben stehen.

Wurde lediglich vergessen, Preisnachlässe, Rabatte, Skonti und Rücksendungen auszubuchen, muss das Konto durch Umbuchung dieser zusammenzufassenden Überreste von bereits ausgeglichenen Rechnungen bereinigt werden. Es existieren ja keine wirklich offenen Posten mehr. In diesen Fällen ist das Personenkonto bis auf die tatsächlich ausstehenden Forderungen bzw. Verbindlichkeiten leicht glattzustellen.

**Beispiel**

Auf dem Kundenkonto 15200 ist das Skonto beim Zahlungseingang zur Rechnung 815 am 20.9. nicht erfasst worden.

| Datum | Buchungstext | Belegnr. | Sollumsatz | Haben |
|---|---|---|---|---|
| ... | ... | ... | ... | ... |
| 10.09. | Umsatzerlöse | 0815 | 10.000,00 | |
| 20.09. | Bank | 0815 | | 9.800,00 |
| 22.09. | Umsatzerlöse | 0900 | 8.080,00 | |
| 26.09. | Umsatzerlöse | 0924 | 15.000,00 | |
| ... | ... | ... | ... | ... |

| Soll | Haben | GegenKto | Konto | |
|---|---|---|---|---|
| | 200,00 | 8736/4736 | 15200/ 15200 | 2 % Skonto zu 19 % USt. |

Durch einen falschen Übertrag von der Rechnung oder einen schlichten Tippfehler beim Einbuchen kann durch den Rechnungsausgleich ein vermeintliches Skonto oder gar eine Überzahlung entstehen. In Einzelfällen – bei hohen Beträgen und bei Überzahlungen – überprüfen Sie diese Differenzen und korrigieren Sie den fehlerhaften Rechnungsbetrag. Sind die Skonti in einer Vielzahl von Zahlungen nicht berücksichtigt worden, brauchen Sie nicht sämtliche Nachlässe nachzurechnen. Lassen Sie den Fehlbetrag in einer Sammelbuchung untergehen.

Ein Saldo kann auch durch eine Verwechslung oder Verkürzung der Kontonummer oder eine mehrfache Umschreibung des Kunden bzw. Lieferanten entstehen. Möglicherweise führen Sie auch zwei Personenkonten bei Kunden, die Sie gleichzeitig beliefern, z. B.:

- Anton Müller GmbH = Müller GmbH = Schuhhaus Anton Müller GmbH
- Hans Schäfer und Fritz Lang GbR = Schäfer und Lang GbR = Fritz Lang und Co.

Wenn Sie zusätzlich die Konten der Diversen in Betracht ziehen, gibt es unerschöpfliche Möglichkeiten, Rechnungen auf Nimmerwiedersehen ein- und woanders auszubuchen. Schaffen Sie daher ein durchgängiges System.

Ein solcher Fehler offenbart sich durch eine Lücke auf dem Kontenblatt. Es sind scheinbar Rechnungen übersehen worden, weil den nachfolgenden Rechnungen doch wieder ausgleichende Zahlungen gegenüberstehen.

- Forderungen bzw. Verbindlichkeiten bleiben offen, weil der Rechnungsausgleich auf einem anderen Personenkonto erfasst ist oder
- Forderungen bzw. Verbindlichkeiten sind auf dem falschen Konto eingebucht.

In beiden Fällen existiert ein anderes Personenkonto mit einer Überzahlung oder ein Sachkonto mit einer verkürzten Personenkontonummer.

**Tipp:** !

**Wenn Sie bei einer Lücke auf dem Kontenblatt das Gegenstück nicht auf Anhieb (z. B. anhand der Belegnummer) finden, beginnen Sie keine nervenaufreibende Suche nach dem Zahlungseingang: Sie werden beim weiteren Abstimmen unweigerlich darauf stoßen. Stecken Sie eine Heftklammer auf das betreffende Kontenblatt und tragen Sie die Buchung in einer Abstimmliste vor, wobei das unbekannte Gegenkonto zunächst offen bleibt.**

### Beispiel

Wegen eines Zahlendrehers ist auf dem Kundenkonto 15200 zum 22.9. eine Rechnung an den Kunden 12500 eingebucht worden.

| Soll | Haben | GegenKto | Konto | |
|---|---|---|---|---|
| | 8.080,00 | 12500/ 12500 | 15200/ 15200 | Falsches Kundenkonto |

Ähnlich, aber noch etwas schwieriger liegt der Fall, wenn Zahlungen — statt als Rechnungsausgleich auf dem Personenkonto — ein zweites Mal auf dem Erlös- bzw. Wareneinkaufskonto oder dem Konto für bezogene Leistungen landen. Wenn Sie die Zahlung nicht über die Belegnummer, den Beleg und den Bankkontoauszug zurückverfolgen wollen, verwenden Sie auch hier zunächst die Büroklammer.

### Beispiele

1. Eine Nachlieferung von Ersatzteilen zu 500 EUR brutto ist gleich bar bezahlt und mit der Barquittung als Materialeinkauf eingebucht worden. Die Kreditorenbuchhaltung erhielt zwei Tage später eine »offizielle Rechnung« des Lieferanten 75700. Jedoch wurde der Hinweis auf bereits erfolgte Barzahlung übersehen.
2. Der Kunde 14500 hat eine ausstehende Rechnung über 700 EUR unüblicherweise bar bezahlt. Die Kasse hat diese Zahlung als Barumsatz vereinnahmt, ohne der Debitorenbuchhaltung Bescheid zu geben.

| Soll | Haben | GegenKto | Konto | |
|---|---|---|---|---|
| 500,00 | | 903000/ 905100 | 75700/ 75700 | 1) Materialeinkauf |
| | 700,00 | 8400/4400 | 14500/ 14500 | 2) Verkaufserlös |

Bei Gutschriften, Retouren, Rabatten und sonstigen Erlösschmälerungen wird die falsche Kontenseite bebucht. Anstatt die Forderung bzw. Verbindlichkeit zu vermindern, wird sie erhöht:

- Eine Kundengutschrift wird ein zweites Mal versteuert oder
- bei der Rücksendung an den Lieferanten sind nochmals Wareneingang und Vorsteuerabzug gebucht.

Hier handelt es sich oft um geringe Beträge. Dieselbe Rechnungsnummer entlarvt eine vermeintliche Nachlieferung. Ohne einen solchen Hinweis bleibt nur der Blick auf die Belege, damit Sie sich Klarheit verschaffen können.

## Saldo auf der falschen Seite

Dieser Sonderfall wird auf der Summen- und Saldenliste sofort ins Auge springen. Mehrere solcher Personenkonten provozieren geradezu eine Nachprüfung der Buchhaltung.

Ein Habensaldo auf dem Kundenkonto und ein Sollsaldo beim Kreditor können eine tatsächliche Überzahlung bedeuten, in den meisten Fällen liegt aber eine Verwechslung der angesprochenen Konten vor.

- Die der Zahlung zugrunde liegende Rechnung ist auf einem falschen Personenkonto oder Sachkonto mit verkürzter Nummer erfasst oder
- die Zahlung wurde auf dem falschen Konto eingebucht.

## Beispiel

Anstatt auf dem Kreditorenkonto 71100 ist der Rechnungseingang auf dem Konto 7110 (sonstige Zinserträge) gelandet. Der Rechnungsausgleich führte auf dem Lieferantenkonto zu einem Sollsaldo. Der falsche Zinsertrag ist umzubuchen.

| **Kontobezeichnung:** | | | | **Kontonr.** | **Blatt-Nr.** |
|---|---|---|---|---|---|
| Lieferant XY | | | | 71100/71100 | 15 |
| **Datum** | **GegenKto** | **Buchungstext** | **Soll** | **Umsatz** | **Haben** |
| ... | ... | ... | ... | ... | ... |
| 15.12 | Bank | | 12.00,000 | | |
| 16.12 | Wareneingang | | | | 6.000,00 |
| **gebucht bis** | **EB-Wert** | **Saldo neu** | **Soll** | **Jahres-verkehrs-zahlen** | **Haben** |
| 31.12 | Haben 4.000,00 | Soll 6.000,00 | 421.000,00 | | 411.000,00 |

| **Soll** | **Haben** | **GegenKto** | **Konto** | |
|---|---|---|---|---|
| | 12.000,00 | 8650/7110 | 71100 | Korrektur Kontonummern |

**Arbeitsschritt:** !

Holen Sie nach dem Abstimmen bei Ihren Geschäftspartnern Saldenbestätigungen für hohe ausstehende Beträge und bei unklaren Verrechnungen ein.

Auch wenn es Ihnen weniger Arbeit macht, wenn Sie den Geschäftspartner nach den leidigen Differenzen suchen lassen: Stimmen Sie zunächst selbst die Personenkonten ab.

Ein Bestätigungsschreiben könnte etwa wie folgt aussehen.

**Beispiel**

Saldenbestätigung zum 31.12.2016

Wir bitten Sie, im Rahmen unserer Jahresabschlusserstellung den Saldo von ... EUR zu unseren Gunsten/zu unseren Lasten zu bestätigen. Der Saldo setzt sich aus den folgenden ausstehenden Rechnungen zusammen:

| Rechnungs-Nr. | Rechnungsdatum | Betrag |
|---|---|---|
| ____________________ | ____________________ | ____________________ |

Der Saldo ist richtig/Der Saldo ist nicht richtig.

| | |
|---|---|
| ____________________ | ____________________ |
| Datum, | Unterschrift |

Bitte antworten Sie auch, wenn der Saldo mit dem in Ihrer Buchführung übereinstimmt. Bei Abweichungen bitten wir um nähere Angaben, damit wir Fehler von unserer Seite abklären können.

Ein adressierter und frankierter Rückumschlag liegt bei.

Nach § 782 BGB und dem Handelsbrauch des kaufmännischen Bestätigungsschreibens gelten die Abrechnungen in Saldenbestätigungen als Schuldversprechen bzw. Schuldanerkenntnis. Sollten Sie also keine Antwort erhalten, gilt der Saldo auch zivilrechtlich als genehmigt.

## 7.7 Verträge

Mit dem Abstimmen der Konten sind Sie nun fertig. Die fehlenden Unterlagen wie Darlehensauszüge, Dividenden- und Steuerbescheinigungen, Saldenbestätigungen haben Sie angefordert.

Jetzt sind nur noch die im abgelaufenen Jahr neu geschlossenen Verträge zu kopieren und den Jahresabschlussunterlagen beizufügen:

- Verträge mit Angehörigen und nahestehenden Personen, und hierbei auch Anstellungsverträge,
- Darlehensverträge,
- Änderungen im Gesellschaftsvertrag: Gesellschafter, Kapital mit entsprechenden Handelsregisterauszügen,
- Miet-, Pacht- und Leasingverträge,
- Kaufverträge Grundstücke und große Anlagen.

## 7.8 Vorbereitungen

Nach dem Abstimmen der Konten mit den Umbuchungen und Anpassungen ist eine weitere Auswertung der Buchhaltung zu erstellen. Dieser bei monatlicher Buchhaltung idealerweise »dreizehnte Lauf« des Jahrs sollte Ihnen die abgestimmten Jahresverkehrszahlen liefern. In der Praxis ist es nun leider so, dass sich gerade bei den Korrekturen weitere Fehler einstellen, Soll mit Haben verwechselt wird und falsche Posten verdoppelt, statt aufgelöst werden. Das geschieht so leicht, weil ihnen zumeist keine konkreten Geschäftsvorfälle, sondern abstrakte Sachverhalte zugrunde liegen, wie z. B. die Stornierung von falsch erfassten Erlösschmälerungen oder die Korrektur von Lohnersatzerstattungen.

Umso sinnvoller ist die zweite Durchsicht der Konten im Rahmen der Abschlussbuchungen. Sie werden sämtliche Konten anhand der neuen Summen- und Saldenliste nochmals durchgehen. Wenn Sie bei der Inventur dabei waren, gibt es sogar eine dritte Auseinandersetzung mit einigen Beständen. Das ist nicht etwa eine ineffektive Übung: Bei einem komplexen Rechenwerk schleichen sich immer wieder Fehler ein.

Sie müssen aber nicht sämtliche Konten mit der gleichen Intensität mehrfach prüfen: Sofern sie bereits abgestimmt sind oder bei richtig gelaufenen Umbuchungen, können Sie viele Konten einfach abhaken.

**Beachten Sie:** !

Bei den Ausführungen zu den Jahresabgrenzungen und -anpassungen kommt Ihnen bestimmt von den Abstimmarbeiten noch einiges bekannt vor. Auf die entsprechenden Beispiele bei der Auflösung von Bilanzpositionen werden wir im Folgenden ebenfalls zurückkommen, um nicht alles zu wiederholen. Darüber hinaus gehen wir aber auch auf die Neuberechnung einzelner Posten ein.

Was ist im Folgenden zu tun? Geduld brauchen Sie, wenn es darum geht, fehlende Unterlagen für den Jahresabschluss beizubringen.

! **Tipp:**

**Fangen Sie mit den Abschlussarbeiten erst an, wenn Sie die wichtigsten Angaben beisammen haben. Fehlen Ihnen jedoch die Inventurwerte, Saldenbestätigungen aus einer komplexen Debitorenbuchhaltung und obendrein Kontoauszüge des Finanzamts zu diversen Steuerverrechnungen, hat es keinen Sinn, das Puzzle »Jahresabschluss« zusammensetzen zu wollen.**

Denn je öfter Sie zum Jahresabschluss ansetzen, desto eher laufen Sie Gefahr, bestimmte Arbeiten zu vergessen. Und Sie können dann nur schwer überblicken, was bereits gemacht wurde bzw. noch zu erledigen ist.

! **Arbeitsschritt:**

**Zu erledigen sind die vorbereitenden und die eigentlichen Abschlussbuchungen.**

- Zu den vorbereitenden Abschlussbuchungen als Teil des Jahresabschlusses gehören die Buchungen der Abschreibungen, die Bildung der Rechnungsabgrenzungsposten, Rückstellungen, Rücklagen, Buchungen der Inventuranpassungen, nicht abzugsfähigen Betriebsausgaben, Privatnutzungen Kfz und Telefon durch den Gesellschafter/Geschäftsführer u. Ä. Diese werden nach den Abschlusspositionen des Handelsgesetzbuchs einzeln behandelt.
- Beachten Sie rechtliche Änderungen und neue Verträge. Unter der Bilanz (oder im Anhang) sind bestehende Haftungsverhältnisse wie Bürgschaften, Gewährleistungen und Wechselobligos anzugeben.
- Für die EDV-Anwender übernimmt das Buchhaltungsprogramm die eigentlichen Abschlussbuchungen. Diese rein mechanische Arbeit besteht darin, sämtliche Konten in Höhe ihrer Salden abzuschließen. In den Programmen ist hinterlegt, welches Konto in welche Jahresabschlussposition einzusteuern ist. Bei korrekter Kontenzuordnung lassen Sie den Endsaldo auf den Konten stehen und auf Knopfdruck werden die Bilanz und die Gewinn- und Verlustrechnung ausgedruckt.
- Auch die für Personengesellschaften zusätzlich erforderlichen Auswertungen der Ergebnisverteilung und Kapitalkontenentwicklung werden von der

DATEV und anderen Programmherstellern erstellt. Dazu sind in der Regel weitere Buchungen auf Statistikkonten (9600 ff.) erforderlich, die im weiteren Verlauf erklärt werden.

# 8 Jahresinventur

| **Ablaufplan Jahresabschluss** |
| --- |
| Vortragen der Eröffnungsbilanz |
| Abstimmen der Buchhaltung |
| Abstimmen: Aktiva |
| Abstimmen: Passiva |
| Abstimmen: Gewinn- und Verlustrechnung |
| **Inventur** |
| Anlagevermögen, Abschreibungen, Anlagenspiegel |
| Umlaufvermögen |
| Eigenkapitalgliederung |
| Rückstellungen und Verbindlichkeiten |
| Gewinn- und Verlustrechnung und Gewinnverteilung |
| Übermitteln der Steuererklärungen |
| GmbH & Co. KG: Offenlegung des Jahresabschlusses mit Anhang |
| Übermitteln der E-Bilanz |

Dieses Kapitel befasst sich mit der (Waren-)Inventur. Sie lernen die unterschiedlichen Arten der Inventur kennen: die Stichtagsinventur und die verlegte Inventur sowie die permanente Inventur, bei der sich der Bestand nach Art und Menge aus einer Lagerbuchhaltung ergibt. Außerdem werden die zulässigen Verfahren zur Inventurerleichterung vorgestellt.

Lesen Sie anschließend, welche organisatorischen Vorbereitungen bei einer Inventur zu treffen sind.

Nach der körperlichen Aufnahme der Vorräte folgt deren Bewertung. Nähere Informationen zur Bewertung der Vorräte, zum Buchen von Bestandsveränderungen und zur Teilwertabschreibung finden Sie in Kapitel 9.

## 8.1 Methoden der Vorratsinventur

Jeder Kaufmann hat gem. § 240 Abs. 1 HGB zum Jahresende seine Grundstücke, seine Forderungen und Schulden, den Betrag seines Bargelds sowie seine sonstigen Vermögensgegenstände im sog. Inventar aufzunehmen. Freiberufler und sämtliche Unternehmer, die ihren Gewinn aufgrund einer Einnahmen-Überschussrechnung ermitteln (dürfen), sind von dieser Verpflichtung ausgenommen.

Die Bestandsaufnahme selbst bezeichnet man als Inventur. Die jährlich durchzuführende Inventur dient neben der Feststellung des richtigen Jahresergebnisses auch der Überprüfung und eventuell notwendigen Richtigstellung der buchhalterischen Bestände. Was vielleicht als eine beiläufige Bestätigung der Zahlen aus der Buchhaltung erscheint, ist tatsächlich eine gesetzliche Verpflichtung, bei der Formvorschriften peinlich genau eingehalten werden sollten.

! **Beachten Sie:**

**Eine nicht ordnungsmäßige Inventur führt dazu, dass selbst die ansonsten nicht zu beanstandende Buchführung des Inventur- und des Folgejahrs verworfen werden kann. Es droht dann die Schätzung des Jahresgewinns durch den Finanzamtprüfer.**

Körperlich aufgenommen werden bei der Inventur Sachgegenstände, in erster Linie die Vorräte, aber auch das materielle Anlagevermögen.

Unter »Gegenstände des Vorratsvermögens« fallen alle Roh-, Hilfs- und Betriebsstoffe, unfertige und fertige Erzeugnisse sowie Handelswaren. Eine körperliche Bestandsaufnahme zu einem Stichtag ist nur dann nicht erforderlich, wenn eine zuverlässige Bestandsbuchführung existiert. Als zuverlässig gilt eine Bestandsbuchführung, wenn einmal im Jahr die Übereinstimmung der Sollbestände mit den körperlich aufgenommenen Istbeständen festgestellt wird. Das kann z. B. für jede Warengruppe zu verschiedenen Zeitpunkten zum jeweiligen Minimalbestand geschehen.

Forderungen, immaterielle Vermögensgegenstände und Verbindlichkeiten sind stattdessen durch entsprechende Dokumente nachzuweisen (Grundbuchauszüge, Hypotheken- und Grundschuldbriefe, Depotbestätigungen, Vertragsunterlagen, Saldenlisten und Saldenbestätigungen, Bankauszüge, Depotauszüge, Kopien aus dem Schuldwechselbuch). Gezählt werden Bargeld, Besitzwechsel, Schecks etc.

### 8.1.1 Stichtagsinventur

Bei der Stichtagsinventur werden sämtliche Wirtschaftsgüter zum Bilanzstichtag erfasst. Da die Erfassung am 31.12. oft zu einer unzumutbaren Belastung führt, erkennt das Finanzamt auch eine Bestandsaufnahme innerhalb eines Zeitraums von zehn Tagen vor und zehn Tagen nach diesem Stichtag als ordnungsmäßig an. Voraussetzung dafür ist jedoch, dass sämtliche Bestandsveränderungen zwischen Aufnahme- und Bilanzstichtag genau belegt und berücksichtigt werden.

Körperlich erfasst werden die vorhandenen Mengen nach handelsüblicher Stückzahl, Längen-, Flächen- und Raummaßen sowie nach dem Gewicht. Verwenden Sie zur eindeutigen Identifizierung die entsprechende Kennung der Gegenstände (Serien-, Chargen-, Fahrgestellnummern).

Sofern Sie dies vertreten können, ist auch die Erfassung in handelsunüblichen Größen zulässig:

- Kleinteile brauchen nicht gezählt, sondern dürfen abgewogen werden, wenn das Gewicht von z. B. zehn Stück genau ermittelt wurde.
- Der Bestand an gleichartig gestapelten Vorräten — wie z. B. Bleche, Rohre und Papier — in Stückmenge lässt sich durch Erfahrungswerte und Stichproben nach Gewicht und Volumen feststellen.
- Das Gewicht der Halden eines Schrotthändlers durfte anhand der bedeckten Lagerfläche und der Höhe der Schrotthaufen geschätzt werden, weil das Verwiegen in diesem Einzelfall nur erschwert möglich war[1].

### 8.1.2 Verlegte Inventur

Ein Inventurvereinfachungsverfahren bietet das Handelsgesetzbuch in Form der verlegten Inventur. Danach dürfen Kaufleute innerhalb der letzten drei Monate vor oder innerhalb der ersten zwei Monate nach dem Bilanzstichtag ihren Bestand körperlich aufnehmen (im sog. besonderen Inventar). Dazu müssen Sie

1 FG Münster, Urteil v. 12.5.1960, R IV/37.

gewährleisten, dass der Wert des Bestands zum Schluss des Geschäftsjahrs durch ein zulässiges Fortschreibungs- oder Rückrechnungsverfahren aus dem besonderen Inventar bestimmt werden kann.

Die Vereinfachung der verlegten Inventur besteht darin, dass nur der wertmäßige, nicht aber der mengenmäßige Bestand zum Schluss des Geschäftsjahrs ermittelt werden muss. Wenn die Zusammensetzung des Warenbestands an den beiden Stichtagen nicht wesentlich voneinander abweicht, kann der Bestand zum Jahresende vom Inventurbestand hochgerechnet werden. Diese Hochrechnung geschieht, indem der Wareneingang bis zum Bilanzstichtag hinzugerechnet und der Wareneinsatz abgezogen wird.

### Beispiel

Der Spielwarenhändler X erfasst zum 1.10. seinen Warenbestand vor Beginn des Weihnachtsgeschäfts im Wert von 150.000 EUR. Seine Wareneinkäufe bis Ende des Jahrs — keine ausgesprochenen Weihnachtsartikel — betragen zusätzliche 250.000 EUR. Er erzielt zwischen dem 1.10. und 31.12. 300.000 EUR Umsatz bei einem durchschnittlichen Rohgewinn von 50 Prozent des Umsatzes. Wie hoch ist der Wert seines Warenbestands zum 31.12.?

| | |
|---|---|
| Wert des Warenbestands am Bilanzstichtag | |
| Wert des Warenbestands am Inventurstichtag | 150.000 EUR |
| zuzüglich Wareneingang | 250.000 EUR |
| abzüglich Wareneinsatz | |
| (Umsatz abzüglich des durchschnittlichen Rohgewinns = 300.000 – 150.000) | –150.000 EUR |
| | 250.000 EUR |

Vorräte, deren Wert nach den Verbrauchsfolgeverfahren ermittelt werden soll, sind von der verlegten Inventur ausgeschlossen und müssen zum Bilanzstichtag im mengenmäßigen Bestand körperlich aufgenommen werden. Ausgeschlossen sind ebenfalls alle Gegenstände, die entweder besonders wertvoll sind oder bei denen durch Schwund, Verderb, Zerbrechen u. Ä. unkontrollierte Verluste eintreten, sofern der Schwund nicht annähernd zutreffend abgeschätzt werden kann.

### 8.1.3 Permanente Inventur

Das Inventar für den Bilanzstichtag darf auch aufgrund einer permanenten Inventur aufgestellt werden. Hierbei ergibt sich der Bestand nach Art und Menge aus einer Lagerbuchhaltung.

In der Bestandsbuchführung (Lagerbuch, Lagerkartei, Lagerdatei) müssen alle Bestände sowie die Zu- und Abgänge einzeln nach Tag, Art und Menge (Stückzahl, Gewicht, Maß) eingetragen und belegt werden.

In jedem Wirtschaftsjahr müssen die tatsächlichen Bestände mindestens einmal durch körperliche Bestandsaufnahme mit den Sollbeständen in der Buchhaltung abgeglichen werden. Die Prüfung muss aber nicht für alle Bestände gleichzeitig erfolgen. Es empfiehlt sich, jeweils die Mindestmengen oder gar den Nullbestand eines Artikels vor einer Neubestellung zu prüfen.

Nach der Überprüfung sind die Buchbestände ggf. zu berichtigen und der Prüfungstag ist auf der Lagerkarte o. Ä. zu vermerken.

Wie bei jeder Inventur müssen auch hier Aufzeichnungen über die Bestandsaufnahme in sog. Inventurlisten vorgenommen werden, die von den aufnehmenden Personen abzuzeichnen sind und danach zehn Jahre aufbewahrt werden müssen.

Von der permanenten Inventur sind wiederum alle besonders wertvollen und alle durch unkontrollierten Schwund betroffenen Wirtschaftsgüter ausgenommen.

**Tipp:** !

Die drei beschriebenen Verfahren der Inventur – die Inventur zum Bilanzstichtag, die verlegte und die permanente Inventur – dürfen Sie nach Belieben kombinieren, sofern die vorgeschriebenen Voraussetzungen erfüllt sind. Damit machen Sie sich die gesetzlich verordnete Arbeit so leicht wie möglich und die Bestandskontrolle ist so aktuell und informativ, wie Sie es für richtig erachten.

### 8.1.4 Die nachprüfbare, richtige und wirtschaftliche Inventur

Die Bestände sind vollständig nach Art und Menge und eindeutig identifizierbar festzustellen. Um nachprüfbar zu sein, muss die Bestandsaufnahme mit sämtlichen Aufzeichnungen und Auswertungen (Zählzettel, Aufnahmebelege, Inventurlisten, Übersichten etc.) dokumentiert werden. Die Dokumentation muss so beschaffen sein, dass sich ein sachverständiger Dritter innerhalb angemessener Zeit einen Überblick über die Bestände verschaffen kann.

Geringfügige Mängel gefährden die Ordnungsmäßigkeit der Buchführung noch nicht. Solche Fehler werden berichtigt und der neue Sachverhalt im Nachhinein berücksichtigt.

Werden aber z. B.

- bei der permanenten Inventur keine Bestandskorrekturen erfasst,
- Aufzeichnungen mit Bleistift auf nicht nummerierten Seiten ohne Datum und Unterschrift gemacht oder
- erhebliche, nicht mehr nachvollziehbare Bestände »vergessen«,

besteht die Gefahr, dass das Inventar als nicht ordnungsgemäß verworfen wird, was recht unangenehme Folgen haben kann:

> *Auch eine ansonsten nicht zu beanstandende Buchführung wird dadurch als nicht ordnungsmäßig angesehen und zwar die des abgelaufenen als auch des folgenden Geschäftsjahrs. Ein unrichtiges Inventar erlaubt den Betriebsprüfern deshalb die Gewinnschätzung und führt ggf. zu Bußgeld- und Steuerstrafverfahren.*
>
> *BFH, Urteil v. 13.10.1972, I R 123/70*

Die vollständige Erfassung einzelner und identifizierbarer Vermögensgegenstände bedeutet gerade beim Vorratsvermögen einen erheblichen Arbeitsaufwand. Überzogene Ansprüche an die Richtigkeit und Exaktheit der ermittelten Mengen führen ab einem bestimmten Punkt dazu, dass unverhältnismäßig hohe Kosten verursacht werden. Hier wird der Grundsatz der Wirtschaftlichkeit verletzt. Die noch zusätzlich gewonnenen Informationen sind für den Adressaten des Inventars und der Bilanz im Grunde unwesentlich und rechtfertigen den zusätzlichen Aufwand nicht mehr.

Wirtschaftliche Aspekte haben den Gesetzgeber dazu gebracht, Verfahren der Inventurerleichterungen zuzulassen. Darüber hinaus rechtfertigt der abstrakte Grundsatz der Wirtschaftlichkeit auch vorsichtige Abweichungen vom Prinzip der Richtigkeit und Vollständigkeit, wie sie in Ihrem Betrieb im konkreten Einzelfall nötig sein könnten.

**Beispiel**

Ein Pkw-Vertragshändler mit einem Jahresumsatz von ca. 20 Mio. EUR ermittelt zum Jahresende auch den Bestand an Heizöl seiner Heizungsanlage. An der Tankanzeige des 10.000-Liter-Tanks liest er eine Füllung von ca. 3/4 ab. Der fast leere Tank wurde im Sommer zu einem Preis von 60/100 l aufgefüllt. Wirtschaftlich und zulässig ermittelt beträgt

| | | |
|---|---|---|
| die Menge an Heizöl | = | 7.500 l, |
| der Wert des Heizöls | = | 4.500 EUR. |

Es ist für den späteren Bilanzleser oder das Finanzamt zur Einschätzung der Vermögenssituation und Ertragslage des Autohändlers vollkommen unerheblich, dass die Menge Heizöl tatsächlich 7.590 l beträgt und die Sommerreste von 150 Litern zu einem Preis von 55 EUR/100 l angeschafft wurden.

Sie sollten solche wirtschaftlichen Ermittlungen hinreichend dokumentieren, um sich im Streitfall gegen allzu unrealistisch aufgemachte Gegenrechnungen des Betriebsprüfers wehren zu können.

## 8.2 Vorbereitung und Ablauf der Inventur

Für die Durchführung der Inventur sind einige organisatorische Vorbereitungen zu treffen. Termine und Verantwortlichkeiten für die im Folgenden genannten Tätigkeiten sollten durch die Geschäftsführer in einem jährlich zu erstellenden Inventurkalender benannt werden.

- Kann die Bestandsaufnahme bei laufender oder reduzierter Produktion durchgeführt werden? Muss der Laden während der Inventur geschlossen werden?
- Wie viel Zeit nimmt die Inventur voraussichtlich in Anspruch?

Diese grundsätzlichen Fragen sind vorab zu klären, bevor mit der Planung begonnen werden kann. Die Planung betrifft die folgenden Maßnahmen und Aufgaben:

- Ein Inventurleiter, der von der Geschäftsleitung bestimmt wird, ist für die Planung und Durchführung verantwortlich.
- Für jede Inventur ist — aus Gründen der Nachvollziehbarkeit —ein Inventurprotokoll zu führen, das alle wesentliche Tätigkeiten, die bezüglich der Inventur vorzunehmen sind, enthält.

Der Inventurleiter hat den Betrieb in Aufnahmebereiche, in denen die Bestände zusammengestellt sind, aufzuteilen und deutlich zu markieren und in einem Lageplan den Einsatz des Aufnahmepersonals und Prüfers festzulegen. Dabei sollte er besonders darauf achten, dass es nicht zu Doppelerfassungen oder zum Nichterfassen von Beständen kommt. Zu den Inventurbereichen gehören nicht nur Lager- und Verkaufsräume, sondern auch Verkehrsflächen, Produktions- und Werkstätten und Büros auf dem Firmengelände.

Der Grundsatz der Vollständigkeit sieht vor, dass alle Vermögensgegenstände und Verbindlichkeiten der Gesellschaft in der Bilanz erfasst werden, und damit auch im Inventar. Das mag zunächst selbstverständlich klingen, stößt aber mitunter auf praktische Probleme bei der eindeutigen wirtschaftlichen Zuordnung der Vermögensgegenstände. Das geleaste Anlagegut ist je nach Vertragsgestaltung und Nutzungsdauer alternativ dem Leasinggeber (Regelfall) oder dem Leasingnehmer zuzurechnen, und damit in dessen Inventar aufzunehmen. Maßgeblich ist die tatsächliche, nicht die rechtliche Verfügungsmacht über den Gegenstand mit seinen Nutzen, Lasten und der Gefahr des Untergangs.

- Ein Lkw, der Hausbank sicherungsübereignet, gehört z. B. genauso zum wirtschaftlichen Eigentum des Unternehmers wie seine bereits eingelagerte Ware, die noch unter dem Eigentumsvorbehalt des Lieferanten steht. In beiden Fällen ist der Unternehmer nicht der rechtliche Eigentümer.
- Kommissionswaren beim Kunden, Materialien, die zur Lohnveredelung verschickt wurden, abgerechnete Unterwegswaren von Lieferern bzw. noch nicht berechnete Unterwegswaren an Kunden, Erzeugnisse im Außenlager, vermietete, ausgestellte, verliehene oder zur Probe gelieferte Wirtschaftsgüter — all diese Gegenstände müssen buchmäßig erfasst und in das Inventar aufgenommen werden.

- Hingegen gehören fremde Vorräte auch dann nicht zum Vermögen des Kaufmanns, wenn sie sich im Betrieb befinden, also die oben bezeichneten Gegenstände im umgekehrten Fall wie z. B. in Kommission genommene Waren, fremde Materialien, die zur Lohnveredlung angenommen wurden etc. Zu den Fremdgegenständen gehören möglicherweise auch Verpackungen, Paletten, Gasflaschen u. Ä., sofern über sie nur eingeschränkt verfügt werden kann. Sie gehören streng genommen nicht in das eigentliche Inventar des Kaufmanns, werden aber zu Beweiszwecken im Rahmen der Inventur mit aufgenommen und als fremde Wirtschaftsgüter gekennzeichnet.

Das Aufnahmepersonal, Aufsichtspersonen und Prüfer dürfen nicht aus der Lagerverwaltung oder Buchhaltung rekrutiert werden, um Eigeninteressen und Manipulationen bzw. eine zweifelhafte Selbstkontrolle auszuschließen. Üblicherweise werden in vielen Unternehmen als Inventurhelfer eigens Aushilfskräfte herangezogen und in die Aufnahme eingewiesen. Die Aufnahmepersonen müssen wissen, in welcher Reihenfolge sie die Vorräte in ihren Bereichen aufnehmen sollen und welche Bereichsgrenzen zu beachten sind. Dazu ist es zweckmäßig, Merkblätter und Ausfüllanweisungen auszugeben.

Zur Vorbereitung gehört auch die Erstellung von Aufnahmelisten, auf denen bereits die Artikelnummer, die Artikelbezeichnung und die artübliche Dimension (Stück, Kilogramm, Meter etc.) vorgedruckt sind. Sie sollen darüber hinaus Felder enthalten, in denen das Datum und der Zeitraum der Aufnahme, der Aufnahmebereich und Angaben über Beschaffenheit, Fremdeigentum u. Ä. festgehalten werden können.

Falls Ihre EDV diese Aufnahmelisten nicht erstellt, müssen Formularaufnahmebelege verwendet werden, in denen die genannten Angaben handschriftlich festgehalten werden.

Die Mengenerfassung der Vorräte geschieht durch Einträge auf Aufnahmevordrucken oder zunächst mit Geräten der mobilen Datenerfassung. Die durch Tastatureingabe, Lichtstifte oder Scanner erfassten Daten sind als ausgedruckte Inventurlisten auszuwerten und von den Aufnehmenden abzuzeichnen. Handschriftliche Einträge müssen mit Kugelschreiber o. Ä. auf nummerierten und von der Aufnahmeperson quittierten Aufnahmevordrucken gemacht werden. Unrichtige Einträge sind so zu streichen, dass sie noch lesbar bleiben. Vermerkt wird das Datum der Aufnahme, ggf. Ansager und Schreiber sowie der Prüfer. Große Mengen werden auf Zählzettel vorgeschrieben.

Eine ausführliche Checkliste zur Vorbereitung und Durchführung der Jahresinventur finden Sie unter den Arbeitshilfen online.

# 9 Anlagevermögen und Abschreibungen

| **Ablaufplan Jahresabschluss** |
| --- |
| Vortragen der Eröffnungsbilanz |
| Abstimmen der Buchhaltung |
| Abstimmen: Aktiva |
| Abstimmen: Passiva |
| Abstimmen: Gewinn- und Verlustrechnung |
| Inventur |
| **Anlagevermögen, Abschreibungen, Anlagenspiegel** |
| Umlaufvermögen |
| Eigenkapitalgliederung |
| Rückstellungen und Verbindlichkeiten |
| Gewinn- und Verlustrechnung und Gewinnverteilung |
| Übermitteln der Steuererklärungen |
| GmbH & Co. KG: Offenlegung des Jahresabschlusses mit Anhang |
| Übermitteln der E-Bilanz |

In diesem Kapitel beginnen wir mit der Aufstellung der Bilanz:

Die handelsrechtliche Gliederung der Bilanz ist lediglich für GmbH & Co. KGs vorgeschrieben, steuerlich geben jedoch die E-Bilanz-Positionen eine Gliederung für alle Personengesellschaften vor.

Dabei bestimmt für die GmbH & Co. KG die Größenklasse das Bilanzschema und den Umfang der Jahresabschlussbestandteile wie Bilanz, Gewinn- und Verlustrechnung, Anhang, Lagebericht, Anlagenspiegel.

Die Positionen des Anlagevermögens bestehen aus den immateriellen und materiellen Wirtschaftsgütern sowie den Finanzanlagen.

Zunächst werden Abschreibungen als »Werteverzehr« der Anschaffungs- oder Herstellungskosten behandelt, den es planmäßig über die Nutzungsdauer zu verteilen gilt.

Es werden Abschreibungsverfahren der linearen und degressiven Absetzung für Abnutzung (AfA) sowie leistungsmäßige AfA unterschieden.

Neben den genannten planmäßigen Abschreibungen gibt es außerplanmäßige Abschreibungen und steuerrechtliche Abschreibungen, zu denen auch Sonderabschreibungen gehören.

Bei Zuschreibungen werden in der Regel Abschreibungen der Vorjahre rückgängig gemacht, wenn die Gründe für diese Abschreibungen nicht mehr bestehen.

In der Anlagenbuchhaltung bzw. im Inventarverzeichnis sind bei der Anschaffung bzw. Herstellung jedes einzelnen Wirtschaftsguts alle wesentlichen Angaben zu machen: zu Anlagengruppe (Software, Grundstücke, Gebäude, Maschinen, Fahrzeuge, Geschäftsausstattungen, geringwertige Wirtschaftsgüter, Anlagen im Bau, Vorführwagen etc.), Inventarnummer, Bezeichnung des Anlageguts, Standort, Fabrik-/Seriennummer, Lieferant, Anschaffungsdatum, Abschreibungsverfahren, Anschaffungskosten, Nutzungsdauer. Maßgeblich für die Schätzung der betriebsgewöhnlichen Nutzungsdauer sind die amtlichen AfA-Tabellen des Bundesministeriums für Finanzen.

Sie überprüfen anschließend, ob sämtliche Anlagegüter (laut Verzeichnis) tatsächlich noch vorhanden sind, ob in der Vergangenheit Abschreibungen vergessen wurden, ob sich eine Verkürzung des Nutzungszeitraums oder eine außerordentliche Wertminderung einzelner Wirtschaftsgüter ergibt.

## Bilanzvorschriften

Zunächst jedoch ist die grundsätzliche Bilanzierungspflicht nach Handels- und Steuerrecht zu klären. Denn die Gesellschaft bürgerlichen Rechts, die auch als GbR oder GdbR abgekürzt wird, stellt keine Handelsgesellschaft nach HGB dar und ist deshalb auch nicht zur Bilanzierung verpflichtet wie eine OHG oder KG. Eine Bilanzierungspflicht nach Steuerrecht kann sich aber ergeben, wenn die GbR 2016 einen höheren Umsatz als 600.000 EUR oder einen Gewinn über 60.000 EUR erzielt (§ 141 AO). Anderenfalls kann die GbR ihren Gewinn durch eine

Einnahmen-Überschuss-Rechnung ermitteln (§ 4 Abs. 3 EStG). Freiberufler, die sich als GbR zusammengeschlossen haben, sind auch bei Überschreiten der oben genannten Grenzwerte nicht zur Bilanzierung verpflichtet.

Die Personengesellschaften der OHG und KG sind als Handelsgesellschaften Kaufleute i. S. d. HGB. Für sie gelten daher die Vorschriften zur Rechnungslegung (Buchführung § 238 HGB ff. und Jahresabschluss § 247 HGB ff.). Formell gibt es für Personengesellschaften über die allgemeinen Bilanzpositionen wie das Anlagevermögen, das Umlaufvermögen, das Eigenkapital, die Schulden und die Rechnungsabgrenzungsposten hinaus keine gesetzlich vorgeschriebene Bilanz- und GuV-Gliederung. Die Aufstellung des Jahresabschlusses hat jedoch unter Beachtung der Grundsätze ordnungsmäßiger Buchhaltung (GoB) zu erfolgen, insbesondere soll er klar und übersichtlich sein. Die Gliederung orientiert sich deshalb auch bei Personengesellschaften in der Regel an den Gliederungsschemata für Kapitalgesellschaften gem. § 266 HGB, obwohl sie nur für die GmbH & Co. KG zwingend vorgeschrieben ist.

Nach § 266 HGB ist die Bilanz in Kontoform aufzustellen. Kleine Gesellschaften müssen nur eine verkürzte Bilanz aufstellen, indem sie die Posten mit arabischen Zahlen zusammenfassen. Die Größenklassen finden Sie in Kapitel 14 bei den Pflichten für GmbH & Co. KGs.

Eine solche Verkürzung betrifft allerdings nur die Handelsbilanz. Die E-Bilanz nach § 5b EStG verlangt umgekehrt für sämtliche Personengesellschaften eine weitaus detaillierte Aufgliederung und sieht keine Erleichterungen für Kleinunternehmen vor.

Durch die sog. Maßgeblichkeit der Handelsbilanz für die Steuerbilanz (und umgekehrt) wurde in der Vergangenheit aus wirtschaftlichen Gründen ohnehin meist eine Einheitsbilanz erstellt.

Die neuen Vorschriften des HGB — Bilanzmodernisierungsgesetz, BilMoG und Bilanzrichtlinie-Umsetzungsgesetz (BilRUG) — durchbrechen jedoch immer mehr die Maßgeblichkeit.

Das Finanzamt verlangte bei der Abgabe einer Handelsbilanz regelmäßig einen Kontennachweis, der die Positionen recht tief ausleuchtet. Die »Steuerbilanz« bestand dann in einer überleitenden Rechnung. Diese Überleitung wird in den

Abschnitten zu den einzelnen Steuererklärungen in Kapitel 13 entwickelt. Nach dem neu geschaffenen § 5b EStG sind der Inhalt der Bilanz und der Gewinn- und Verlustrechnung nach amtlich vorgeschriebenem Datensatz elektronisch an die Finanzverwaltung zu übermitteln. Bei einer Vielzahl steuerlicher E-Bilanz-Positionen sind vonseiten des Finanzamts zusätzliche Erläuterungen erwünscht. Ob und in welcher Form sie angefordert werden, z. B. doch wieder auf Papier, wird sich in der Praxis zeigen.

! **Tipp:**

**Vergleichen Sie die Summen- und Saldenliste mit der Vorjahresbilanz und Sie werden hier sämtliche Posten wiederfinden. Sollte die Vorjahresbilanz eine eigene, abweichende Reihenfolge aufweisen, ist eine Umgliederung auf die HGB- und E-Bilanz-Vorgaben dringend anzuraten. Sie gehen damit sicher, dass Sie kein Konto übersehen.**

Dabei gehen Sie jedes Anlagekonto in der Reihenfolge seiner Bilanzposition durch. In der Gliederung für kleine Gesellschaften sind nur die Posten mit römischen Zahlen vorgesehen.

## Aktiva

A Anlagevermögen

I. Immaterielle Vermögensgegenstände

1. Selbst geschaffene gewerbliche Schutzrechte und ähnliche Rechte und Werte
2. entgeltlich erworbene Konzessionen, gewerbliche Schutzrechte und ähnliche Rechte und Werte sowie Lizenzen an solchen Rechten und Werten
3. Geschäfts- oder Firmenwert
4. geleistete Anzahlungen

II. Sachanlagen:

1. Grundstücke, grundstücksgleiche Rechte und Bauten einschließlich Bauten auf fremden Grundstücken
2. technische Anlagen und Maschinen
3. andere Anlagen, Betriebs- und Geschäftsausstattung
4. geleistete Anzahlungen und Anlagen im Bau

III. Finanzanlagen

1. Anteile an verbundenen Unternehmen
2. Ausleihungen an verbundene Unternehmen
3. Beteiligungen
4. Ausleihungen an Unternehmen, mit denen ein Beteiligungsverhältnis besteht
5. Wertpapiere des Anlagevermögens
6. sonstige Ausleihungen

Gegenstand der Bilanzierung ist das Betriebsvermögen des Kaufmanns. Es kann also weder das Betriebsvermögen eines anderen Kaufmanns noch das Privatvermögen eines Gesellschafters in der Bilanz angesetzt werden.

Das Vermögen einer Personengesellschaft ist Gesamthandsvermögen, das heißt: Es handelt sich um Vermögen, das allen Gesellschaftern gemeinsam gehört. Zum Betriebsvermögen gehören folglich sämtliche Wirtschaftsgüter, die Gesamthandseigentum sind, sowie alle Wirtschaftsgüter, die dem Betrieb der Personengesellschaft dienen, aber im Eigentum nur eines Gesellschafters stehen (sog. Sonderbetriebsvermögen).

Das Betriebsvermögen ist dem wirtschaftlichen Eigentümer zuzurechnen. Der wirtschaftliche Eigentümer hat den Nutzen und die Lasten des Vermögensgegenstands.

Ob sich auf einen Gegenstand noch ein Eigentumsvorbehalt erstreckt oder an die Bank eine Sicherungsübereignung stattgefunden hat, ist ohne Belang.

Wenn Sie ein geleastes Wirtschaftsgut nicht gerade über die gesamte Nutzungsdauer gemietet haben, berücksichtigen Sie nur die Leasingraten, statt den Gegenstand in der Bilanz anzusetzen.

## 9.1 Abschreibungen von Anlagevermögen

Wenn Ihnen »Abschreibungen« nicht geläufig sind, sollten Sie die folgenden Ausführungen lesen. Ansonsten können Sie gleich zum nächsten Kapitel wechseln und bei Bedarf hierher zurückblättern.

Vermögensgegenstände des abnutzbaren Anlagevermögens stehen dem Unternehmen in der Regel für mehr als ein Jahr zur Verfügung. Ihre Anschaffungs- oder Herstellungskosten werden deshalb in Abschreibungen als Aufwendungen planmäßig über die Nutzungsdauer verteilt (Absetzung für Abnutzung — AfA). Abschreibungen beginnen ab dem Zeitpunkt, ab dem das Wirtschaftsgut betriebsbereit ist.

- Dabei gilt das Wirtschaftsgut als angeschafft, wenn das wirtschaftliche Eigentum übergeht — d. h., die Nutzung, die Lasten und die Gefahr des Untergangs. Das Bestelldatum oder das Datum der Rechnungsstellung ist irrelevant.
- Als hergestellt gilt ein Wirtschaftsgut, wenn es entsprechend seines Verwendungszwecks genutzt werden kann.

! **Beachten Sie:**

AfA-berechtigt kann in der Regel nur sein, wer die Kosten für die Anschaffung oder Herstellung getragen hat, also der wirtschaftliche Eigentümer, der das Anlagegut nutzt.

Bei der Anschaffung oder Herstellung eines Anlageguts hängt die Höhe der Abschreibungen von der Höhe der Aufwendungen (sog. Abschreibungsvolumen), der Nutzungsdauer, des Beginns der Abschreibungen und der Abschreibungsmethode ab.

! **Tipp:**

Möglichst hohe Abschreibungen anzusetzen ist kein Selbstzweck, sondern soll dazu dienen, den steuerlichen Gewinn zu mindern. So ist es immer besser, zu 100 Prozent abziehbare Erhaltungsaufwendungen für ein Anlagegut anzusetzen, als noch so hohe Abschreibungen geltend zu machen.

Bei Gegenständen, die in das Unternehmen eingelegt werden, tritt an die Stelle der Anschaffungskosten der sog. Teilwert. Sind die gebrauchten Gegenstände weniger als drei Jahre alt, ergibt sich der Teilwert aus den damaligen Anschaffungskosten abzüglich regulärer linearer Abschreibungen. Wurde das Anlagegut mehr als drei Jahre vor der Einlage angeschafft, wird ein Marktwert realistisch geschätzt. Je höher Sie schätzen, umso mehr Abschreibungsvolumen steht Ihnen zur Verfügung.

Die Abschreibungen bemessen sich in der Regel an der Anzahl der Monate der betrieblichen Nutzung. Wird z. B. ein Firmenwagen im Monat April in Zahlung gegeben, beträgt die auf ihn entfallene AfA 4/12 der jährlichen Abschreibungen. Es wird hierbei auf volle Monate aufgerundet.

Im Jahr der Anschaffung ist die Jahresabschreibung um 1/12 für jeden vollen Monat zu kürzen, der der Anschaffung bzw. Herstellung voranging.

### Beispiel

Sie kaufen im Oktober einen Firmenwagen für 36.000 EUR zzgl. Umsatzsteuer. Die betriebsgewöhnliche Nutzungsdauer beträgt laut Abschreibungstabelle sechs Jahre (für Außendienstfahrzeuge gelten nach wie vor fünf Jahre). Sie schreiben den Pkw linear ab. Zum Jahresabschluss wird gebucht:

| Soll | Haben | GegenKto | Konto | |
|---|---|---|---|---|
| 4.500,00 | | 0320/0520 | 4830/6220 | Abschreibung Pkw |

Da der Pkw erst im Oktober angeschafft wurde, können Sie nur 9/12 der Jahres-AfA (36.000 EUR : 6 Jahre = 6.000 EUR) ansetzen.

Am Ende der darauffolgenden fünf Jahre buchen Sie jeweils:

| Soll | Haben | GegenKto | Konto | |
|---|---|---|---|---|
| 8.000,00 | | 0320/0520 | 4830/6220 | Abschreibung Pkw |

Im April des siebten Jahrs ist der Pkw voll abgeschrieben. Sie buchen spätestens zum Jahresende:

| Soll | Haben | GegenKto | Konto | |
|---|---|---|---|---|
| 1.499,00 | | 0320/0520 | 4830/6220 | Abschreibung Pkw |

| SKR03 | SKR04 | Kontenbezeichnung (SKR) |
|---|---|---|
| 4830 | 6220 | Abschreibungen auf Sachanlagen |

Bei der Herstellung kommt es auf den Zeitpunkt der Betriebsbereitschaft an, ohne dass das Wirtschaftsgut auch tatsächlich ab diesem Zeitpunkt genutzt werden muss.

## 9.1.1 Planmäßige Abschreibungen

Mit der planmäßigen Abschreibung wird die Wertminderung eines Vermögensgegenstands erfasst und als Aufwand berücksichtigt. Planmäßige Abschreibung bedeutet die Verteilung der Anschaffungskosten auf die betriebsgewöhnliche Nutzungsdauer. Daraus ergibt sich zwangsläufig, dass diese Abschreibung lediglich bei Anlagegütern vorgenommen werden kann, deren Nutzung zeitlich begrenzt ist, also nicht auf Grundstücke und Finanzanlagen, aber z. B. auch nicht auf Domains und Antiquitäten.

Es werden die folgenden Abschreibungsverfahren bei der planmäßigen Abschreibung unterschieden:

- lineare AfA,
- AfA nach Maßgabe der Leistung (leistungsmäßige AfA)
- (steuerlich zulässig bis 2010:) AfA in fallenden Jahresbeträgen (degressive AfA) von 25 Prozent des jeweiligen Restbuchwerts

### Lineare AfA

Bei der linearen AfA werden die Anschaffungs- oder Herstellungskosten gleichmäßig auf die Jahre der Nutzung verteilt und als Betriebsausgaben abgesetzt. Die lineare Abschreibung entspricht dann der Wertänderung pro Periode, und zwar so, als würde eine völlig gleichmäßige Verschleißabnutzung des Vermögensgegenstands von Anfang bis Ende der Nutzungsdauer erfolgen.

Bei Kraftfahrzeugen, die zum Zeitpunkt ihrer Anschaffung nicht neu waren, ist die entsprechende Restnutzungsdauer zugrunde zu legen.

**Beispiel**

Im Juli 2016 wird ein Pkw für 36.000 EUR angeschafft, der erstmals im Juli 2014 zugelassen und damit auch betriebsbereit war. Der Pkw kann auf eine dreijährige Restnutzungsdauer abgeschrieben werden: 36.000 EUR/3 = 12.000 EUR.

| | |
|---|---|
| Anschaffung Juli 16 | 36.000 EUR |
| 6 Monate AfA 16 | 6.000 EUR |
| Buchwert 31.12.16 | 30.000 EUR |

## Leistungsmäßige AfA

Die Abschreibung nach Maßgabe der Leistung kommt dann in Betracht, wenn die Abschreibungsursachen in der Inanspruchnahme des Gegenstands begründet liegen, also weitgehend zeitunabhängig sind. Bei diesem Verfahren ist nicht die Nutzungsdauer, sondern die mögliche Leistungs- bzw. Nutzungsabgabe zu schätzen, z. B. zu fahrende Kilometer, Maschinenstunden, zu produzierende Stücke. Die Anschaffungs- oder Herstellungskosten werden dann entsprechend der jährlichen Leistungsabgabe auf die einzelnen Nutzungsjahre verteilt.

Dieses Verfahren ist auch steuerlich zugelassen,

- wenn es wirtschaftlich begründet ist, d. h., wenn die Leistungen des Wirtschaftsguts in der Regel erheblich schwanken und der Verschleiß dementsprechend wesentliche Unterschiede aufweist und
- wenn der pro Jahr anfallende Umfang der Leistung nachgewiesen werden kann, z. B. durch ein Zählwerk.

**Beispiel**

Anschaffungswert des Lkws: 90.000 EUR

Fahrleistung des Lkws: 300.000 km

$$\text{Abschreibungssatz: } \frac{90.000 \text{ EUR}}{300.000 \text{ km}} = 0{,}30 \text{ EUR / km}$$

| Jahr | Buchwert alt | gefahrene km | Abschreibungsbetrag | Buchwert neu |
|---|---|---|---|---|
| 1 | 90.000 | 60.000 | 18.000 | 72.000 |
| 2 | 72.000 | 90.000 | 27.000 | 45.000 |
| 3 | 45.000 | 75.000 | 22.500 | 22.500 |
| 4 | 22.500 | 75.000 | 22.500 | 0 |

### Degressive AfA

Bei den degressiven Abschreibungsverfahren werden die Anschaffungs- oder Herstellungskosten eines Anlageguts mittels sinkender Abschreibungsbeträge auf die Nutzungsdauer verteilt. In den ersten Jahren der Nutzung sinkt der Buchwert stärker als gegen Ende der Nutzungsdauer. Für diese Vorgehensweise spricht die Beachtung des Vorsichtsprinzips bei der Bilanzierung.

In der Steuerbilanz ist der steuerliche Bewertungsvorbehalt (§ 5 Abs. 6 EStG) zu beachten. Die degressive Abschreibung ist steuerrechtlich der Höhe nach begrenzt.

Degressiv dürfen nur bewegliche abnutzbare Anlagegegenstände abgeschrieben werden.

Für bis zum 31.12.2010 angeschaffte oder hergestellte Wirtschaftsgüter sind maximal 25 Prozent abschreibbar.

Der degressive Abschreibungssatz darf höchstens das Zweieinhalbfache der linearen Abschreibung betragen und 25 Prozent der jeweiligen Buchwerte nicht überschreiten.

### Beispiel

Bei 25 Jahren berechnet sich der maximal zulässige degressive AfA-Satz folgendermaßen:

$$\frac{100}{25} \times 2,5$$

Das heißt: Es sind maximal 10 Prozent abschreibbar.

Neben den genannten planmäßigen Abschreibungen gibt es:

- außerplanmäßige Abschreibungen und
- steuerrechtliche Abschreibungen.

Zwar dürfen bei degressiver AfA zusätzliche Abschreibungen wegen außergewöhnlicher technischer oder wirtschaftlicher Abnutzung nicht vorgenommen werden, wenn Sie aber vorher zur linearen AfA übergehen, können Sie diese außerplanmäßigen Abschreibungen doch noch geltend machen.

### 9.1.2 Außerplanmäßige Abschreibungen

Im Gegensatz zur planmäßigen Abschreibung erstreckt sich der Anwendungsbereich der außerplanmäßigen Abschreibung auf das gesamte Anlagevermögen, also sowohl auf abnutzbare als auch auf nicht abnutzbare Anlagegegenstände.

Die außerplanmäßige Abschreibung auf den beizulegenden Wert dient dabei der Berücksichtigung außergewöhnlicher Wertminderungen und soll die Überbewertung von Vermögensgegenständen verhindern. Diese Wertminderungen können ihren Grund z. B. darin haben, dass die technische Kapazität einer Anlage überschätzt wurde oder unvorhergesehen nachgelassen hat. Als weitere Ursachen einer außerplanmäßigen Wertminderung sind gesunkene Wiederbeschaffungspreise, durch Katastrophen entstandene Schäden sowie die durch technischen Fortschritt oder Nachfragerückgang bedingte mangelnde Verwendbarkeit eines Vermögensgegenstands zu nennen.

Bei einer voraussichtlich nicht dauerhaften Wertminderung dürfen die Unternehmer nach dem Steuerrecht keine außerplanmäßigen Abschreibungen vornehmen.

| SKR03 | SKR04 | Kontenbezeichnung (SKR) |
|---|---|---|
| 4840 | 6230 | Außerplanmäßige Abschreibungen auf Sachanlagen |

## 9.1.3 Steuerrechtliche Abschreibungen

Steuerrechtlich gibt es erhöhte Absetzungen, Sonderabschreibungen und Bewertungsfreiheiten. Das sind Abschreibungen, die nicht aus handelsrechtlichen Gründen, sondern deshalb gewährt werden, weil bestimmte Investitionen wirtschafts- oder sozialpolitisch als steuerlich förderungswürdig angesehen werden. Nach den Vorschriften des HGB in der Fassung des BilMoG sind solche, ausschließlich steuerlich begründeten Abschreibungen nicht zulässig. Der Ansatz bereits niedrig abgeschriebener Anlagegüter darf allerdings auch nach 2010 beibehalten werden. Bei zukünftigen steuerlichen Abschreibungen sind jedoch zwei unterschiedliche Anlagenspiegel mit jeweils steuerlichen und handelsrechtlichen Werten zu bilden.

Zu den steuerlichen Abschreibungen gehören:

### Sonderabschreibungen zur Förderung von kleinen und mittleren Betrieben

Zusätzlich neben der regulären AfA — linear, degressiv oder Leistungs-AfA — können bis zu insgesamt 20 Prozent der Aufwendungen abgesetzt werden (§ 7g EStG), beliebig verteilt innerhalb von fünf Jahren ab Anschaffung oder Herstellung.

Die Voraussetzungen sind:

- bewegliche Anlagegüter — neu oder gebraucht,
- zwei Jahre Verbleib in einer inländischen Betriebsstätte,
- in diesem Zeitraum: zumindest zu 90 Prozent betriebliche Nutzung,
- ein Betriebsvermögen von unter 235.000 EUR.

### Beispiel

Der am 28.7.2016 zum Preis von 60.000 EUR angeschaffte Firmenwagen wird nachweislich nur zu betrieblichen Zwecken genutzt. Für das Jahr 2016 kann man folgende Abschreibungen vornehmen:

- Abschreibung nach § 7g EStG: 20 % von 60.000 EUR = 12.000 EUR
- 6/12-tel der linearen Jahres-AfA aus 60.000 EUR/6 Jahre = 5.000 EUR

| Soll | Haben | GegenKto | Konto | |
|---|---|---|---|---|
| 12.000,00 | | 0320/0520 | 4850/6240 | Sonder-AfA § 7g EStG Pkw |
| 5.000,00 | | 0320/0520 | 4830/6220 | Abschreibung Pkw |

| SKR03 | SKR04 | Kontenbezeichnung (SKR) |
|---|---|---|
| 4850 | 6240 | Abschreibung auf Sachanlagen, steuerliche Sondervorschriften |

## 9.1.4 Zuschreibungen

Man kann Zuschreibungen als Erhöhung des Buchwerts eines Vermögensgegenstands verstehen. Dabei geht es in der Regel darum, Abschreibungen der Vorjahre rückgängig zu machen, wenn die Gründe für diese Abschreibungen nicht mehr bestehen.

Wenn bei Gegenständen des Anlagevermögens eine voraussichtlich dauernde Wertminderung eingetreten ist, muss auf den niedrigeren Wert abgeschrieben werden.

Es gilt ein Wertaufholungsgebot für den Fall, dass die Voraussetzungen für eine Teilwertabschreibung wegen voraussichtlich dauernder Wertminderung am betreffenden Bilanzstichtag nicht (mehr) vorliegen. In früheren Jahren vorgenommene Teilwertabschreibungen sind somit in der ersten Bilanz nach dem Wegfall der Gründe wieder durch Zuschreibungen rückgängig zu machen. Ausnahme: Der niedrigere Wertansatz eines entgeltlich erworbenen Geschäfts- oder Firmenwertes ist beizubehalten.

Sie sind dadurch gezwungen, für jedes Objekt, für das Sie eine Teilwertabschreibung in Anspruch nehmen, eine Art Schattenanlagenbuchhaltung zu führen, um die fortgeschriebenen Werte nach Teilwertabschreibung mit den Werten vergleichen zu können, die sich ohne Teilwertabschreibung ergeben hätten.

### Beispiel

Eine Maschinenanlage, die für einen einzigen Kunden zur Produktion von Kunststofffolien angeschafft wurde, kostete 200.000 EUR und war für eine Nutzung von zehn Jahren ausgelegt (lineare AfA). Durch den Konkurs des Kunden im vierten Jahr hat die Anlage nur noch den Wert seiner technisch überalterten Einzelteile, vermindert um die Kosten des Abbaus: 5.000 EUR.

| | |
|---|---|
| Buchwert 01.01. Jahr 4 | 140.000 EUR |
| a. o. Abschreibungen | 135.000 EUR |
| Buchwert 31.12. Jahr 4 | 5.000 EUR |

| Soll | Haben | GegenKto | Konto | |
|---|---|---|---|---|
| 135.000,00 | | 0210/0440 | 4840/6230 | Außerplanmäßige Abschreibung |

Im sechsten Jahr ist die Unternehmensleitung froh, die Anlage nicht abgebaut zu haben. Nach einer aufwendigen Umrüstung — Kosten 50.000 EUR — können auf ihr wieder marktfähige Folien produziert werden.

Die Zuschreibung erfolgt bis zu dem Wert, den die Anlage bei Fortführung der planmäßigen Abschreibungen gehabt hätte.

| | EUR | EUR |
|---|---|---|
| Buchwert zum 01.01.04 | 140.000 | |
| fiktiver Buchwert zum 01.01.05 | 120.000 | |
| fiktiver Buchwert zum 01.01.06 | 100.000 | |
| tatsächlicher Buchwert zum 01.01.06 | 5.000 | |
| Zuschreibung 06 | 95.000 | |
| Nachaktivierung Umrüstungskosten | 50.000 | |
| Auf restl. Nutzungsdauer zu verteilen | 150.000 | 150,000 |
| planmäßige Abschreibungen 06 | | |
| (6. von 10 Jahren) | | 30.000 |
| Buchwert zum 31.12.06 | | 120.000 |

| Soll | Haben | GegenKto | Konto | |
|---|---|---|---|---|
| 95.000,00 | | 2710/4910 | 0210/0440 | Erträge aus Zuschreibungen |
| 50.000,00 | | 4805/6460 | 0210/0440 | Reparaturen Maschinen |
| | 30.000,00 | 4830/6220 | 0210/0440 | Abschreibungen Maschinen |

| SKR03 | SKR04 | Kontenbezeichnung (SKR) |
|---|---|---|
| 2710 | 4910 | Erträge Zuschreibung AV-Gegenstände |
| 4830 | 6220 | Abschreibungen auf Sachanlagen |
| 4805 | 6460 | Reparatur/Instandhaltung, Anlagen u. Maschinen |

## 9.2 Anlagenverzeichnis

Bei einem Anlagenverzeichnis auf Papier werden sämtliche Wirtschaftsgüter auf Inventarbögen oder Karteikarten aufgezeichnet. In der EDV-Anlagenbuchhaltung entspricht der Stammdatensatz für jedes einzelne Wirtschaftsgut einer herkömmlichen Inventarkarte der Anlagenkartei. Auf ihr sind bei der Anschaffung bzw. Herstellung des Wirtschaftsguts alle wesentlichen Angaben zu machen.

### 9.2.1 Anlagengruppen

In Anlehnung an die handelsrechtliche Bilanzgliederung werden Anlagengruppen für gleichartige Wirtschaftsgüter gebildet.

**Tipp:** !

**Lassen Sie genügend Platz für Software, Grundstücke, Gebäude, Maschinen, Fahrzeuge, Geschäftsausstattungen, geringwertige Wirtschaftsgüter, Anlagen im Bau, Vorführwagen etc., um auch für Neuanschaffungen in den Folgejahren zugehörige Anlagegüter gruppieren zu können.**

Die folgenden Felder sind im Anlagebogen auszufüllen:

- Inventarnummer: Bei einem Neuzugang wird die nächste freie Inventarnummer vergeben, die einen Hinweis auf das entsprechende Konto in der Finanzbuchhaltung geben könnte.
- Gegenstand: Anstelle des Gattungsbegriffs sollte hier eine eindeutige Bezeichnung des Anlageguts stehen, um ggf. auch mehrere gleiche Gegenstände unterscheiden zu können, z. B. »PC AMD Phenom X4« statt »Computer«.
- Standort, Fabrik-/Seriennummer: Diese zwei Angaben erleichtern die Bestandsaufnahme insbesondere dann, wenn eine Inventurliste nach den jeweiligen Standorten erstellt werden kann. Zwei Maschinen gleichen Typs können über die Maschinennummer schnell unterschieden werden.
- Lieferant: Der Zugriff auf den Kaufbeleg und weitere Vertragsunterlagen ist durch diese Angabe schneller möglich. In Garantiefällen und bei Ersatzbeschaffungen weiß man auch, an wen man sich wenden oder ggf. wen man nicht mehr berücksichtigen sollte.
- Anschaffungsdatum: Dieses Datum muss nicht mit dem Rechnungsdatum übereinstimmen. Entscheidend für den Beginn des Abschreibungszeitraums ist der Zeitpunkt, ab dem Sie das Wirtschaftsgut bestimmungsgemäß nutzen können. Bei den Eilkäufen von Firmenwagen zum Jahreswechsel z. B. ist ein Abschreibungsbeginn noch im alten Jahr nur dann sichergestellt, wenn das Fahrzeug fahrbereit bereits am 31.12. auf Ihrem Hof steht. Wenn Sie darüber hinaus eine Anmeldung von der Zulassungsstelle vorweisen können, ersparen Sie sich gegenüber dem Finanzamt entsprechende Nachweise.

## 9.2.2 Abschreibungsart

Gegenstände des Anlagevermögens können während ihrer Nutzung im Betrieb Wertminderungen unterliegen. Für neu angeschaffte Vermögensgegenstände kann das Abschreibungsverfahren grundsätzlich frei gewählt werden. Werden sie aber nach einem anderen Abschreibungsverfahren abgeschrieben als die anderen gleichen oder gleichartigen bereits im Betrieb verwendeten Anlagegegenstände, müssen Kapitalgesellschaften den Wechsel im Anhang angeben und begründen.

### 9.2.3 Anschaffungskosten/Herstellungskosten

Dieser Betrag bildet die Grundlage für die späteren Abschreibungen. Dazu gehören sowohl alle Aufwendungen zum Erwerb des Gegenstands als auch alle Aufwendungen, die notwendig sind, um ihn in einen betriebsbereiten Zustand zu versetzen. Nebenkosten wie Fracht, Montagekosten gehören ebenso dazu, wie nachträgliche Kosten, sofern sie dem Anlagegut einzeln zugerechnet werden können.

**Tipp:** !

**Versuchen Sie, die Anschaffungskosten möglichst gering zu halten. Denn nicht zurechenbare Aufwendungen können Sie auch ohne den Umweg über die Abschreibung direkt als Aufwand geltend machen.**

**Vergessen Sie umgekehrt nicht, nachträgliche Rabatte, Skonti und Zuschüsse von den Anschaffungskosten abzuziehen. Damit wird das Abschreibungsvolumen zwar verringert, es ist aber oft vorteilhafter, die Minderung über die Nutzungsdauer verteilt zu besteuern, als zu 100 Prozent im Jahr der Anschaffung.**

Man unterscheidet zwischen

- Investitionszuschüssen und
- Investitionszulagen.

| SKR03 | SKR04 | Kontenbezeichnung (SKR) |
|---|---|---|
| 2743 | 4975 | Investitionszuschüsse |

Während Zuschüsse in der Regel steuerpflichtige Erträge darstellen, bleiben Investitionszulagen steuerfrei.

| SKR03 | SKR04 | Kontenbezeichnung (SKR) |
|---|---|---|
| 2744 | 4980 | Investitionszulage |

Mit einem staatlichen oder privaten Zuschuss verfolgt der Zuschussgeber einen bestimmten Zweck, der keinen unmittelbaren wirtschaftlichen Zusammenhang mit der Sache hat.

!

**Beachten Sie:**

**Für Investitionszuschüsse gibt es ein Ansatzwahlrecht. Sie können solche Zuschüsse entweder als Betriebseinnahmen ansetzen oder den Betrag direkt von den Anschaffungs- oder Herstellungskosten abziehen.**

Im ersten Fall versteuern Sie zusätzliche Erlöse. Es bleiben auf der anderen Seite die vollen Anschaffungs-/Herstellungskosten und damit die maximale AfA erhalten. Im zweiten Fall vermindert sich die Bemessungsgrundlage für die AfA und damit vermindern sich auch die Abschreibungen selbst. Dafür werden keine zusätzlichen Erlöse erfasst.

### Beispiel

Für die Errichtung einer Windkraftanlage wird aus einem Förderprogramm ein 10%iger Zuschuss der Herstellungskosten von 1 Mio. EUR gewährt. Über die betriebsgewöhnliche Nutzungsdauer von zwölf Jahren wird linear abgeschrieben.

Erfolgswirksame Erfassung des Zuschusses:

| | |
|---|---|
| Erlöse aus Zuschuss | 100.000 EUR |
| AfA 1.000.000 EUR/12 | –83.333 EUR |
| Ergebnis erhöhend | 16.667 EUR |

| | |
|---|---|
| Buchung | |
| Bank | 100.000 EUR |
| an Erlöse aus Zuschüssen | 100.000 EUR |

| Soll | Haben | GegenKto | Konto | |
|---|---|---|---|---|
| 100.000,00 | | 2743/4975 | 1200/1800 | Erlöse aus Zuschüssen |
| 83.333,00 | | 4830/6220 | 0200/0400 | AfA auf Anlagen |

Erfolgsneutrale Erfassung des Zuschusses:

| | |
|---|---|
| Erlöse aus Zuschuss | 0 EUR |
| AfA 900.000 EUR/12 | –75.000 EUR |
| Ergebnis mindernd | –75.000 EUR |

| Soll | Haben | GegenKto | Konto | |
|---|---|---|---|---|
| 100.000,00 | | 0200/0400 | 1200/1800 | Minderung Herstellungskosten |
| 75.000,00 | | 4830/6220 | 0200/0400 | AfA auf Anlagen |

Wird der Zuschuss von den Anschaffungs- bzw. Herstellungskosten abgezogen, vermindern sich die Abschreibungen für alle zwölf Wirtschaftsjahre um jeweils ein Zehntel. Im ersten Jahr jedoch reduziert sich das steuerliche Ergebnis um 91.667 EUR.

Wenn Sie diese im ersten Jahr steuersparende Variante wählen, beachten Sie Folgendes:

- Nachträglich gewährte Zuschüsse sind auch nachträglich von den gebuchten Anschaffungs- oder Herstellungskosten abzusetzen.
- Für im Voraus gewährte Zuschüsse können Sie eine steuerfreie Rücklage bilden, die Sie dann im Wirtschaftsjahr der Anschaffung oder Herstellung auf das Anlagegut übertragen.
- Bei der Einschätzung der Nutzungsdauer und damit auch des Abschreibungszeitraums wird auf die wirtschaftliche, nicht auf die technische Nutzung abgestellt. Häufig sind deshalb bereits abgeschriebene Objekte immer noch voll verwendungsfähig. Versuchen Sie zu begründen, warum der Gegenstand wirtschaftlich so bald wie möglich als verbraucht gilt.

**Beachten Sie:** !

Je kürzer die Nutzungsdauer, desto höher die Abschreibungen. Maßgeblich für die Schätzung der betriebsgewöhnlichen Nutzungsdauer sind die amtlichen AfA-Tabellen des Bundesministeriums für Finanzen. Dabei ist zu beachten, dass die AfA-Tabelle nur solche Anlagegüter enthält, deren betriebsgewöhnliche Nutzungsdauer unabhängig von der Verwendung in einem bestimmten Wirtschaftszweig ist. Die AfA-Tabellen gelten für alle angeschafften oder hergestellten Wirtschaftsgüter.

Neben der AfA-Tabelle für »allgemein verwendbare Anlagegüter« gibt es noch weitere 100 Branchentabellen zur vorrangigen Bestimmung der Abschreibungsdauer.

! **Tipp:**

**Wollen Sie schneller abschreiben, sollten Sie eine verkürzte Nutzungsdauer auf jeden Fall belegen können, z. B. durch eine vertragliche Nutzungsbegrenzung (z. B. Mietvertrag bei Einbauten) oder den Nachweis einer durchgehend häufigeren Ersatzbeschaffung von Anlagegegenständen wie z. B. der Austausch des Fuhrparks.**

Auf den Arbeitshilfen online finden Sie die amtlichen AfA-Tabellen.

Bei den Herstellungskosten haben Sie die Wahl, anteilige Kosten der allgemeinen Verwaltung sowie spezielle Lager- und Finanzierungskosten einzubeziehen oder nicht. Auch hier empfiehlt es sich, möglichst wenig dem neu geschaffenen Anlagegut zuzurechnen und so viel wie möglich auf den entsprechenden Aufwandskonten zu verbuchen.

### 9.2.4 Sind sämtliche Gegenstände noch vorhanden?

Man sollte es nicht glauben, aber in manchen Inventarverzeichnissen schlummern längst nicht mehr vorhandene Gegenstände mit Erinnerungswert. Wirtschaftlich bedeutsamer sind jedoch verschrottete Maschinen oder in Zahlung gegebene Pkws, die unwissentlich weiter abgeschrieben wurden. Hier ist der Restbuchwert als Abgang auszubuchen.

### 9.2.5 Wurden in der Vergangenheit Abschreibungen vergessen?

Auch hier kann sich eine Überprüfung lohnen. Vorausgesetzt, es steckt keine Willkür oder aber die Absicht dahinter, in späteren Jahren Steuern zu sparen, können Sie die unterlassenen Abschreibungen nachholen. Die vergessene Abschreibung wird auf die restliche Nutzungsdauer verteilt.

**Beispiel**

Irrtümlich wurde mit der linearen Abschreibung eines noch am 31.7.01 zum Preis von 60.000 EUR angeschafften Pkws erst im Jahr 02 begonnen. Entdeckt wird der Fehler zum Jahresabschluss 31.12.03.

| | |
|---|---|
| Anschaffungskosten | 60.000 EUR |
| AfA im Jahr 02 | −10.000 EUR |
| Buchwert zum 01.01.03 | 50.000 EUR |
| Somit AfA-Volumen für Abschreibungen | |
| in den Jahren 3 bis 6 | 50.000 EUR |
| verbleibende Nutzungsdauer 4 ½ Jahre, | |
| Jahres-AfA 03 50.000 EUR/4,5 Jahre | 11.429 EUR |

Zum Jahresabschluss 31.12.03 wird gebucht:

| Soll | Haben | GegenKto | Konto | |
|---|---|---|---|---|
| 11.429,00 | | 0320/0520 | 4830/6220 | AfA Pkw |

| BGA | IKR | SKR03 | SKR04 | Kontenbezeichnung (SKR) |
|---|---|---|---|---|
| 491 | 654 | 4830 | 6220 | Abschreibungen auf Sachanlagen |

## 9.2.6 Verkürzung des Nutzungszeitraums

Stellen Sie bei einem Anlagegut fest, dass seine tatsächliche Nutzungsdauer viel zu hoch angesetzt war, können Sie eine Änderung des Abschreibungsplans vornehmen. Gründe für eine verringerte Nutzungsdauer und damit für den vorzeitigen Ersatz einer Anlage können sich ergeben wegen:

- erhöhten Verschleißes einzelner Bestandteile,
- Fehleinschätzung von Umwelteinflüssen (wie Nässe, Hitze, Licht, Abgase, Chemikalien),
- unerwartet hohen Reparaturkosten,
- absehbarer technischer Überalterung (Computer, Telefon),
- erhöhten Verbrauchs an Roh-, Hilfs- und Betriebsstoffen,

- unerwarteten Qualitätsverlusts und mangelnder Zuverlässigkeit der gefertigten Arbeiten,
- stärkerer Inanspruchnahme als anfangs vorgesehen (der Ansatz von 25 Prozent erhöhter linearer AfA bei Zweischichtbetrieb bzw. 50 Prozent bei Dreischichtbetrieb reicht nicht),
- Beeinträchtigung durch außergewöhnliche Ereignisse (teilweise Zerstörung durch Brand, Überschwemmung, Explosion).

Alternativ können Sie die verkürzte Nutzungsdauer folgendermaßen berücksichtigen:

- Entweder wird der Restbuchwert auf die neu ermittelte restliche Nutzungsdauer (linear) verteilt.

**Beispiel**

Anschaffungskosten einer Maschine 60.000 EUR, geplante Nutzung 10 Jahre, lineare AfA in den ersten 5 Jahren 30.000 EUR. Es stellt sich heraus, dass die Maschine nur noch drei Jahre genutzt werden kann.

Die AfA für die Jahre 6, 7 und 8 beträgt deshalb jeweils 30.000 EUR/3 = 10.000 EUR.

- Oder die bislang zu wenig angesetzten Abschreibungen werden nachgeholt (außerplanmäßige Abschreibung). Der danach verbleibende Restbuchwert wird auf die neu ermittelte Restlaufzeit verteilt.

**Beispiel**

| | |
|---|---|
| Restbuchwert Anfang des 6. Jahrs | 30.000 EUR |
| außerplanmäßige Abschreibung: 5 Jahre × (7.500 - 6.000) | 7.500 EUR |
| Restbuchwert nach Änderung der Nutzungsdauer | 22.500 EUR |
| AfA für die Jahre 6, 7 u. 8 je 22.500/3 | 7.500 EUR |

Wie Sie bemerken, betragen die Abschreibungen im sechsten Jahr nach der ersten Methode 10.000 EUR, nach der zweiten Methode insgesamt 15.000 EUR.

!

**Tipp:**

**Bei einem möglichst hohen Abschreibungsbedarf sollten also die außerplanmäßigen Abschreibungen in der Gewinn- und Verlustrechnung angesetzt werden.**

Beachten Sie aber, dass Sie möglicherweise dadurch erst dem Finanzamt eine Begründung schulden, während durch stillschweigende Änderung der planmäßigen AfA kein Staub aufgewirbelt wird.

### 9.2.7 Wertminderung durch außergewöhnliche Abnutzung

Ähnlich liegt der Fall, wenn Ihre Anlage einen Wertverlust durch Abnutzung erleidet, ohne dass eine Ersatzbeschaffung geplant ist. Auch hier besteht die Möglichkeit, eine außerordentliche Abschreibung vorzunehmen und den Restbuchwert auf die verbleibende Nutzungsdauer zu verteilen. Hier können die gleichen Gründe für die Wertminderung wie bei der Verkürzung der Nutzungsdauer vorliegen, wobei weniger eine wirtschaftliche als eine technische Abnutzung im Vordergrund steht.

**Beispiel**

Durch ein neues Produktionsverfahren wird eine technisch noch voll funktionsfähige Maschine im Einsatz überholt. Die Nutzungsdauer verkürzt sich auf nur noch ein weiteres Jahr, weil eine neue Anlage angeschafft werden muss.

Nach einem schweren Unfall verliert ein Firmenwagen trotz anschließender Reparatur erheblich an Wert. Der Pkw wird weiterhin wie geplant genutzt, die Wertminderung jedoch als außerplanmäßige Abschreibung erfasst.

### 9.2.8 Wertminderung aus sonstigen Gründen

Eine weitere Wertminderung, die nicht auf technischer oder wirtschaftlicher Abnutzung beruht, kann auch darin bestehen, dass ein fiktiver Erwerber im Zuge einer Betriebsveräußerung für einen Gegenstand nur einen niedrigeren Preis als den Buchwert zu zahlen bereit wäre. Auf diesen hypothetischen Wertansatz, den Teilwert, dürfen Sie abschreiben. Auch diese außerplanmäßige Abschreibung ist gegenüber dem Finanzamt u. U. erklärungsbedürftig. Möglich sind Teilwertwertabschreibungen u. a. aus den folgenden Gründen:

- Die Wiederbeschaffungskosten für das Wirtschaftsgut sind erheblich unter den Buchwert gesunken.

- Die Rentabilität des gesamten Unternehmens ist nachhaltig gesunken. Der fiktive Erwerber würde deshalb für die betreffende Maschine nicht den Buchwert zahlen[2].
- Die Anschaffung des betreffenden Gegenstands war von Anfang an eine Fehlentscheidung. Auch für den Erwerber würde es keinen Sinn machen, ihn zum Buchwert zu übernehmen[3].

! **Beachten Sie:**

**Bei einer dauerhaften Wertminderung sind Sie sogar verpflichtet, eine Teilwertabschreibung im Jahr des Eintritts vorzunehmen.**

**Holen Sie die Teilwertabschreibung zum nächstmöglichen Bilanzstichtag, an dem eine Berichtigung vorgenommen werden kann, nach.**

Wenn Sie diesen Zweifelsfall dem Finanzamt erläutern, sind Sie auch bei einer Betriebsprüfung auf der sicheren Seite. Im Regelfall kann nur eine dem Finanzamt noch nicht bekannte Tatsache zu einer nachträglichen Änderung führen. In der Handelsbilanz ist der Ansatz des — steuerlichen — Teilwerts nicht zulässig.

## 9.2.9 Investitionsabzugsbetrag

Bis zum Jahresabschluss 2006 gab es für kleine und mittlere Betriebe die Möglichkeit, gewinnmindernd sog. Ansparrücklagen zu bilden. Bereits in der Bilanz zum 31.12.2007 darf keine Ansparrücklage mehr gebildet werden. An ihre Stelle tritt der gewinnmindernde Investitionsabzugsbetrag, ebenfalls i. H. v. 40 Prozent der voraussichtlichen Anschaffungs- oder Herstellungskosten. Die folgenden Voraussetzungen müssen allerdings erfüllt sein:

- Es handelt sich um bewegliche Anlagegüter (auch Mietereinbauten),
- die im Jahr der Anschaffung und im Folgejahr in einer inländischen Betriebsstätte verbleiben müssen und
- die während dieser Zeit zumindest zu 90 Prozent betrieblich genutzt werden.

2 BFH, Urteil v. 13.4.1983, BStBl 1983 II, S. 667.
3 BFH, Urteil v. 17.9.1987, BStBl 1988 II, S. 488.

- Die Anschaffung muss bis zum Ende des dritten auf das Wirtschaftsjahr des jeweiligen Abzugs folgenden Wirtschaftsjahrs erfolgen.
- Die Summen der Abzugsbeträge, der hinzugerechneten und rückgängig gemachten Investitionsabzugsbeträge sind in der E-Bilanz zu übermitteln.

Gefördert werden Gewerbebetriebe mit einem Betriebsvermögen unter 235.000 EUR. Diese Größenklasse erfüllen alle Betriebe, die ihren Gewinn durch Einnahmen-Überschussrechnung ermitteln. Die Vorjahresgewinne dieser Betriebe dürfen allerdings 100.000 EUR nicht überschritten haben.

Im Gegensatz zur Ansparrücklage nach § 7g EStG a. F. ist für den Investitionsabzugsbetrag keine Rücklage mehr zu bilden. Der Abzug erfolgt nicht mehr innerhalb der Gewinnermittlung, sondern wird außerbilanziell vorgenommen. Die DATEV hat gleichwohl neue Buchungskonten für Steuerprogramme eingeführt.

| | |
|---|---|
| Investitionsabzugsbetrag § 7g Abs. 1 EStG, außerbilanziell (Soll) | 9970 |
| Investitionsabzugsbetrag § 7g Abs. 1 EStG, außerbilanziell (Haben) — Gegenkonto zu 9970 | 9971 |
| Auflösung Investitionsabzugsbetrag § 7g Abs. 2 EStG, außerbilanziell (Haben) | 9972 |
| Auflösung Investitionsabzugsbetrag § 7g Abs. 2 EStG, außerbilanziell (Soll) — Gegenkonto zu 9972 | 9973 |
| Auflösung Investitionsabzugsbetrag § 7g Abs. 2, 3, 4 EStG aus Korrekturen und Rückgängigmachung (Haben) | 9974 |
| Auflösung Investitionsabzugsbetrag § 7g Abs. 2, 3, 4 EStG aus Korrekturen und Rückgängigmachung (Soll) — Gegenkonto zu 9974 | 9975 |

- Bei einer planmäßigen Investition wird der Investitionsabzugsbetrag im Jahr der Anschaffung außerbilanziell zugerechnet.
- Zum erfolgsneutralen Ausgleich dürfen jedoch die Anschaffungskosten innerhalb der Buchhaltung bis zu diesem Betrag (max. 40 Prozent) abgeschrieben werden.
- Von diesen reduzierten Anschaffungskosten sind lineare Abschreibungen und zusätzlich eine Sonderabschreibung nach § 7g EStG i. H. v. 20 Prozent zulässig.

Unterbleibt die Anschaffung in geplanter Höhe ganz oder teilweise bis zum Ende des dritten auf das Wirtschaftsjahr des jeweiligen Abzugs folgenden Wirtschaftsjahrs, ändert sich rückwirkend der Steuerbescheid aus dem Jahr der Inanspruchnahme. Der Gewinn erhöht sich um die anteilig (40 Prozent) unterbliebenen Anschaffungskosten. Entsprechende Nachsteuer ist mit 0,5 Prozent pro Monat zu verzinsen.

### Beispiel

Im September des dritten Wirtschaftsjahrs nach der Inanspruchnahme eines Investitionsabzugsbetrags im Jahr 2013 von 19.200 EUR wird der Firmenwagen 2016 nicht, wie geplant, als Neuwagen zu 48.000 EUR angeschafft, sondern als Jahreswagen zu 36.000 EUR (zzgl. 19 Prozent Umsatzsteuer). In Höhe von 4.800 EUR (= 40 Prozent von 12.000 EUR unterlassener Anschaffungskosten) ist der Gewinn für 2013 rückwirkend zu erhöhen. Im Jahr 2016 werden die Anschaffungskosten um die zulässigen 14.400 EUR (19.200 EUR — 4.800 EUR) gekürzt. Vom verbleibenden Anschaffungswert von 21.600 EUR (36.000 EUR — 14.400 EUR) erfolgen Abzüge an linearer AfA von 1.200 EUR (4 Monate von 6 Jahren) und Sonderabschreibungen von 4.320 EUR (20 Prozent).

| Soll | Haben | GegenKto | Konto | |
|---|---|---|---|---|
| | 42.840 | 900320/520 | 67120 | Autohaus XY |
| 14.400 | | 320/520 | 4854/6244 | Kürzung AHK nach § 7g Abs. 2 EStG |
| 1.200 | | 320/520 | 4830/6220 | 4/12 der Jahres-AfA 1. von 6 Jahren |
| 4.320 | | 320/520 | 4852/6244 | Abschreibungen nach § 7g Abs. 4 EStG |

Außerhalb der Bilanz werden dem steuerlichen Gewinn 14.400 EUR hinzugerechnet, womit sich die Abschreibungen nach § 7g Abs. 2 EStG neutralisieren. Das Finanzamt wird zusätzlich die Bescheide zur Körperschaft- und Gewerbesteuer 2013 ändern. Eine sich aus der Gewinnerhöhung von 4.800 EUR ergebende Steuernachzahlung wäre dann zusätzlich zu verzinsen.

Investitionsabzugsbeträge, die Abschreibung im Jahr der Anschaffung und die Sonderabschreibung von bis zu 40 Prozent bzw. 20 Prozent nach § 7g EStG sind in der Handelsbilanz nicht mehr anzusetzen.

| BGA | IKR | SKR03 | SKR04 | Kontenbezeichnung (SKR) |
|---|---|---|---|---|
| 4960 | 655 | 4851 | 6241 | Kürzung AHK nach § 7g EStG (ohne Kfz) |
| 4960 | 655 | 4852 | 6242 | Kürzung AHK nach § 7g EStG (für Kfz) |
| 4960 | 655 | 4853 | 6243 | Sonderabschreibungen nach § 7g Abs. 2 EStG (ohne Kfz) |
| 4960 | 655 | 4854 | 6244 | Sonderabschreibungen nach § 7g Abs. 2 EStG (für Kfz) |

## 9.3 Positionen des Anlagevermögens

Was die Buchhaltung des Anlagevermögens angeht, sind die Konten zum Jahresende bereits auf den aktuellen Stand gebracht.

- Sämtliche Zugänge sind mit ihren Anschaffungs- oder Herstellungskosten erfasst.
- Bei den Abgängen sind sowohl der entsprechende Buchwert als Aufwand als auch der Verkaufserlös oder sonstige Entgelte als Erträge erfasst.

**Arbeitsschritt:** !

**Bevor Sie die Neuzugänge (evtl. erneut) bewerten und abschreiben, prüfen Sie das Altinventar im Anlagenverzeichnis und stimmen Sie es mit der Buchführung ab.**

| BGA | IKR | SKR03 | SKR04 | Kontenbezeichnung (SKR) |
|---|---|---|---|---|
| 491 | 654 | 4830 | 6220 | Abschreibungen auf Sachanlagen |
| 4916 | 656 | 4850 | 6240 | Abschreibungen auf Sachanlagen, steuerl. Sondervorschrift |
| 4915 | 655 | 4840 | 6230 | Außerplanmäßige Abschreibungen auf Sachanlagen |
| 492 | 651 | 4822 | 6200 | Abschreibung immaterieller Vermögensgegenstände |
| 204 | 6962 | 2315 | 4855 | Anlagenabgang Restbuchwert, Buchgewinn |
| 204 | 6962 | 2310 | 6895 | Anlagenabgang Restbuchwert, Buchverlust |

### 9.3.1 Immaterielle Vermögensgegenstände

Nach Steuerrecht dürfen nur immaterielle Wirtschaftsgüter aktiviert werden, die entgeltlich angeschafft wurden. Hierzu zählen:

- Patente und andere Urheberrechte, Verlagsrechte, Belieferungsrechte mit nachweislich zeitlicher Begrenzung, Software, erworbene Markenrechte, Gebrauchsmuster, Konzessionen, gewerbliche Schutzrechte u. Ä.,
- der erworbene Firmen- und Praxiswert.

Auch in der Handelsbilanz durfte bis 2009 der Aufwand für von Ihnen selbst geschaffene immaterielle Vermögensgegenstände (VG) des Anlagevermögens nicht aktiviert werden, sondern war direkt als Betriebsausgabe abzugsfähig (Konzessionen, Lizenzen, Markenrechte, Software u. Ä.).

Dagegen waren abnutzbare immaterielle Vermögensgegenstände, die entgeltlich angeschafft wurden, über den Nutzungszeitraum linear abzuschreiben. Hierzu zählen Patente und andere Urheberrechte (höchstens fünf Jahre), Verlagsrechte (drei bis fünf Jahre), Belieferungsrechte (vertragliche Laufzeit) etc. mit nachweislich zeitlicher Begrenzung.

**Beispiel**

Sie vereinbaren eine Lizenzpauschale von 300.000 EUR. Diese Lizenz besitzt eine Laufzeit von sechs Jahren. Die Lizenzpauschale wird aktiviert und im Verhältnis zu den geplanten Produktionsmengen jährlich abgeschrieben. Für das erste Jahr sind 100.000 Stück von insgesamt 600.000 geplant. Das entspricht 1/6 der Lizenzgebühr.

| Soll | Haben | GegenKto | Konto | |
|---|---|---|---|---|
| 50.000,00 | | 0010/0100 | 4822/6200 | Abschreibung Lizenz |

| BGA | IKR | SKR03 | SKR04 | Kontenbezeichnung (SKR) |
|---|---|---|---|---|
| 492 | 651 | 4822 | 6200 | Abschreibung immaterieller VG |
| 011 | 02 | 0010 | 0100 | Konzessionen und gewerbl. Schutzrechte |
| 011 | 021 | 0015 | 0110 | Konzessionen |
| 011 | 022 | 0020 | 0120 | Gewerbliche Schutzrechte |

| BGA | IKR | SKR03 | SKR04 | Kontenbezeichnung (SKR) |
|---|---|---|---|---|
| 011 | 023 | 0025 | 0130 | Ähnliche Rechte und Werte |
| 011 | 024 | 0030 | 0140 | Lizenzen an gewerblichen Schutzrechten |

Computerprogramme sind immaterielle Wirtschaftsgüter. Die Anschaffungskosten müssen in der Bilanz aktiviert werden, wenn die Programme entgeltlich erworben sind. Etwas anderes gilt, wenn die Computerprogramme selbst hergestellt wurden. In diesem Fall sind sämtliche Entwicklungskosten sofort als Betriebsausgaben abzuziehen. Eine lineare AfA ist auf drei Jahre möglich.

| BGA | IKR | SKR03 | SKR04 | Kontenbezeichnung (SKR) |
|---|---|---|---|---|
| 014 | 023 | 0027 | 0135 | EDV-Software |

### Beispiel

Provider und Werbefirma Stalea Active gestaltet u. a. den Internetauftritt ihrer Kunden. Für ihre eigene Homepage sind durch eigenes Personal 150 Stunden mit einem Verrechnungssatz von 80 EUR aufgewendet und fremde Programmierarbeit mit 2.000 EUR bezahlt worden.

Die Fremdkosten fallen bei den gesamten Herstellungskosten am neu geschaffenen, einheitlichen immateriellen Wirtschaftsgut nicht ins Gewicht. In der Buchhaltung sind somit zusätzlich zu den regulären Personalkosten lediglich Fremdarbeiten mit 2.000 EUR zu erfassen.

| Soll | Haben | GegenKto | Konto | |
|---|---|---|---|---|
| 2.000,00 | | 3100/5900 | 1200/1800 | Fremdkosten für Homepage |

Wenn Stalea Active für seine Homepage stattdessen einen freien Mitarbeiter 150 Stunden zum gleichen Stundensatz von 80 EUR einsetzt, können sämtliche Kosten umgebucht und als erworbenes immaterielles Wirtschaftsgut aktiviert werden.

| Soll | Haben | GegenKto | Konto | |
|---|---|---|---|---|
| 2.000,00 | | 3100/5900 | 1200/1800 | Fremdkosten für Homepage |
| 12.000,00 | | 3100/5900 | 1200/1800 | Fremdkosten für Homepage |
| 14.000,00 | | 0027/0135 | 3100/5900 | Internetauftritt, aktiviert |

Eine erworbene Domainadresse (www.domain.de) stellt zwar ein immaterielles, mit den aufgewendeten Anschaffungskosten aktivierbares Wirtschaftsgut dar, es unterliegt aber keinem Wertverzehr, d. h., dass es nicht abgeschrieben werden kann[4]. Erst beim Verkauf sind die Anschaffungskosten gewinnmindernd zu berücksichtigen.

Seit dem Jahresabschluss 2010 dürfen nach Handelsrecht — nach wie vor jedoch nicht nach Steuerrecht — die Herstellungskosten (Entwicklungsaufwendungen) eines selbst geschaffenen immateriellen Vermögensgegenstands des Anlagevermögens aktiviert werden. Forschungskosten sind dagegen nicht in die Herstellungskosten einzubeziehen. Der neue § 255 Abs. 2a HGB unterscheidet zwischen:

- Entwicklung als Anwendung von Forschungsergebnissen für die Neu- oder Weiterentwicklung von Gütern oder Verfahren,
- Forschung im Vorfeld als die Suche nach neuen wissenschaftlichen oder technischen Erkenntnissen.

Können Forschung und Entwicklung nicht verlässlich voneinander unterschieden werden, ist eine Aktivierung ausgeschlossen.

Nicht aktiviert werden dürfen selbst geschaffene Marken, Drucktitel, Verlagsrechte, Kundenlisten u. Ä., weil in der Praxis eine Abgrenzung zu ebenfalls nicht aktivierungsfähigen selbst geschaffenen Firmenwert nicht möglich zu sein scheint.

Im Interesse des Gläubigerschutzes sieht § 268 Abs. 8 HGB eine Ausschüttungssperre bei der Aktivierung selbst geschaffener immaterieller Vermögensgegenstände des Anlagevermögens vor.

4 BFH, Urteil v. 19.10.2006, III R 6/05.

## Geschäfts- oder Firmenwert

Der erworbene Geschäfts- oder Firmenwert ist grundsätzlich in fünfzehn Jahren nach Steuerrecht bzw. in zehn Jahren nach Handelsrecht linear abzuschreiben.

| BGA | IKR | SKR03 | SKR04 | Kontenbezeichnung (SKR) |
|---|---|---|---|---|
| 012 | 031 | 0035 | 0150 | Geschäfts- oder Firmenwert |
| 012 | 032 | 0040 | 0160 | Verschmelzungsmehrwert |
| 4921 | 6512 | 4824 | 6205 | Abschreibung Geschäfts- oder Firmenwert |

Es lohnt fast immer zu unterscheiden zwischen

- im Firmenwert enthaltenen unselbstständigen, geschäftswertbildenden Faktoren und
- weiteren immateriellen Einzelwirtschaftsgütern.

Letztere dürfen, wenn wir sie denn entdecken, weitaus schneller abgeschrieben werden.

Die Fortführung des Firmennamens, der Kundenstamm, günstige Einkaufsmöglichkeiten etc. werden zwar in der Theorie als unselbstständige Teile des Geschäftswerts abgehandelt, in der Praxis aber geht hin und wieder eine vierjährige Abschreibung des Kundenstamms oder der Lieferantenbeziehungen durch die Steuerprüfung. So wird die Kundenkartei – Adresse für Adresse – pro Stück verkauft. Lassen Sie also an der Ernsthaftigkeit im Kaufvertrag keinen Zweifel, dass genau dieser Vermögenswert übereignet werden soll.

Ein zeitlich begrenztes Wettbewerbsverbot kann über den betreffenden Zeitraum abgeschrieben werden, wenn es sich um eine wesentliche Grundlage der Geschäftsübernahme handelt. Beim Tod des Vertragspartners wird sofort abgeschrieben.

Für den Praxiswert eines freiberuflichen Unternehmens gilt eine günstigere Rechtsauffassung. Dieser Wert beruht im Wesentlichen auf dem besonderen Vertrauen der Mandanten/Patienten in die Tüchtigkeit des Praxisinhabers. Bei einem Inhaberwechsel verflüchtigt er sich demnach recht schnell, weshalb der Praxiswert in zwei bis fünf Jahren nach dem Erwerb abgeschrieben werden kann. Arbeitet der frühere Inhaber weiterhin mit, sollte der Grad der Mandantenabwanderung noch sorgfältiger geprüft werden. In jedem Fall können die fünfzehn Jahre Abschreibungszeitraum für den Geschäfts- oder Firmenwert deutlich unterschritten werden.

Außerplanmäßig können abgeschrieben werden:

- der Abonnentenstamm bei überdurchschnittlichen Kündigungen,
- Nutzungsrechte bei Einschränkungen oder vorzeitiger Aufgabe,
- Lizenzen bei einem unerwartet niedrigen Absatz und in den Fällen, in denen Computerprogramme nicht mehr sinnvoll genutzt werden können.

Wenn der Gewinn und der Umsatz nach einer Geschäftsübernahme während eines längeren Zeitraums zurückgehen, können Sie auch den Geschäfts- oder Firmenwert selbst um eine außerplanmäßige Abschreibung reduzieren.

| BGA | IKR | SKR03 | SKR04 | Kontenbezeichnung (SKR) |
|---|---|---|---|---|
| 4929 | 655 | 4826 | 6210 | Außerplanmäßige Abschreibung immaterieller VG |

### Anzahlungen auf immaterielle Anlagegüter

Anzahlungen auf immaterielle Anlagegüter werden auf dem folgenden Konto erfasst:

| BGA | IKR | SKR03 | SKR04 | Kontenbezeichnung (SKR) |
|---|---|---|---|---|
| 013 | 04 | 0039 | 0170 | Anzahlungen immaterielle Vermögensgegenstände |

## 9.3.2 Sachanlagen

### Grundstücke und aufstehende Gebäude

Die Anschaffungskosten eines Grundstücks sind auf das aufstehende Gebäude einerseits und auf den Grund und Boden andererseits aufzuteilen, wobei nur der Anteil am Gebäude Abschreibungsvolumen für die reguläre AfA bildet.

Die lineare AfA beträgt bei Gebäuden, die

- vor 1925 gebaut wurden: 2,5 Prozent,
- seit dem 1.1.1925 erbaut wurden: 2,0 Prozent.

Beträgt die tatsächliche Nutzungsdauer bei Betriebsgebäuden weniger als 33 Jahre und bei anderen Gebäuden weniger als 40 bzw. 50 Jahre, kann das Gebäude entsprechend höher abgeschrieben werden. Voraussetzung hierfür ist, dass die technischen oder wirtschaftlichen Umstände für eine entsprechend kürzere tatsächliche Nutzungsdauer sprechen.

Lineare Abschreibungen sind im Jahr der Anschaffung/Herstellung zeitanteilig vorzunehmen, für jeden Monat 1/12 des Jahresbetrags.

Grund und Boden unterliegt zwar gewöhnlich keiner Abnutzung, kann aber durch besondere Ereignisse an Wert verlieren. Gründe für die Abschreibung auf einen niedrigeren Teilwert können z. B. sein:

- Sinken der Grundstückspreise,
- Naturkatastrophen wie z. B. Hochwasser,
- Immissions- und Umweltschäden,
- Änderung der Straßenverkehrsanbindung,
- Fehlentscheidung beim Kauf.

Benötigt das Unternehmen (z. B. zur Betriebserweiterung) ein angrenzendes Grundstück und zahlt dafür einen im Vergleich mit dem Verkehrswert überhöhten Preis, ist der Ansatz des Teilwerts nicht gerechtfertigt. Eine Fehlentscheidung kann dann vorliegen, wenn sich die Erweiterung wegen einer verschlechterten Auftragslage zerschlägt und das teure Grundstück nicht wie vorgesehen genutzt werden kann.

Dieses Anlagevermögen wird auf dem allgemeinen Konto erfasst:

| BGA | IKR | SKR03 | SKR04 | Kontenbezeichnung (SKR) |
|---|---|---|---|---|
| 021 | 05 | 0050 | 0200 | Grundstücke, grundstücksgleiche Rechte und Bauten |

Grundstücke, grundstücksgleiche Rechte und Bauten auf eigenen Grundstücken werden auf die nachfolgenden Konten aufgeteilt. Hierzu gehören auch Erbbaurechte und Dauerwohnrechte. Grundstücke mit Substanzverzehr gibt es im Tagebau, bei Kiesgruben, Steinbrüchen etc.

| BGA | IKR | SKR03 | SKR04 | Kontenbezeichnung (SKR) |
|---|---|---|---|---|
| 022 | 05 | 0060 | 0210 | Grundstücke, grundstücksgleiche Rechte |
| 021 | 050 | 0065 | 0215 | Unbebaute Grundstücke |
| 022 | 052 | 0070 | 0220 | Grundstücksgleiche Rechte |
| 0210 | 050 | 0075 | 0225 | Grundstücke mit Substanzverzehr |
| 023 | 0511 | 0080 | 0230 | Bauten auf eigenen Grundstücken |
| 021 | 051 | 0085 | 0235 | Grundstückswert bebauter Grundstücke |
| 0230 | 054 | 0090 | 0240 | Geschäftsbauten |
| 0231 | 053 | 0100 | 0250 | Fabrikbauten |
| 0232 | 055 | 0115 | 0260 | Andere Bauten |
| 0233 | 056 | 0110 | 0270 | Garagen, eigene Grundstücke |
| 0234 | 0561 | 0111 | 0280 | Außenanlagen Fabrik und Geschäftsbauten |
| 0211 | 0561 | 0112 | 0285 | Hof- und Wegebefestigungen |
| 0235 | 057 | 0113 | 0290 | Einrichtung Fabrik- und andere Bauten |

Für Wohnbauten sind die folgenden Konten vorgesehen:

| BGA | IKR | SKR03 | SKR04 | Kontenbezeichnung (SKR) |
|---|---|---|---|---|
| 0236 | 059 | 0140 | 0300 | Wohnbauten |
| 0212 | 0561 | 0146 | 0310 | Außenanlagen |
| 0213 | 0561 | 0112 | 0315 | Hof- und Wegebefestigungen |
| 0237 | 057 | 0194 | 0320 | Einrichtungen für Wohnbauten |

Bauten auf fremden Grundstücken erfassen Sie auf:

| BGA | IKR | SKR03 | SKR04 | Kontenbezeichnung (SKR) |
|---|---|---|---|---|
| 024 | 0519 | 0160 | 0330 | Bauten auf fremden Grundstücken |
| 0241 | 0539 | 0165 | 0340 | Geschäftsbauten |
| 0242 | 0539 | 0170 | 0350 | Fabrikbauten |
| 0243 | 0519 | 0190 | 0360 | Wohnbauten |
| 0244 | 0519 | 0179 | 0370 | Andere Bauten |
| 0245 | 0569 | 0175 | 0380 | Garagen |
| 0246 | 0569 | 0192 | 0390 | Außenanlagen |
| 0247 | 0569 | 0315 | 0395 | Hof- und Wegebefestigungen, fremde Grundstücke |
| 0248 | 0569 | 0178 | 0398 | Einrichtung Fabrik- und Geschäftsbauten |

## Bewegliches Sachanlagevermögen

Zum beweglichen Sachanlagevermögen gehören technische Anlagen, Maschinen, Fahrzeuge, Einrichtungen und Geschäftsausstattungen. Die regulären Abschreibungen werden auf dem folgenden Konto verbucht:

| BGA | IKR | SKR03 | SKR04 | Kontenbezeichnung (SKR) |
|---|---|---|---|---|
| 491 | 654 | 4830 | 6220 | Abschreibungen auf Sachanlagen |

Die Anschaffung von technischen Anlagen und Maschinen kann auf den folgenden Konten gebucht werden:

| BGA | IKR | SKR03 | SKR04 | Kontenbezeichnung (SKR) |
|---|---|---|---|---|
| 031 | 07 | 0200 | 0400 | Technische Anlagen und Maschinen |
| 0310 | 070 | 0240 | 0420 | Technische Anlagen |
| 0311 | 071 | 0210 | 0440 | Maschinen |
| 0313 | 072 | 0220 | 0460 | Maschinengebundene Werkzeuge |
| 0320 | 073 | 0280 | 0470 | Betriebsvorrichtungen |

Die Anschaffung anderer Anlagen, Betriebs- und Geschäftsausstattungen geschieht auf diesen Konten:

| BGA | IKR | SKR03 | SKR04 | Kontenbezeichnung (SKR) |
|---|---|---|---|---|
| 033 | 08 | 0300 | 0500 | Betriebs- und Geschäftsausstattung |
| 032 | 080 | 0310 | 0510 | Andere Anlagen |
| 034 | 0841 | 0320 | 0520 | Pkw |
| 034 | 0842 | 0350 | 0540 | Lkw |
| 0345 | 083 | 0380 | 0560 | Sonstige Transportmittel |
| 0325 | 082 | 0440 | 0620 | Werkzeuge |
| 0331 | 081 | 0430 | 0640 | Ladeneinrichtung |
| 0332 | 087 | 0420 | 0650 | Büroeinrichtung |
| 0326 | 085 | 0460 | 0660 | Gerüst- und Schalungsmaterial |
| 033 | 087 | 0490 | 0690 | Sonstige Betriebs- u. Geschäftsausstattung |

## Geleistete Anzahlungen und Anlagen im Bau

Anzahlungen auf Anlagevermögen werden auf separaten Konten erfasst und schließlich auf das angeschaffte Wirtschaftsgut umgebucht.

## Beispiel

Eine georderte Druckmaschine wird zum 25.3. mit einem Drittel des Kaufpreises (netto 300.000 EUR) angezahlt und drei Monate später bei Zahlung eines weiteren Drittels geliefert. Der Restkaufpreis wird drei weitere Monate gestundet.

## Anzahlung

| Soll | Haben | GegenKto | Konto | |
|---|---|---|---|---|
| | 100.000,00 | 0299/0780 | 1200/1800 | Anzahlung Druckmaschine |
| | 19.000,00 | 1570/1400 | 1200/1800 | Druckmaschine Vorsteuer |

## Anschaffung der Maschine

a) Zahlung des zweiten Drittels

| Soll | Haben | GegenKto | Konto | |
|---|---|---|---|---|
| | 100.000,00 | 0210/0440 | 1200/1800 | 2. Rate Druckmaschine |
| | 19.000,00 | 1570/1400 | 1200/1800 | Druckmaschine Vorsteuer |

b) die Anzahlung ist umzubuchen

| Soll | Haben | GegenKto | Konto | |
|---|---|---|---|---|
| | 100.000,00 | 0210/0440 | 0299/0780 | Umbuchung Anzahlung |

c) die ausstehende Kaufpreisrate wird als Verbindlichkeit aus Lieferungen und Leistungen eingebucht.

| Soll | Haben | GegenKto | Konto | |
|---|---|---|---|---|
| | 100.000,00 | 0210/0440 | 1610/3310 | ausstehende Rate |
| | 19.000,00 | 1570/1400 | 1610/3310 | Druckmaschine Vorsteuer |

| SKR03 | SKR04 | Kontenbezeichnung (SKR) |
|---|---|---|
| 0299 | 0780 | Anzahlung auf technische Anlagen |
| 0079 | 0705 | Anzahlung auf Grundstücke ohne Bauten |
| 0129 | 0720 | Anzahlung auf Bauten auf eigenen Grundstücken |
| 0159 | 0735 | Anzahlung auf Wohnbauten auf eigenen Grundstücken |
| 0189 | 0750 | Anzahlung auf Bauten auf fremden Grundstücken |
| 0199 | 0765 | Anzahlung auf Wohnbauten auf fremden Grundstücken |
| 0499 | 0795 | Anzahlung Betriebs- und Geschäftsausstattung |

Wie Anzahlungen sind auch Anlagen im Bau zu erfassen. Bei Fertigstellung sind diese Konten ggf. aufzulösen und der Saldo auf das Anlagegut umzubuchen.

| SKR03 | SKR04 | Kontenbezeichnung (SKR) |
|---|---|---|
| 0120 | 0710 | Geschäfts-, Fabrik- und andere Bauten im Bau |
| 0180 | 0740 | Geschäfts-, Fabrik- und andere Bauten im Bau auf fremden Grundstücken |

| SKR03 | SKR04 | Kontenbezeichnung (SKR) |
|---|---|---|
| 0195 | 0755 | Wohnbauten im Bau |
| 0290 | 0770 | Technische Anlagen und Maschinen im Bau |
| 0290 | 0785 | Betriebs- u. Geschäftsausstattung im Bau |

## 9.3.3 Finanzanlagen

Der Ausweis der Finanzanlagenpositionen Nr. 1 bis 4 ist nur für GmbH & Co. KGs vorgeschrieben.

1. Anteile an verbundenen Unternehmen,
2. Ausleihungen an verbundene Unternehmen,
3. Beteiligungen,
4. Ausleihungen an Unternehmen, mit denen ein Beteiligungsverhältnis besteht.

Neben Wertpapieren des Anlagevermögens fallen unter die Kategorie Finanzanlagen auch Beteiligungen und Ausleihungen. Da sich Finanzanlagen nicht abnutzen und im Betriebsablauf kaum eine Rolle spielen, treten sie meist nur am Bilanzstichtag in Erscheinung. Dann sollten sie aber nicht nur darauf geprüft werden, ob sie überhaupt noch vorhanden sind, sondern auch darauf, wie viel sie noch wert sind.

Erfährt man den Wert börsennotierter Aktien noch einfach aus der Zeitung (die Abschreibung erfolgt auf den Börsenkurs plus anteiliger Bank- und Maklerprovisionen), macht die Bewertung von GmbH-Anteilen schon mehr Mühe.

Eine außerplanmäßige Abschreibung kommt nur dann in Betracht, wenn sich die Beteiligung als eine Fehlentscheidung zur Zeit der Anschaffung erweist oder wenn sie am Bilanzstichtag billiger als seinerzeit zu haben wäre.

Als Beispiele für eine Fehlentscheidung sind zu nennen,

- wenn durch die Beteiligung erwartete Geschäftsbeziehungen zu wichtigen Kunden oder Lieferanten ausgeblieben sind oder
- wenn sich diese Geschäftsbeziehungen wegen der neuen Beteiligung zurückgebildet haben,

- wenn politische Ereignisse eine Auslandsbeteiligung blockieren,
- wenn wegen eines Konjunktureinbruchs oder falscher Preispolitik der Umsatz und der Ertrag unerwartet nachgeben.

Es liegt keine Fehlentscheidung vor, wenn bisherige Verluste und Mängel beim Management sowie sich abzeichnende politische Änderungen u. Ä. bekannt waren. Ebenso kann vernünftigerweise in den Anfangsjahren eines neuen Unternehmens mit Anlaufverlusten gerechnet werden.

Im Laufe der Zeit kann der Wert einer Beteiligung unter die Anschaffungskosten sinken. Maßgeblich ist hier der Teilwert der Beteiligung, also der Preis, den ein fiktiver Käufer des gesamten Unternehmens für Ihren Anteil zahlen würde. Wenn Anteile in jüngster Vergangenheit verkauft wurden, können Sie den Teilwert aus dem Verkauf ableiten. Ansonsten ist eine Kombination aus Substanz- und Ertragswert steuerlich anerkannt. Die untere Grenze der Bewertung liegt beim Liquidationswert — jedoch nur dann, wenn das Unternehmen tatsächlich zerschlagen werden soll.

Verluste alleine rechtfertigen also eine Teilwertabschreibung bei einer Kapitalgesellschaft nicht. Entweder müssen sich die Ertragsaussichten auf unabsehbare Zeit verschlechtern oder aber es wurden dem Unternehmen erhebliche Vermögenswerte (etwa durch Ausschüttungen) entzogen. Damit kommen Sie in den Genuss dieser Abschreibungen.

Für Beteiligungen an einer Personengesellschaft (z. B. an einer GmbH & Co. KG) gilt etwas anderes: Eine Teilwertabschreibung eines Mitunternehmeranteils ist grundsätzlich nicht zulässig, weil der Wert der Beteiligung stets mit dem Kapitalkonto übereinstimmt.

Bei nachhaltigen Verlusten in einer GmbH & Co. KG ist jedoch zu erwägen, Ausleihungen einer Komplementär-GmbH an ihre Kommanditgesellschaft abzuschreiben. Im Fall eines Konkurses haftet die GmbH über die Höhe ihrer Beteiligung hinaus mit sämtlichen Vermögenswerten. Diese vorsichtige Maßnahme müssen Sie auch dann nicht rückgängig machen, wenn es mit der KG in den Folgejahren unerwartet wieder aufwärtsgeht. Die Vorschriften zur E-Bilanz sehen eine detaillierte Aufgliederung der Ausleihungen vor.

| SKR03 | SKR04 | Kontenbezeichnung (SKR) |
|---|---|---|
| 0500 | 0800 | Anteile an verbundene Unternehmen |
| 0505 | 0810 | Ausleihungen an verbundene Unternehmen |
| 519 | 829 | Beteiligung GmbH & Co. KG an Komplementär GmbH |
| 0520 | 0880 | Ausleihungen an Unternehmen mit Beteiligungsverhältnis |
| 0510 | 0820 | Beteiligungen |
| 0515 | 0830 | Typisch stille Beteiligungen |
| 0513 | 0840 | Atypisch stille Beteiligungen |
| 0517 | 0850 | Andere Beteiligungen an Kapitalgesellschaften |
| 0518 | 0860 | Andere Beteiligungen an Personengesellschaften |
| 0580 | 0960 | Ausleihungen an Gesellschafter |
| 0584 | 0962 | Ausleihungen an persönlich haftende Gesellschafter |
| 0586 | 0963 | Ausleihungen an Kommanditisten |

Dokumentieren Sie die Beteiligung ggf. durch Kopien des Gesellschaftsvertrags oder der Anteilsscheine. Für Ausleihungen sind Darlehensverträge mit Konditionen (Zinssatz, Tilgung, Sicherheiten) wie unter Fremden üblich auszufertigen.

### Wertpapiere des Anlagevermögens

Wertpapiere sind Urkunden, die ein Recht verbriefen, das zur Ausübung des Rechts eben diese Urkunde erfordert. Zu den Wertpapieren zählen somit keine GmbH-Anteile oder Anteile an Personengesellschaften. Als dauerhafte Finanzanlagen – nicht nur für kurzfristige Liquiditätsüberschüsse – sind sie im Anlagevermögen zu aktivieren.

| SKR03 | SKR04 | Kontenbezeichnung (SKR) |
|---|---|---|
| 0525 | 0900 | Wertpapiere des Anlagevermögens |

Gewinne aus dem Verkauf von Wertpapieren und betriebliche Veräußerungsgewinne sind in der Regel steuerfrei (§ 8b KStG).

Zu den Anschaffungskosten eines Wertpapiers gehören alle Aufwendungen zum Zwecke des Erwerbs, also auch die Nebenkosten und die nachträglichen Anschaffungskosten.

- Bei den Nebenkosten sind hauptsächlich Maklergebühren (Courtage) und Bankgebühren zu nennen.
- Nachschüsse bei Termingeschäften sind ein Beispiel für nachträgliche Anschaffungskosten.
- Gewinnanteile, wie z. B. Dividenden vor ihrer Ausschüttung, bilden einen Teil der Anschaffungskosten, die sich entweder in einem höheren Kurs ausdrücken oder zusätzlich zeitanteilig ausgezahlt werden.

Nicht zu den Anschaffungskosten gehören dagegen die sog. Stückzinsen. Das sind bis zum Erwerb aufgelaufene Zinsen, die dem Wertpapierverkäufer zustehen, aber dem Erwerber als dem Inhaber des Zinsscheins bei der nächsten Zinsfälligkeit gutgeschrieben werden. Gezahlte Stückzinsen gelten demgegenüber als negative Zinserträge. Sie werden bei Papieren im Betriebsvermögen als Zinsaufwendungen gebucht.

Zu den Teilhaber- bzw. Dividendenpapieren gehören die Aktien. Sie verbriefen Mitgliedsrechte an einer Aktiengesellschaft auf vermögenswerte Leistungen wie Dividendenansprüche, Bezugsrechte auf junge Aktien u. Ä. sowie gesellschaftsrechtliche Rechte wie Stimmrechte und Auskunftsrechte.

- Liegen die Papiere im Girosammeldepot, ermitteln Sie den Durchschnittswert der Anschaffungskosten bzw. den niedrigeren Kurs zum Bilanzstichtag.
- Papiere in Streifbandverwahrung, im Schließfach oder in Ihrem eigenen Safe dürfen Sie aus Vereinfachungsgründen ebenfalls zu durchschnittlichen Anschaffungskosten bewerten. Hier ist daneben die Einzelbewertung zulässig bzw. geboten, soweit Sie die Papiere identifizieren können.

| BGA | IKR | SKR03 | SKR04 | Kontenbezeichnung (SKR) |
|---|---|---|---|---|
| 0451 | 150 | 0525 | 0910 | Wertpapiere mit Gewinnbeteiligungsansprüchen |

Festverzinsliche Wertpapiere mit gewöhnlich langer Laufzeit werden regelmäßig und in gleichbleibender Höhe verzinst. Der Inhaber hat einen Anspruch auf den — auf die Urkunde gedruckten — Nennbetrag. Die Schuldurkunden, in denen sich der Aussteller verpflichtet, dem Inhaber (Gläubiger) den Nennbetrag und die Zinsen zu zahlen, heißen deshalb auch Schuldverschreibung, Anleihe oder Obligation.

| BGA | IKR | SKR03 | SKR04 | Kontenbezeichnung (SKR) |
|---|---|---|---|---|
| 0452 | 156 | 0535 | 0920 | Festverzinsliche Wertpapiere |

! **Arbeitsschritt:**

**Weisen Sie den Bestand an Wertpapieren mit Depotauszügen, Kopien der Papiere oder ähnlichen Dokumenten nach.**

Ist bei Gegenständen des Anlagevermögens eine voraussichtlich dauernde Wertminderung eingetreten, muss auf den niedrigeren Wert abgeschrieben werden. Da in der Gewinn- und Verlustrechnung unter Nr. 12 Abschreibungen auf Finanzanlagen und auf Wertpapiere des Umlaufvermögens zusammengefasst sind, behandeln wir die Abschreibungen beim Umlaufvermögen (siehe Kapitel 9).

Was tun, wenn sich die Wertminderung im Nachhinein als nur vorübergehend erweist? Alle Kaufleute haben die weggefallene Wertminderung zwingend ganz oder teilweise wettzumachen (Zuschreibung).

| BGA | IKR | SKR03 | SKR04 | Kontenbezeichnung (SKR) |
|---|---|---|---|---|
| 273 | 544 | 2710 | 4910 | Erträge Zuschreibung Gegenstände des Anlagevermögens |

## Sonstige Ausleihungen

Ausleihungen — das sind Darlehen, Hypotheken, Grund- und Rentenschulden — werden üblicherweise mit dem vertraglichen Nennbetrag, dem Auszahlungsbetrag, angesetzt. Abschreibungsbedarf wegen einer Wertminderung kann jedoch entstehen,

- weil die Forderung ganz oder teilweise ausfallen wird,
- weil der Wechselkurs einer Forderung in fremder Währung verfällt (ermitteln Sie hierbei anhand des Tageskurses am Bilanzstichtag den Wert der Ausleihung und schreiben Sie die Differenz zum alten Wert als Kursverluste ab),

- weil die Forderung zinsfrei oder zu niedrig verzinst gewährt wurde (gilt nicht für zinsfreie Arbeitnehmerdarlehen).

Hier soll nach Willen der Finanzbehörden eine Abschreibung bis auf einen mit 5,5 Prozent abgezinsten Barwert der Darlehensforderung erfolgen.

**Beispiel**

Sie gewähren einem Ihnen nahe stehenden Unternehmen zur Überbrückung einer Liquiditätsschwäche für zwei Jahre ein zinsfreies Darlehen i. H. v. 111.303 EUR.

Der Teilwert der zinsfreien Ausleihung beträgt:

$$\frac{111.303 \quad \text{EUR}}{\left(1+0{,}055^2\right)} = 100.000 \quad \text{EUR}$$

Zum Jahresabschluss schreiben Sie deshalb den Wertabschlag ab.

| Soll | Haben | GegenKto | Konto | |
|---|---|---|---|---|
| 11.303,00 | | 0540/0930 | 4870/7200 | Abschreibung auf Ausleihung |

| BGA | IKR | SKR03 | SKR04 | Kontenbezeichnung (SKR) |
|---|---|---|---|---|
| 046 | 16 | 0540 | 0930 | Sonstige Ausleihungen |
| 046 | 16 | 0550 | 0940 | Darlehen |
| 0453 | 160 | 0570 | 0980 | Genossenschaftsanteile zum langfristigen Verbleib |
| 0454 | 169 | 0595 | 0990 | LV-Rückdeckungsansprüche zum langfristigen Verbleib |
| 493 | 740 | 4870 | 7200 | Abschreibungen auf Finanzanlagen |

Unter »LV-Rückdeckungsansprüche zum langfristigen Verbleib« werden die Aktivwerte der Rückdeckungsversicherungen eingestellt. Solche Versicherungen sind üblich, um z. B. Pensionsverpflichtungen der Gesellschaft gegenüber Geschäftsführern und Arbeitnehmern bei Zahlungsunfähigkeit abzudecken. Als insolvenzgesichertes Planvermögen ist es in der Handelsbilanz mit der Pensionsrückstellung zu saldieren und in der Regel bei Unterdeckung auf der Passivseite auszuweisen.

## 9.4 Anlagenspiegel

Ein Anlagenspiegel enthält Angaben über:

- historische Anschaffungs- oder Herstellungskosten,
- Zugänge und Abgänge,
- Umbuchungen,
- kumulierte Abschreibungen und Zuschreibungen des laufenden Geschäftsjahrs,
- den Buchwert zu Beginn des Wirtschaftsjahrs sowie
- den Restbuchwert am Schluss des Jahrs.

Auch wenn lediglich eine handelsrechtliche Verpflichtung zur Aufstellung eines Anlagenspiegels für mittelgroße und große GmbH & Co. KGs besteht, fordert das Finanzamt regelmäßig von allen Unternehmen entweder ein Anlagenverzeichnis oder das Bestandsverzeichnis (Inventarbogen) ein. Ab dem Jahresabschluss 2017 ist in der E-Bilanz auch die Übermittlung des Anlagenspiegels für sämtliche Gesellschaften Pflicht.

! **Achtung:**

**Das Anlagegitter nach § 268 Abs. 2 HGB mit den historischen Anschaffungswerten und den kumulierten, bis dahin aufgelaufenen Abschreibungen ist zum Jahresabschluss 2016 gesetzlich nur für mittelgroße und große GmbH & Co. KGs vorgeschrieben. Andere Unternehmen stellen ein verkürztes Verzeichnis ohne historische Werte auf.**

Seit dem Jahresabschluss 2016 (Wirtschaftsjahre, die nach dem 31.12.2015 beginnen) sind nach den Vorschriften des BilRUG in Bezug auf die Abschreibungen gesondert die folgenden Angaben zu machen:

1. die Abschreibungen in ihrer gesamten Höhe zu Beginn und Ende des Geschäftsjahrs,
2. die im Laufe des Geschäftsjahrs vorgenommenen Abschreibungen und
3. Änderungen in den Abschreibungen in ihrer gesamten Höhe im Zusammenhang mit Zu- und Abgängen sowie Umbuchungen im Laufe des Geschäftsjahrs.

Auch der Ausweis von aktivierten Fremdkapitalzinsen für jede Anlagenposition hat seit 2016 zwar im Anhang gesondert zu erfolgen, allerdings nicht zwingend innerhalb des Anlagenspiegels.

Um die folgenden Angaben könnte der bis 2015 gültige (und bereits umfangreiche) Bruttoanlagenspiegel auf nunmehr 12 Spalten erweitert werden:

- Spalte 1: Anschaffungs-/Herstellungskosten (AHK) zu Beginn des Wirtschaftsjahrs

  Im Bruttoanlagenspiegel sind in dieser Spalte die historischen Werte sämtlicher zu Beginn des Geschäftsjahres (Wj.) vorhandenen Anlagegüter erfasst. Von diesen Summen ist demnach abzulesen, von welchen Anschaffungs- und Herstellungskosten ursprünglich abgeschrieben wurde. Tragen Sie die Werte aus dem Vorjahr vor. Auch bereits voll abgeschriebene Anlagegüter müssen erfasst werden, sofern sie noch im Anlagevermögen existieren.

  **Beispiel: Anschaffungs- und Herstellungskosten im Anlagenspiegel**

  Sämtliche Anschaffungskosten der zu Jahresbeginn vorhandenen Betriebsgrundstücke (Anlageposten »Grundstücke«) betragen insgesamt 1.000.000 EUR, Betriebsgebäude (Anlageposten »Gebäude«) 500.000 EUR usw.

- Spalte 2: Zugang

  Ein **Anlagezugang** liegt vor, wenn ein Wirtschaftsgut in das sogenannte wirtschaftliche **Eigentum** des Unternehmens übergeht. Der Zugang wird mit den Anschaffungs- bzw. Herstellungskosten eingetragen. Addieren Sie auch nachträgliche Anschaffungskosten dazu.

  **Erhaltungs- bzw. Reparaturaufwand**, der sofort als Betriebsausgabe gebucht werden darf, liegt vor, wenn es dabei nicht
  - zur einer Substanzmehrung,
  - zu einer Wesensänderung oder
  - zu einer Verbesserung im Gebrauch des Wirtschaftsguts

  kommt.

  Ein **Anlagezugang** liegt auch vor, wenn
  - eine Anlage in das (wirtschaftliche) Eigentum des Unternehmens übergeht oder
  - eine im Bau befindliche Anlage fertiggestellt wird.

Der Zugang wird mit den Anschaffungs- bzw. Herstellungskosten gebucht. Die folgenden fünf Fälle sind in dieser Spalte erfasst:

1. Buchung in einer Summe,
2. Buchung von Einzelbelegen,
3. nachträgliche Buchung von zusätzlichen Anschaffungskosten,
4. Nachaktivierung, z. B. von zunächst als Aufwand gebuchten Herstellungskosten oder aufgrund einer Steuerprüfung,
5. Umbuchung eines fertiggestellten Anlageguts.

Auch hier gilt: Nicht jede nachträgliche Wertsteigerung führt zwangsläufig zu nachträglichen Anschaffungskosten oder zu einer Nachaktivierung. Führt dieser Aufwand

- weder zu einer Substanzmehrung
- noch zu einer Wesensänderung,
- noch zu einer Verbesserung im Gebrauch des Wirtschaftsguts,

liegt stattdessen ein sofort abzugsfähiger Reparatur- bzw. Erhaltungsaufwand vor.

### Beispiel: Nachträgliche Anschaffungskosten

Im Laufe des Jahrs wurde der Anbau eines Betriebsgebäudes (Anlageposten »Gebäude«) zu Herstellungskosten von 50.000 EUR fertiggestellt, ein weiterer Firmenwagen (Anlageposten »Pkw«) zum Preis von 37.000 EUR und — im Zuge der Renovierung — Einrichtungen und Möbel (Anlageposten »Betriebsausstattung«) zu 304.200 EUR angeschafft. Der Ersatz sämtlicher Computerbildschirme (Anlageposten »Büroausstattung«) führt zu nachträglichen Anschaffungskosten in Höhe von 6.200 EUR.

- Spalte 3: Abgang

  Beim Abgang eines Anlageguts durch **Verkauf, Entnahme oder Verschrottung** werden die ursprünglich aktivierten historischen Anschaffungs- oder Herstellungskosten in voller Höhe unter den Abgängen erfasst.

  Die auf die ausgeschiedenen Vermögensgegenstände entfallenden **kumulierten Abschreibungen** müssen deshalb im Jahr des Abgangs aus der entsprechenden Spalte des Anlagenspiegels entfernt werden. Bei den zeitanteiligen Abschreibungen des Geschäftsjahrs sind die bis zum Abgang abgelaufenen Monate als Zwölftel der Jahresabschreibung anzusetzen. Beim Abgang im Mai z. B. 5/12 der Jahresabschreibung.

  **Teilzugänge und -abgänge** verkomplizieren solche zeitanteiligen Abschreibungen. Ihr Anlagenprogramm sollte Sie bei der Ermittlung des Buchwerts durch Angabe der mengenmäßigen Abgänge zu Anschaffungspreisen unterstützen.

### Beispiel: Abgang aus dem Finanzanlagevermögen

Unter den Finanzanlagen war eine Geschäftsbeteiligung an einer GmbH (Anlageposten »Finanzanlagen«) im Wert von 30.000 EUR ausgewiesen. Die Beteiligung wird im laufenden Jahr verkauft.

- Spalte 4: Umbuchungen
  Umbuchungen erfolgen nicht aufgrund von Mengen- oder Wertänderungen des Anlagevermögens, sondern beinhalten lediglich die **Umgliederung** bereits vorhandener Anlagewerte auf andere Positionen des Anlagenspiegels.
  So müssen z. B. im Bau befindliche Anlagen bei ihrer Fertigstellung von der Bilanzposition **»Anlagen im Bau«** auf ihre endgültige Bilanzposition umgebucht werden.
  Unter dieser Position sind sämtliche Aufwendungen für Investitionen zu aktivieren, ohne dass die Anlage zum Bilanzstichtag fertiggestellt ist. Es ist nicht möglich, planmäßige Abschreibungen auf Anlagen im Bau vorzunehmen (AfA = Absetzung für Abnutzung). Allerdings sind oft steuerliche Sonderabschreibungen zulässig und es sind ggf. Zuschüsse und Ansparrücklagen zum Abzug von den Herstellungskosten zu erfassen.

### Beispiel: Umbuchungen aus Anlagen im Bau

Zum Vorjahresende war der Anbau eines Bürogebäudes zu zwei Dritteln fertig. Weitere 50.000 EUR Herstellungskosten im laufenden Jahr sind bereits als Zugang erfasst. Die Gesamtkosten des neuen Anbaus betragen somit 150.000 EUR. Die unter dem Anlageposten »Anlagen im Bau« ausgewiesenen 100.000 EUR sind im Jahr der Fertigstellung auf den Anlageposten »Gebäude« umzugliedern (+ 100.000 EUR).

- Spalte 5: Anschaffungs-/Herstellungskosten (AHK) zum Ende des Wirtschaftsjahrs
  In dieser Spalte werden die historischen Werte sämtlicher zum Ende des Geschäftsjahrs (Wj.) vorhandener Anlagegüter erfasst. In den Summen der ersten vier Spalten ist demnach abzulesen, von welchen Anschaffungs- und Herstellungskosten ursprünglich abgeschrieben wurde:

| | |
|---|---|
| | Anschaffungs-/Herstellungskosten (AHK) zu Beginn des Wirtschaftsjahrs |
| + | Zugang |
| – | Abgang |
| +/– | Umbuchungen |
| = | Anschaffungs-/Herstellungskosten (AHK) zum Ende des Wirtschaftsjahrs |

- Spalte 6 bis 10: Kumulierte Abschreibungen
  Kumulierte Abschreibungen sind die aus vergangenen Jahren aufgelaufenen Abschreibungen sämtlicher vorhandenen Anlagegüter. Wie bei den historischen Anschaffungs-/Herstellungskosten sind ausgeschiedene Anlagegüter herauszurechnen. Die kumulierten Abschreibungen lassen sich für jede einzelne Position des AV wie folgt berechnen:

| | |
|---|---|
| | Kumulierte Abschreibungen zu Beginn des Geschäftsjahrs (Spalte 6) |
| + | Abschreibungen des Geschäftsjahrs (Spalte 7) |
| – | auf Abgänge entfallende kumulierte Abschreibungen (Spalte 8) |
| +/– | auf Umbuchungen entfallende kumulierte Abschreibungen (Spalte 9) |
| = | kumulierte Abschreibungen zum Ende des Geschäftsjahrs (Spalte 10) |

In Spalte 7 sind nur die Abschreibungen des Geschäftsjahrs, die bei den einzelnen Anlagegegenständen aufgrund der Bewertungsgrundsätze in Betracht kommen, aufzunehmen.

### Beispiel: Abschreibungen des Geschäftsjahrs

Der Firmen-Lkw (Anlageposten »Lkw«) wird im letzten Jahr seiner betriebsgewöhnlichen Nutzungsdauer um 19.613 EUR auf 1 EUR Erinnerungswert abgeschrieben.

### Beispiel: Abschreibungen auf Umbuchungen

Auf das zu 100.000 EUR neu gefertigte Gebäude entfallen Abschreibungen in Höhe von 2.500 EUR.

- Spalte 11: Zuschreibungen
  Zuschreibungen sind in der Regel Abschreibungen der Vorjahre, die rückgängig gemacht werden. Dies erfolgt, wenn die Gründe für die Abschreibungen

nicht mehr bestehen. Zum Beispiel sind Zuschreibungen aus Vorjahren vorgenommene **Teilwertabschreibungen**.

**Nachträgliche Wertsteigerungen** ohne vorangegangene Abschreibung gehören in der Regel nicht zu den Zuschreibungen. Sie sind entweder als Zugang (Nachaktivierung) oder als Erhaltungsaufwand zu beurteilen. Wenn in den Vorjahren ein niedrigerer Wertansatz unzulässig war, ist nicht zuzuschreiben, sondern stattdessen der **fehlerhafte Ansatz zu korrigieren**.

**Tipp: Abschreibungsplan korrigieren** !

Theoretisch sind Zuschreibungen auch dann zulässig, wenn **planmäßige Abschreibungen zu hoch angesetzt** waren, und damit stille Reserven gebildet wurden.

Bei Kapitalgesellschaften ist dies ohnehin nicht erlaubt. Das Finanzamt könnte jedoch Einwände gegen die überhöhten Abschreibungen vorbringen. Hier wird anstelle von Zuschreibungen vorgeschlagen, den Abschreibungsplan zu korrigieren und den Buchwert über die tatsächliche restliche Nutzungsdauer zu verteilen.

Tragen Sie Zuschreibungen in der Abschreibungsspalte mit negativen Vorzeichen ein.

### Beispiel: Zuschreibung

Auf eine Maschine wurden in den Vorjahren außerordentliche Abschreibungen in Höhe von 40.000 EUR wegen technischer und wirtschaftlicher Überalterung angesetzt. Diese Teilwertabschreibung ist jedoch nicht zu halten, da auf der Maschine wider Erwarten nach wie vor marktgängige Produkte produziert werden.

| | |
|---|---|
| Zuschreibung Maschine (Anlageposten Maschinen) | 40.000 EUR |

- Spalte 12: Buchwert am Schluss des Geschäftsjahrs
  Die Buchwerte am Schluss des Geschäftsjahrs werden in die Bilanz, die auf den Schluss dieses Geschäftsjahrs aufzustellen ist, übertragen. Ebenso lassen sich die Abschreibungen des Geschäftsjahrs in der Gewinn- und Verlustrechnung abgleichen.

| | 1. AHK 01.01.2016 | 2. Zugänge | 3. Abgänge | 4. Umbuch. | 5. AHK 31.12.2016 | 6. kum. Abschr. 01.01.2016 | 7. Abschr. Gj | 8. Abgänge | 9. Umbuch. | 10. kum. Abschr. 31.12.2016 | 11. Zuschr. Gj | 12. Buchwert 31.12.2016 |
|---|---|---|---|---|---|---|---|---|---|---|---|---|
| I. Immaterielle Vermögens-gegenstände | 150.000 | | | | 150.000 | 120.000 | 10.000 | | | 130.000 | | 20.000 |
| | | | | | 0 | 0 | | | | | | 0 |
| II. Sachanlagen | 2.393.750 | | | | 2.393.750 | 0 | | | | 0 | | 2.393.750 |
| Grundstücke | 1.000.000 | | | | 1.000.000 | 0 | | | | | | 1.000.000 |
| Gebäude | 500.000 | 50.000 | | 100.000 | 650.000 | 280.000 | 10.000 | | 2.500 | 287.500 | | 362.500 |
| Maschinen | 450.000 | | | | 450.000 | 330.000 | 25.000 | | | 355.000 | 40.000 | 135.000 |
| Pkw | 79.000 | 37.000 | | | 116.000 | 19.750 | 19.750 | | | 39.500 | | 76.500 |
| Lkw | 78.450 | | | | 78.450 | 58.836 | 19.613 | | | 78.449 | | 1 |
| Betriebsausstattung | 140.500 | 304.200 | | | 444.700 | 116.400 | 68.025 | | | 184.425 | | 260.275 |
| Büroausstattung | 45.800 | 6.200 | | | 52.000 | 33.200 | 12.101 | | | 45.301 | | 6.699 |
| Anlagen im Bau | 100.000 | | | -100.000 | 0 | 0 | | | | 0 | | 0 |
| | | | | | 0 | 0 | | | | | | 0 |
| III. Finanzanlagen | 120.000 | 0 | 30.000 | | 150.000 | 20.000 | 20.000 | | | 40.000 | | 110.000 |
| | 2.663.750 | 397.400 | 30.000 | 0 | 3.091.150 | 978.186 | 184.489 | 0 | 2.500 | 1.160.175 | 40.000 | 1.970.975 |

Abb. 1: Bruttoanlagenspiegel zum 31.12.2016 — Handelsrecht

# 10 Umlaufvermögen

| **Ablaufplan Jahresabschluss** |
|---|
| Vortragen der Eröffnungsbilanz |
| Abstimmen der Buchhaltung |
| Abstimmen: Aktiva |
| Abstimmen: Passiva |
| Abstimmen: Gewinn- und Verlustrechnung |
| Inventur |
| Abschlussbuchungen — Aufstellen der Bilanz |
| Anlagevermögen, Abschreibungen, Anlagenspiegel |
| **Umlaufvermögen** |
| Eigenkapitalgliederung |
| Rückstellungen und Verbindlichkeiten |
| Gewinn- und Verlustrechnung und Gewinnverteilung |
| Übermitteln der Steuererklärungen |
| GmbH & Co. KG: Offenlegung des Jahresabschlusses mit Anhang |
| Übermitteln der E-Bilanz |

Hier erfahren Sie mehr über die Wertansätze der Warenvorräte, der Roh-, Hilfs- und Betriebsstoffe des Umlaufvermögens aus den Inventurvorgaben, der unfertigen und fertigen Erzeugnisse und nicht abgerechneten Leistungen sowie über die Verbuchung der Bestandsveränderungen.

Bei den Forderungen aus Lieferungen und Leistungen geht es um unüblich hohe Abschreibungen im Umlaufvermögen.

Bei der Erfassung von Forderungsverlusten oder Einzelwertberichtigungen werden konkrete Risiken, die einzelne Forderungen betreffen, berücksichtigt.

Mit der Pauschalwertberichtigung können einzelnen Forderungen noch nicht zuordenbare Ausfallrisiken, Zinsverluste etc. innerhalb des gesamten Forderungsbestands berücksichtigt werden.

Abschließend werden Rechnungsabgrenzungen gebildet zu Vorauszahlungen größerer Betriebsausgaben wie Betriebsversicherungen, Kfz-Versicherungen, Kfz-Steuern, Quartals- und Jahreszinsen u. Ä. sowie die Disagios (Damnum) auf den aktuellen Stand zum Jahresende fortgeführt.

---

B. Umlaufvermögen
  - I. Vorräte:
    1. Roh-, Hilfs- und Betriebsstoffe
    2. unfertige Erzeugnisse, unfertige Leistungen
    3. fertige Erzeugnisse und Waren
    4. geleistete Anzahlungen
  - II. Forderungen und sonstige Vermögensgegenstände
    1. Forderungen aus Lieferungen und Leistungen
    2. Forderungen gegen verbundene Unternehmen
    3. Forderungen gegen Unternehmen, mit denen ein Beteiligungsverhältnis besteht
    4. sonstige Vermögensgegenstände
  - III. Wertpapiere
    1. Anteile an verbundenen Unternehmen
    2. eigene Anteile
    3. sonstige Wertpapiere
  - IV. Schecks, Kassenbestand, Bundesbank- und Postgiroguthaben, Guthaben bei Kreditinstituten

C. Rechnungsabgrenzungsposten

D. Aktive latente Steuern

E. Aktiver Unterschiedsbetrag aus der Vermögensverrechnung

---

## 10.1 Bewertung der Vorräte

Die durchnummerierten Listen, die Ihnen als Ergebnis der Inventur (siehe Kapitel 7) vorliegen, stellen lediglich das Mengengerüst der Vorräte dar. Die aufgenommenen Vermögensgegenstände sind zu bewerten und bilden dann das Wertgerüst für die Bilanz. Diese Werte bestehen in der Regel aus den Anschaffungs- oder Herstellungskosten. In besonderen Fällen von voraussichtlich dauernder Wertminderung sind Abschreibungen auf den niedrigeren Wert, den sog. Teilwert zu berücksichtigen.

Für die Bewertung der Vermögensgegenstände sind Vereinfachungsverfahren zulässig. So können Sie gleichartige Vermögensgegenstände mit einem Durchschnittswert ansetzen. Bei den Verbrauchsfolgeverfahren wird dagegen eine bestimmte Abfolge bei den Ausgängen unterstellt. So gilt z. B. nach »Lifo«, dass zuletzt angeschaffte Waren als Erste abverkauft werden.

**Beachten Sie:** !

**Beachten Sie für alle Bewertungsverfahren stets den Wiederbeschaffungspreis am Bilanzstichtag. Bei der Bewertung des Umlaufvermögens gilt das strenge Niederstwertprinzip. Danach ist immer der niedrigste Wert anzusetzen, der sich aus Anschaffungskosten, Markt- oder Börsenpreis ergibt.**

Ist also der Wiederbeschaffungspreis am Stichtag niedriger ist als der von Ihnen — nach welcher Methode auch immer — ermittelte Preis, war Ihre Berechnung vergeblich. Als Inventar- und Bilanzwert ist in jedem Fall der niedrigere Wert anzusetzen.

### Grundsatz der Einzelbewertung

Nach Handelsrecht sind Vermögensgegenstände und Verbindlichkeiten zum Abschlussstichtag grundsätzlich einzeln und isoliert voneinander zu bewerten. Diese Vorschrift verfolgt im Wesentlichen den Zweck, eine Saldierung der Einzelwerte zu verhindern. Bei einer Gruppe von Gegenständen werden dadurch möglicherweise große Wertunterschiede aufgedeckt und Risiken transparent gemacht. Für die Bewertung sind die objektiven Verhältnisse zum Stichtag maßgeblich, auch wenn sie erst später bekannt werden.

**Beispiel**

Brennt das Außenlager infolge einer vorwitzigen Silvesterrakete bereits vor Mitternacht teilweise aus, reduziert sich der Warenbestand zum 31.12. mengenmäßig um die vernichteten Vorräte und darüber hinaus um den Wert der Beschädigung bei den geretteten Gütern. Dieser Umstand fließt auch dann in das Inventar ein, wenn der Unternehmer davon erst nach einem ausgedehnten Skiurlaub erfährt.

Handelt es sich bei der Rakete aber um einen Spätzünder im neuen Jahr, hat dieses missliche Ereignis keinen Einfluss auf die Menge und den Wert der Vorräte zum 31.12. gegen 24 Uhr; ggf. ist ein solcher Umstand aber im Jahresabschluss zu erläutern.

! **Beachten Sie:**

**Die Einzelbewertung eines Wirtschaftsguts beruht auf den Anschaffungs- oder Herstellungskosten dieses Wirtschaftsguts.**

Auch den Kfz-Händlern wird zugemutet, dass sie ihre Autos einzeln erfassen, weil die Anschaffungskosten der Autos ohne Weiteres identifiziert und den einzelnen Vermögensgegenständen ohne Schwierigkeiten zugeordnet werden können.

Zu den Anschaffungskosten gehören alle Aufwendungen, die notwendig sind, um das Kfz zu erwerben und in einen betriebsbereiten Zustand zu versetzen – also auch Kosten für Transport, Verladung, Eingangszölle, Einlagerung etc. Bei diesen Kosten kann es sich auch um nachträgliche Aufwendungen handeln. Skonti und Rabatte mindern die Anschaffungskosten.

Bei den Herstellungskosten sind die Einzelkosten sowohl steuerlich als auch handelsrechtlich zwingend zu berücksichtigen. Hierbei handelt es sich um variable Kosten, die dem einzelnen Produkt direkt zuzuordnen sind.

Im Hinblick auf die Gemeinkosten erfolgte eine Anpassung an die steuerlichen Vorschriften in Richtung eines Vollkostenansatzes:

| | |
|---|---|
| | Fertigungsmaterialeinzelkosten |
| + | Fertigungslohn und sonstige Einzelkosten der Fertigung |
| + | Sondereinzelkosten der Fertigung (Spezialwerkzeuge, Modelle, Entwurfskosten) |
| + | notwendige Materialgemeinkosten (Beschaffung, Lagerung, Materialverwaltung) |
| + | notwendige Fertigungsgemeinkosten (Werkzeuge, Werkstattkosten, Energiekosten) |
| + | Abschreibungen auf Anlagevermögen der Fertigung |
| = | steuerlich und handelsrechtlich mindestens anzusetzende Herstellungskosten |
| + | allgemeine Verwaltungskosten (ohne Vertriebskosten) |
| + | Aufwendungen für soziale Einrichtungen (Kantine, Betriebsarzt) |
| + | Aufwendungen zur betrieblichen Altersversorgung (Pensionszahlungen und -Rückstellungen, Direktversicherungen, Pensionskassen) |
| + | Fremdkapitalkosten, sofern die Zinsen auf den Herstellungszeitraum entfallen und das Fremdkapital ausschließlich zur Finanzierung der Fertigung verwendet wird (§ 255 Abs. 3 HGB). |
| = | steuerlich maximal anzusetzende Herstellungskosten |

Von den Anschaffungs- oder Herstellungskosten des Umlaufvermögens können »Gängigkeitsabschreibungen« auf den niedrigeren Teilwert vorgenommen werden.

Einzelhandelsunternehmen können bei einem großen Verkaufslager und Tausenden von Artikeln nur unter großen Schwierigkeiten ermitteln, aus welchen Lieferungen die noch vorhandenen Bestände stammen. Solche Kaufleute dürfen deshalb die Anschaffungskosten nach dem Verkaufswertverfahren retrograd aus den Nettoverkaufspreisen ermitteln. Dabei wird von den ausgezeichneten Preisen jeder Warengruppe der jeweilige Bruttogewinnaufschlag abgezogen, bei reduzierter Ware der verbleibende Verkaufsaufschlag.

Unter Bruttogewinnaufschlag versteht man den Prozentsatz, um den der Kaufmann seine Ware teurer verkauft, als er sie eingekauft hat. Die Voraussetzung für die Anwendung dieses gesetzlich nicht geregelten, aber steuerlich zulässigen Verfahrens ist jedoch, dass es zu keinen groben Schätzfehlern führen darf.

### 10.1.1 Bewertungsvereinfachungsverfahren

Als Ausnahmen von der Einzelbewertung sind zunächst nur solche Fälle zugelassen, bei denen eine Wertermittlung tatsächlich unmöglich oder wirtschaftlich zu aufwendig ist. Darüber hinaus hat der Gesetzgeber in speziellen Bewertungsvereinfachungsverfahren geregelt, wie von der Einzelbewertung abgewichen werden kann. Wenngleich diese Verfahren in sich auch nicht einfach sind, können sie die eigentliche Inventurbewertung doch erleichtern und den Arbeitsaufwand reduzieren.

Während man bei der Durchschnittsbewertung vorausgesetzt, dass die einzelnen Gegenstände in einer eher zufälliger Reihenfolge aus dem Lager entnommen werden, unterstellt man bei den zeitlichen Verbrauchsfolgeverfahren eine zeitliche Abfolge der Ausgänge. Beim sog. wertmäßigen Verbrauchsfolgeverfahren geht man hingegen von einem Verbrauch (z. B. durch Abverkauf) aus, der nach dem Wert der Vorräte geregelt ist.

#### Durchschnittsbewertung

Unter den Verfahren zur Bewertungsvereinfachung ist die Durchschnittsbewertung am weitesten verbreitet. Hierbei dürfen gleichartige Vermögensgegenstände oder — bei Preisschwankungen — auch Wirtschaftsgüter, die nach Maß, Zahl oder Gewicht bestimmt werden (sog. vertretbare Wirtschaftsgüter), mit ihrem Durchschnittswert angesetzt werden.

! **Tipp:**

**Zweckmäßigerweise bereiten Sie eine geplante Durchschnittsbewertung schon bei der Aufnahme während der Inventur vor, indem Sie gleichartige Vorratsgegenstände zusammenzählen, wiegen oder messen.**

#### Gewogener Durchschnitt

Beim einfacheren der hier vorgestellten Durchschnittsverfahren wird zumindest einmalig zum Jahresabschluss der Durchschnittspreis aus dem Wert des Anfangsbestands und dem Wert aller Zugänge ermittelt. Dieser durchschnittliche Wert für eine Einheit (Stück, Kilogramm, Liter etc.) multipliziert mit dem mengenmäßigen Endbestand, ergibt den Wert des Bestands zum Stichtag.

### Beispiel

In einem Schuhgeschäft werden die Marken »Comfort« und »Walker« jeweils zu Pauschalpreisen eingekauft.

| | Paar | Preis/Paar | Gesamtpreis |
|---|---|---|---|
| Anfangsbestand 1.1. | 200 | 15 EUR | 3.000 EUR |
| Zugang 10.3. | 100 | 21 EUR | 2.100 EUR |
| Zugang 24.9. | 300 | 17 EUR | 5.100 EUR |
| Zugang 9.12. | 200 | 23 EUR | 4.600 EUR |
| Summen | 800 | | 14.800 EUR |

Der durchschnittliche Wert des Bestands pro Paar beträgt:

$$\frac{14.800}{800} = 18{,}50 \quad \text{EUR / Paar}$$

Der gezählte Endbestand (250 Paar) zum 31.12. hat somit einen Wert von:

$$205 \times 18{,}50 \quad \text{EUR} = 4{,}625 \quad \text{EUR}$$

### Gleitender Durchschnitt

Bei dieser Methode wird bereits nach jedem Zugang ein neuer Durchschnittswert des Bestands festgestellt und zudem jeder Abgang berücksichtigt. Diese während des Jahrs ermittelten exakteren Werte erfordern einen entsprechend höheren Aufwand. Eine Bewertung nach dem gleitenden Durchschnitt eignet sich daher gut in Verbindung mit der permanenten Inventur, weil bei ihr ohnehin die Mengen erfasst werden. Unser obiges Beispiel, um zwei Abgänge erweitert, kommt nun zu einem anderen Inventarwert.

### Beispiel

| | Paar | Preis/Paar | Gesamtpreis |
|---|---|---|---|
| Anfangsbestand 1.1. | 200 | 15 EUR | 3.000 EUR |
| Abgang 2.3. | 100 | 15 EUR | 1.500 EUR |

| | Paar | Preis/Paar | Gesamtpreis |
|---|---|---|---|
| Zwischenbestand 2.3. | 100 | 15 EUR | 1.500 EUR |
| Zugang 10.3. | 100 | 21 EUR | 2.100 EUR |
| Zwischenbestand 10.3. | 200 | 18 EUR | 3.600 EUR |
| Zugang 24.9. | 300 | 17 EUR | 5.100 EUR |
| Zwischenbestand 24.9. | 500 | 17,40 EUR | 8.700 EUR |
| Abgang 29.11. | 450 | 17,40 EUR | 7.830 EUR |
| Zwischenbestand 29.11. | 150 | 17,40 EUR | 870 EUR |
| Zugang 09.12. | 200 | 23 EUR | 4.600 EUR |
| Endbestand 31.12. | 250 | 21,88 EUR | 5.470 EUR |

Der Durchschnittspreis nach dem gleitenden Durchschnitt beträgt 21,88 EUR.

Der Vergleich mit 18,50 EUR/Paar nach dem gewogenen Durchschnitt macht deutlich, dass die zuletzt angeschafften Mengen ein größeres Gewicht bei der nun exakteren Wertfindung haben.

## Nachteil der Durchschnittsverfahren

Nachteilig erweist sich bei beiden Rechenmethoden, dass in Zeiten steigender Wiederbeschaffungspreise durch die Wertsteigerung ein Scheingewinn entsteht, der versteuert werden muss. Für unsere Beispiele ergeben sich die folgenden Werte:

| | | Scheingewinn |
|---|---|---|
| Wert 200 Paar zum 01.01. | 3.000 EUR | |
| Wert 200 Paar zum 31.12. gewogener Durchschnitt | 3.700 EUR | 700 EUR |
| Wert 200 Paar zum 31.12. gleitender Durchschnitt | 4.376 EUR | 1.376 EUR |

! **Tipp:**

Bei steigenden Wiederbeschaffungspreisen fahren Sie steuerlich am besten, wenn Sie von den Durchschnittsverfahren jenes mit dem einfachen, gewogenen Durchschnittswert wählen. Damit halten Sie die Wertsteigerung Ihres Bestands und den zu versteuernden Scheingewinn niedrig.

### 10.1.2 Verbrauchsfolgeverfahren

Bei den Verbrauchsfolgeverfahren bestimmt die zeitliche Abfolge der Entnahme den Wert der Vorräte.

#### Lifo-Verfahren

Beim Lifo-Verfahren (last in — first out) geht man davon aus, dass die zuletzt zugegangenen, gleichartigen Gegenstände dem Lager zuerst wieder entnommen werden.

Ob ein »eiserner Bestand« tatsächlich unangetastet bleibt, ist unerheblich, sofern die Grundsätze ordnungsmäßiger Buchführung beachtet werden.

**Achtung:** !

**Die Reihenfolge der Entnahme nach Lifo darf jedoch nicht widersinnig sein, z. B. bei verderblicher Ware wie frischem Fleisch.**

Der große Vorteil der Lifo-Methode gegenüber sämtlichen Durchschnittsverfahren besteht darin, dass bei steigenden Preisen keine Scheingewinne auftreten (und deshalb auch nicht zu versteuern sind) und außerdem stille Reserven aufgebaut werden können, die helfen, den Substanzerhalt der GmbH & Co. KG zu sichern.

**Achtung:** !

**Die Anwendung des Lifo-Verfahrens steht dem Unternehmer frei. Will er jedoch in späteren Wirtschaftsjahren vom Verbrauchsfolgeverfahren Abstand nehmen, muss er sich das vom Finanzamt genehmigen lassen. Auf diese Weise sollen Manipulationen beim Methodenwechsel ausgeschlossen werden.**

Für die Bewertung gleichartiger Gegenstände nach der Lifo-Methode zum Stichtag (Perioden-Lifo) können drei Situationen vorliegen:

1. Der Endbestand ist gleich dem Anfangsbestand
   In diesem Fall sind die Lagerbewegungen für die Bewertung unerheblich. Der Wert des Endbestands entspricht dem des Anfangsbestands.

2. Der Endbestand ist niedriger als der Anfangsbestand
   In diesem Fall werden die Bestandsminderung und der Endbestand zu den Preisen des Anfangsbestands bzw. der in den Vorjahren zuletzt angeschafften Teilbestände (Layer) angesetzt.
3. Der Lagerbestand erhöht sich im Laufe des Geschäftsjahrs
   Diese Bestandserhöhung kann sich aus einem einzigen, dem zuletzt angeschafften, Posten ergeben, oder die Mehrmenge setzt sich aus mehreren dieser sog. Layer zusammen. Grundsätzlich gilt nach dem Lifo-Konzept, dass der zuletzt aufgebaute Layer zuerst wieder abgebaut wird. Der Wert der alten, nicht angetasteten Bestandsposten bleibt unverändert.

### Beispiel

In der Schraubenfabrik werden Messingbolzen gewogen.

| | | | |
|---|---|---|---|
| Anfangsbestand | 100.000 kg | à 0,10 | 10.000 EUR |
| Zukauf 1 | 150.000 kg | à 0,15 | |
| Zukauf 2 | 150.000 kg | à 0,20 | |
| Verkauf | 200.000 kg | | |
| Endbestand 200.000 kg: | | | |
| Layer I | 100.000 kg | à 0,10 | 10.000 EUR |
| Layer II | 100.000 kg | à 0,15 | 15.000 EUR |
| Layer III | 0 kg | à 0,20 | 0 EUR |
| Summe | | | 25.000 EUR |

Der Endbestand von 200.000 kg wird ins neue Jahr vorgetragen, entweder getrennt nach seinen Teilbeständen,

| | | | |
|---|---|---|---|
| Layer I | 100.000 kg | à 0,10 | 10.000 EUR |
| Layer II | 100.000 kg | à 0,15 | 15.000 EUR |
| Anfangsbestand | | | 25.000 EUR |

oder mit dem neuen Durchschnittswert:

| | | | |
|---|---|---|---|
| Anfangsbestand | 200.000 kg | à 0,125 | 25.000 EUR |

**Tipp:** !

Wird die Lifo-Methode erstmalig angewendet, ist der erste Anfangsbestand mit seinem Durchschnittswert vorzutragen, bevor im laufenden Geschäftsjahr mit der Layerbildung begonnen werden kann.

## Fifo-, Lofo- und Hifo-Verfahren

Als weitere Verbrauchsfolgeverfahren seien als zeitliches Verfahren das Fifo (first in — first out) und als wertmäßige Verfahren das Lofo (*lowest in – first out*) und das Hifo (*highest in – first out*) erwähnt.

**Beachten Sie:** !

Der Nachteil dieser Verfahren ist, dass sie steuerlich nicht zulässig sind. Ausnahmen sind nur dann zugelassen, wenn der Kaufmann dem Finanzamt eine solche Verbrauchsfolge glaubhaft machen kann. Deshalb gehen wir hier nur auf das Fifo-Verfahren ein, das nach dem BilMoG als einziges zumindest noch handelsrechtlich erlaubt ist.

Bei der Fifo-Verbrauchsfolge wird unterstellt, dass diejenigen Gegenstände, die dem Lager zuerst zugehen, das Lager auch als Erste wieder verlassen. Es werden also jeweils die ältesten Güter entnommen. Diese Lagerwirtschaft ist z. B. im Lebensmittelgroßhandel bei verderblicher Ware anzutreffen oder bei der Lagerung in Silos, in die Sand, Kies o. Ä. von oben nachgeschüttet wird, während die Entnahme von unten erfolgt.

### Beispiel

| | | | |
|---|---|---|---|
| Anfangsbestand | 100.000 kg | à 0,10 | 10.000 EUR |
| Zukauf 1 | 150.000 kg | à 0,15 | |
| Zukauf 2 | 150.000 kg | à 0,20 | |
| Verkauf | 200.000 kg | | |

| Endbestand 2.000 kg: | | | |
|---|---|---|---|
| Layer I | 0 kg | à 0,10 | 0 EUR |
| Layer II | 50.000 kg | à 0,15 | 7.500 EUR |
| Layer III | 150.000 kg | à 0,20 | 30.000 EUR |
| Summe | | | 37.500 EUR |

Auch hier wird der Endbestand von 200.000 kg ins neue Jahr vorgetragen, entweder getrennt nach seinen Teilbeständen

| | | | |
|---|---|---|---|
| Layer I | 50.000 kg | à 0,15 | 7.500 EUR |
| Layer II | 150.000 kg | à 0,20 | 30.000 EUR |
| Anfangsbestand | | | 37.500 EUR |

oder mit dem neuen Durchschnittswert

| | | | |
|---|---|---|---|
| Anfangsbestand | 200.000 kg | à 0,1875 | 37.500 EUR |

!

**Beachten Sie:**

Im Gegensatz zum Lifo-Verfahren kommt es beim Fifo-Verfahren bei steigenden Wiederbeschaffungspreisen zu einem steuerpflichtigen Scheingewinn.

## 10.2 Buchen von Bestandsveränderungen bei Vorräten

Warenvorräte, Roh-, Hilfs- und Betriebsstoffe des Umlaufvermögens, müssen mit dem zum Bilanzstichtag niedrigsten Wert angesetzt werden, der sich aus den Anschaffungskosten oder dem Markt- oder Kurswert ergibt (sog. strenges Niederstwertprinzip).

Dabei ist unerheblich, ob es sich nur vorübergehend um einen Preisrückgang oder eine Kursschwäche um den Bilanzstichtag handelte und der Preis seitdem wieder stieg. Bei anschließenden Preissteigerungen haben Sie die Möglichkeit, den niedrigeren Bilanzansatz des Vorjahrs beizubehalten. Sie können allerdings auch den neuen Markt- oder Kurswert ansetzen, das allerdings nur bis zur Höhe der Anschaffungskosten.

**Arbeitsschritt:** !

**Teilen Sie die Vorräte auf die entsprechenden Konten auf und buchen Sie die Bestandsveränderungen und Wertänderungen ein.**

### 10.2.1 Gesamtkostenverfahren

Beim Gesamtkostenverfahren fließen sämtliche Aufwendungen innerhalb einer Periode in die Gewinn- und Verlustrechnung ein. Die betrieblichen Aufwendungen, die »Kosten«, beziehen sich nämlich auf die gesamte produzierte Menge, die ggf. ins Lager wandert, und auf die verkauften Produkte. Den Kosten stehen somit nicht nur die Umsatzerlöse, sondern auch die Änderungen der Bestände gegenüber. Letztere sind nach ihrer Menge und ihrem Wert zu berücksichtigen. Die Produktion von Waren und Dienstleistungen auf »Halde« wird als ein weiterer Erlös behandelt, Bestandsverminderungen — neben dem Waren-/Materialeinsatz — als zusätzliche Aufwendungen.

### 10.2.2 Umsatzkostenverfahren

Bei der Anwendung des Umsatzkostenverfahrens werden Bestandsveränderungen nicht gebucht. Im Laufe des Jahrs wird nur der anteilige Aufwand berücksichtigt, der den Umsatzerlösen gegenübersteht. Dieses international übliche Verfahren konnte sich in Deutschland noch nicht durchsetzen, gewinnt aber im Rahmen der Internationalisierung der Rechnungslegung immer mehr an Bedeutung. Wir wollen es hier jedoch nicht weiter vertiefen.

### Beispiel

Die Buchung von Bestandsveränderungen bei Wareneingängen während des Jahrs:

| Soll | Haben | GegenKto | Konto | |
|---|---|---|---|---|
| 500.000 | | 1600/3300 | 3200/5200 | Verbindlichkeiten aus LuL |

Die Bestandsveränderung errechnet sich aus der Differenz zwischen den ermittelten Inventurwerten zu Beginn und zum Ende des Jahrs:

| | | |
|---|---|---|
| | Warenbestand zum Beginn des Jahrs | 250.000 EUR |
| – | Warenbestand (lt. Inventur) zum Ende des Jahrs | 200.000 EUR |
| = | Bestandsveränderung (hier Minderung) | 50.000 EUR |

| Soll | Haben | GegenKto | Konto | |
|---|---|---|---|---|
| 50.000 | | 3980/1140 | 3960/5880 | Bestandsveränderung (Verminderung) |

Auf dem Warenbestandskonto stehen per saldo noch 200.000 EUR (= Endbestand).

Liegt der Endbestand höher als der Bestand zu Beginn des Jahrs, kommt es zu einem Ertrag durch Bestandserhöhung.

| | | |
|---|---|---|
| | Warenbestand zum Beginn des Jahrs | 180.000 EUR |
| – | Warenbestand (lt. Inventur) zum Ende des Jahrs | 200.000 EUR |
| = | Bestandsveränderung (hier Erhöhung) | 20.000 EUR |

| Soll | Haben | GegenKto | Konto | |
|---|---|---|---|---|
| 20.000 | | 3960/5880 | 3980/1140 | Bestandsveränderung (hier -erhöhung) |

### 10.2.3 Inventurdifferenzen

Wird der reguläre Warenabgang während des Jahrs zu Einstandspreisen erfasst, können nach der Inventur Differenzen bestehen, zwischen dem tatsächlichen Bestand und dem Bestand, der rechnerisch vorhanden sein müsste. Eine solche Inventurdifferenz setzt sich aus erkennbarem Schwund oder Diebstahl, aus Entnahmen für private Zwecke oder für Werbegeschenke, nicht erfasste Abgänge wie Aussonderungen oder Ersatzlieferungen etc. zusammen – aber letztlich bleibt ein Rest an Fehlmengen, der oft nicht mehr nachvollziehbar ist.

Neben dem regulären Wareneinsatz entsteht auch durch Inventurdifferenzen ein zusätzlicher Aufwand, weil der Unternehmer dadurch Betriebsvermögen verliert. Dieser Aufwand muss ebenfalls gebucht werden.

**Beispiel**

Die Differenz im Warenbestand von 10.000 EUR besteht aus Privatentnahmen (2.000 EUR), Verschrottungen (1.000 EUR), nicht erfassten Nachlieferungen und Naturalrabatten (6.000 EUR) und Diebstählen (1.000 EUR).

| Soll | Haben | GegenKto | Konto | |
|---|---|---|---|---|
| 2.380 | | 8910/4620 | 1800/2100 | Warenentnahmen durch Unternehmer |
| 1.000 | | 3990/5860 | 2325/6905 | Verluste aus Abgabe von UV |
| 6.000 | | 3990/5860 | 4000/5000 | Sonstige Warenabgänge |
| 1.000 | | 3990/5860 | 4900/6300 | Sonstige betriebliche Aufwendungen |

### 10.2.4 Verlustfreie Bewertung der Erzeugnisse

Vor allem bei Waren und eigenen Erzeugnissen, die nicht mehr wiederbeschafft werden können, wie z. B. Modeartikel, Auslauf- und Sondermodelle, greift handelsrechtlich die sog. verlustfreie Bewertung. Dabei wird sogar noch unter den Herstellungskosten abgeschrieben. Das bedeutet: Vom beim Absatz voraussichtlich erzielbaren Preis werden alle bis dahin voraussichtlich noch entstehenden Kosten abgezogen. Fällt der Resterlös niedriger als die Herstellungskosten aus, ist die Differenz zu den Herstellungskosten als ein Verlust der abgelaufenen Periode zu behandeln. Es darf nur der niedrigere Wert aktiviert werden.

## Beispiel

Das für lange Zeit erfolgreich verkaufte Modell »Printmaster 0815« kann infolge von innovativen Konkurrenzprodukten nur noch mit erheblichen Rabatten abgesetzt werden.

| | | |
|---|---|---|
| | Voraussichtlicher Verkaufserlös für das Erzeugnis | 10.000 EUR |
| – | zu erwartende Erlösschmälerungen | 300 EUR |
| – | noch entstehende Vertriebskosten, Einzelkosten | 200 EUR |
| – | noch entstehende Produktionskosten, Einzelkosten | 500 EUR |
| = | Resterlös (Vergleichswert) nach Abzug von Einzelkosten | 9.000 EUR |
| – | Herstellungskosten bis zum Bilanzstichtag | 9.000 EUR |
| = | Abschreibung von den Herstellungskosten gemäß verlustfreier Bewertung* | 0 EUR |

* Hinweis zum Punkt »Abschreibung von den Herstellungskosten gemäß verlustfreier Bewertung«: Wenn von den noch entstehenden Kosten lediglich die Einzelkosten abgezogen werden, kommt es zu keiner Abschreibung.

Werden dazu noch die entstehenden Gemeinkosten berücksichtigt, kommt es gemäß der verlustfreien Bewertung zu einer Abschreibung auf die Herstellungskosten.

| | | |
|---|---|---|
| | Resterlös nach Abzug von Einzelkosten | 9.000 EUR |
| – | Herstellungskosten bis zum Bilanzstichtag | 9.000 EUR |
| – | noch entstehende Vertriebskosten (Gemeinkosten) | 500 EUR |
| – | noch entstehende Produktionskosten (Gemeinkosten) | 800 EUR |
| – | noch entstehende Verwaltungskosten (Gemeinkosten) | 700 EUR |
| = | Resterlös (Vergleichswert) | 7.000 EUR |
| – | Herstellungskosten bis zum Bilanzstichtag | 9.000 EUR |
| = | Abschreibung auf die Herstellungskosten zu verlustfreier Bewertung | –2.000 EUR |

Gemeinkosten sind nur dann zwingend anzusetzen, wenn durch die Fertigstellung eine Bearbeitung gewinnbringender Produkte blockiert wird. Faktisch kommt diese Anforderung jedoch einem Wahlrecht bei der Bewertung gleich.

### 10.2.5 Roh-, Hilfs- und Betriebsstoffe

| BGA | IKR | SKR03 | SKR04 | Kontenbezeichnung (SKR) |
|---|---|---|---|---|
| 396 | 20 | 3970 | 1000 | Roh-, Hilfs- und Betriebsstoffe |

### 10.2.6 Unfertige Erzeugnisse, unfertige Leistungen

| BGA | IKR | SKR03 | SKR04 | Kontenbezeichnung (SKR) |
|---|---|---|---|---|
| 3961 | 21 | 7050 | 1040 | Unfertige Erzeugnisse und Leistungen |
| 3962 | 210 | 7050 | 1050 | Unfertige Erzeugnisse |
| 3963 | 220 | 7080 | 1080 | Unfertige Leistungen |
| 3964 | 219 | 7090 | 1090 | In Ausführung befindliche Bauaufträge |
| 3965 | 219 | 7095 | 1095 | In Arbeit befindliche Aufträge |

### 10.2.7 Fertige Erzeugnisse und Waren

| BGA | IKR | SKR03 | SKR04 | Kontenbezeichnung (SKR) |
|---|---|---|---|---|
| 39 | 22 | 7100 | 1100 | Fertige Erzeugnisse und Waren |
| 3966 | 220 | 7110 | 1110 | Fertige Erzeugnisse |
| 39 | 228 | 3980 | 1140 | Waren |

Unterscheiden Sie bei der Verbuchung der Bestandsminderung oder -mehrung bei den Vorräten, ob

- der Einkauf in gleicher Höhe als Aufwand behandelt wurde,
- der Einkauf aufwandsneutral als Bestandserhöhung erfasst und ggf. der tatsächliche Verbrauch gebucht ist.

#### Beispiel

| | |
|---|---|
| Warenbestand zum Beginn des Jahrs | 250.000 EUR |
| Wareneingänge während des Jahrs | 500.000 EUR |
| Warenbestand zum Ende des Jahrs | 200.000 EUR |

a) Wareneinkauf ist während des Jahrs als Wareneinsatz aufwandswirksam erfasst worden.

| Soll | Haben | GegenKto | Konto | |
|---|---|---|---|---|
| Summe: 500.000,00 | | 1610/3310 | 3200/5200 | Jahressumme Wareneinkäufe |

Zum Jahresabschluss wird der Aufwand aus dem erhöhten Warenbestand verbucht.

| Soll | Haben | GegenKto | Konto | |
|---|---|---|---|---|
| | 50.000,00 | 3960/5880 | 3980/1140 | Bestandsminderung Waren |

b) Während des Jahrs ist der Wareneingang zwar ebenfalls auf den gleichen Konten erfasst, jedoch aufwandsneutral behandelt worden. Zusätzlich hat man jedoch den monatlichen Verbrauch ermittelt und eingebucht.

| Soll | Haben | GegenKto | Konto | |
|---|---|---|---|---|
| Summe: 500.000,00 | | 1610/3310 | 3200/5200 | Jahressumme sämtl. Wareneinkäufe |
| Summe: 550.000,00 | | 3990/5860 | 4000/5000 | Jahressumme Warenverbrauch |

Wie oben wird die Bestandsveränderung verbucht, nur dass sie diesmal keinen Aufwand darstellt.

| Soll | Haben | GegenKto | Konto | |
|---|---|---|---|---|
| | 50.000,00 | 3960/5880 | 3980/1140 | Bestandsveränderung |

| BGA | IKR | SKR03 | SKR04 | Kontenbezeichnung (SKR) |
|---|---|---|---|---|
| 39 | 228 | 3980 | 1140 | Waren |
| 301 | 60 | 4000 | 5000 | Aufw. f. RHB und bezogene Waren |
| 3862 | 6095 | 3990 | 5860 | Verrechnete Stoffkosten |
| 38 | 6096 | 3960 | 5880 | Bestandsveränd. RHB-Stoffe/Waren |

### 10.2.8 Bestandsveränderungen bei eigenen Leistungen und Erzeugnissen

Auch bei Herstellungs- und Dienstleistungsbetrieben entsprechen die Umsatzerlöse eines Jahrs nicht sämtlichen betrieblichen Leistungen. Es sind auch regelmäßig Bestandsveränderungen bei den Beständen an noch nicht verkauften eigenen Erzeugnissen und nicht abgerechneten Leistungen zu beachten.

**Tipp:** !

**Bei der Anwendung des Gesamtkostenverfahrens können Sie den Ansatz der Herstellungskosten und damit Ihre Steuerlast mindern, indem Sie die Gemeinkosten der allgemeinen Verwaltung, freiwillige soziale Aufwendungen sowie Aufwendungen für soziale Einrichtungen und die betriebliche Altersversorgung und die Zinsen für Fremdkapital zur Herstellung nicht berücksichtigen.**

Auch unfertige Erzeugnisse sind zu erfassen und eine Bestandsveränderung zum Vorjahr ist einzubuchen. Eine Bestandserhöhung unfertiger Erzeugnisse im Vergleich zum Vorjahr wird auf dem Bestandskonto im Soll verbucht (Ertrag), ein niedrigerer Bestand führt zu einem Aufwand.

Bei Dienstleistungsbetrieben mit längerfristigen Aufträgen sind die noch nicht abgerechneten Leistungen zum Jahresende zu bewerten.

#### Beispiel

Die Stella Medien entwickeln über den Jahreswechsel hinweg eine neue Stadtbroschüre. Für das laufende Jahr werden die noch nicht abgerechneten (Personal-/Sach-)Leistungen nach dem Stand der Fertigstellung bewertet.

| Aktivierte Eigenleistung: Broschüre »CityLine« | | | |
|---|---|---|---|
| | **Monatsgehalt** | **Tage** | |
| E. Meyer | 3.650 | 18 | 2.190,00 EUR |
| Chr. Meyer | 6.000 | 12 | 2.400,00 EUR |
| Layout | | | 1.000,00 EUR |
| ... | | | 80,00 EUR |

| Aktivierte Eigenleistung: Broschüre »CityLine« | | | |
|---|---|---|---|
| | Monatsgehalt | Tage | |
| ... | | | 250,00 EUR |
| Fotos | | | 2.075,00 EUR |
| ... | | | 200,00 EUR |
| ... | | | 744,00 EUR |
| ... | | | 60,00 EUR |
| Druck | | | 437,50 EUR |
| Summe | | | 9.436,50 EUR |

| | |
|---|---|
| Bestand Auftragsarbeiten Ende Vorjahr | 14.437 EUR |
| Bestand Auftragsarbeiten Ende lfd. Jahr | −9.437 EUR |
| Bestandsminderung | 5.000 EUR |

Eine Bestandsminderung zum Ende des Jahrs wird auf dem Bestandskonto im Haben erfasst.

| Soll | Haben | GegenKto | Konto | |
|---|---|---|---|---|
| 5.000,00 | | 8970/4815 | 7080/1080 | Bestandsveränd. Auftr. |

| BGA | IKR | SKR03 | SKR04 | Kontenbezeichnung (SKR) |
|---|---|---|---|---|
| 38 | 522 | 8980 | 4800 | Bestandsveränderung fertige Erzeugnisse |
| 39 | 22 | 7100 | 1100 | Fertige Erzeugnisse und Waren |
| 381 | 521 | 8960 | 4810 | Bestandsveränderung unfertige Erzeugnisse |
| 3962 | 210 | 7050 | 1050 | Unfertige Erzeugnisse |
| 382 | 523 | 8970 | 4815 | Bestandsveränderung unfertige Leistung |
| 3963 | 220 | 7080 | 1080 | Unfertige Leistungen |
| 383 | 5241 | 8975 | 4816 | Bestandsveränderung Bauaufträge |
| 3964 | 219 | 7090 | 1090 | In Ausführung befindliche Bauaufträge |

| BGA | IKR | SKR03 | SKR04 | Kontenbezeichnung (SKR) |
|---|---|---|---|---|
| 384 | 524 | 8977 | 4818 | Bestandsveränderung Aufträge in Arbeit |
| 3965 | 219 | 7095 | 1095 | In Arbeit befindliche Aufträge |

Auch im Umlaufvermögen, bei den Warenvorräten und beim Bestand an Roh-, Hilfs- und Betriebsstoffen kann Abschreibungsbedarf bestehen. Wertminderungen bei Vorräten werden dann als Aufwendungen verbucht,

- wenn die Wiederbeschaffungskosten unter die Anschaffungskosten der Vorräte gesunken sind oder
- wenn der voraussichtliche Veräußerungspreis die Selbstkosten nicht mehr deckt (Selbstkosten = Anschaffungspreis + anteiliger betrieblicher Aufwand + anteiliger Unternehmensgewinn aus dem Vorjahr). Gründe hierfür können z. B. bei Boutiquen die Änderung der Mode oder im Kfz-Handel das Vorhandensein von Ersatzteilen für Auslaufmodelle sein. Weitere Gründe sind das Ausbleichen von Ware, Sortimentsumstellungen etc.

**Beachten Sie:** !

**Die Preisrückgänge müssen zum Bilanzstichtag nicht bereits eingetreten sein, sondern können sich auch im unmittelbaren Anschluss an den Bilanzstichtag ereignen.**

Das Finanzamt wird sich aber möglicherweise nicht mit Klagen über gesunkene Verkaufschancen zufriedengeben, umso weniger, je kräftiger Sie abgewertet haben. Sie sollten sich also mit Zahlen und Berechnungen rüsten. Erfahrungsgemäß muss sich der Betriebsprüfer für eine Gegenrechnung nicht viel weniger Mühe machen:

- Gesunkene Wiederbeschaffungspreise sind durch Preislisten der Lieferanten leicht darzustellen.
- Tatsächlich erzielte niedrigere Verkaufspreise für eine ausreichende Menge an herabgesetzter Ware können Sie durch Preisherabsetzungslisten, durchgestrichene Preisschilder, Werbebroschüren oder -annoncen nachweisen.
- Zeigen Sie anhand der Verkaufspreise vor und nach der Preissenkung, um wie viel die Selbstkosten im Einzelfall unterschritten wurden und wie sich daraus die gebuchte Teilwertabschreibung zusammensetzt.

Auch eine Wertminderung wird über »Bestandsveränderungen« erfasst.

**Beispiel**

Die Fensterbaufirma R. aus Rastatt zählt in ihrem Bestand 40 Kunststofffenster und 60 Alufenster alter Modelle. Der Einkaufspreis des Herstellers für diese alten Modelle ist insgesamt um 15.000 EUR gesunken.

| Soll | Haben | GegenKto | Konto | |
|---|---|---|---|---|
| | 15.000,00 | 3960/5880 | 3982/1142 | Wertminderung Bestand Fenster |

### 10.2.9 Geleistete Anzahlungen

| BGA | IKR | SKR03 | SKR04 | Kontenbezeichnung (SKR) |
|---|---|---|---|---|
| 114 | 23 | 1510 | 1180 | Geleistete Anzahlungen auf Vorräte |
| 1141 | 230 | 1511 | 1181 | Geleistete Anzahlungen 7 % VSt. |
| 1143 | 232 | 1518 | 1186 | Geleistete Anzahlungen 19 % VSt. |

Erhaltene Anzahlungen auf Bestellungen werden traditionell auf der Passivseite der Bilanz ausgewiesen. Besser ist es allerdings, die Anzahlungen von den Vorräten auf der Aktivseite der Bilanz offen abzusetzen und damit die Bilanzsumme zu verkürzen.

| BGA | IKR | SKR03 | SKR04 | Kontenbezeichnung (SKR) |
|---|---|---|---|---|
| 175 | 232 | 1710 | 1190 | Erhaltene Anzahlungen auf Bestellungen |

## 10.3 Teilwertabschreibung

Der niedrigere Markt- oder Börsenpreis entspricht regelmäßig dem steuerlichen Teilwert (Fiktion) und auch dem sog. »beizulegenden Wert« des Handelsrechts. Wurden bislang Vereinfachungsverfahren nach dem Durchschnittswert oder der Verbrauchsfolge für die Wertermittlung der Vorräte betrachtet, zielt der Teilwertansatz unmittelbar auf einen niedrigen Gewinn und damit auf eine punktuelle Steuerersparnis. Vor den Finanzgerichten wird deshalb eifrig über die zulässige Höhe der Teilwertabschreibungen gestritten.

Der Teilwert von Vorratsgütern bestimmt sich im Allgemeinen nach den Wiederbeschaffungskosten. Dieser Wertansatz kann leicht durch Einkaufspreislisten dokumentiert werden.

**Tipp:** !

**Der Teilwert von Wirtschaftsgütern des Vorratsvermögens, deren Einkaufspreis am Bilanzstichtag unter die Anschaffungskosten gesunken ist, deckt sich in der Regel mit den Wiederbeschaffungskosten dieser Wirtschaftsgüter am Bilanzstichtag, und zwar auch dann, wenn mit einem entsprechenden Rückgang der Verkaufspreise nicht gerechnet werden muss (R 6.8 Abs. 2 EStR).**

## 10.3.1 Sinkende Verkaufspreise

Bei Waren kann auch der Absatzmarkt von Bedeutung sein. Ist der Veräußerungspreis von Waren gesunken, z. B. wegen langer Lagerdauer oder einer Veränderung des modischen Geschmacks, kann der Teilwert retrograd anhand des voraussichtlichen Veräußerungserlöses nach Abzug des durchschnittlichen Unternehmergewinns und des noch anfallenden betrieblichen Aufwands bestimmt werden.

Der steuerliche Teilwert ist sogar noch niedriger als der sich aus der verlustfreien Bewertung ergebende Vergleichswert. Denn in der Steuerbilanz ist vom Verkaufserlös noch der durchschnittliche Gewinn abzuziehen. In der Handelsbilanz darf der durchschnittliche Unternehmergewinn allerdings nicht berücksichtigt werden.

### Beispiel

| | | |
|---|---|---|
| | Resterlös (Vergleichswert) | 6.000 EUR |
| – | Gewinnabschlag 10 % | 600 EUR |
| – | Herstellungskosten bis zum Bilanzstichtag | 8.000 EUR |
| = | Teilwertabschreibung auf die Herstellungskosten | –2.600 EUR |

! **Beachten Sie:**

Nach dem erstmaligen Ansatz des Teilwerts muss der Unternehmer jedes Jahr aufs Neue prüfen, ob der niedrigere Wert beibehalten werden kann, und den Nachweis erbringen, dass es sich so verhält. Dabei ist es unerheblich, ob der ursprüngliche Grund für die Teilwertabschreibung weggefallen ist oder ob ggf. aus anderen Gründen ein höherer Wert als im Vorjahr anzusetzen ist. Die Wertobergrenze für eine eventuelle Zuschreibung sind und bleiben die Anschaffungs- oder Herstellungskosten.

Fallen nach dem Bilanzstichtag weitere Kosten an, verkompliziert sich die Berechnung des Teilwerts. Die sog. Subtraktionsmethode nach R 6.8 Abs. 3 S. 3 EStR setzt eine Betriebsabrechnung mit Bestimmung der einzelnen noch anfallenden Kostenarten voraus:

Niedriger Teilwert = voraussichtlich erzielbarer Verkaufserlös – durchschnittlicher Unternehmergewinn – des nach dem Bilanzstichtag noch anfallenden betrieblichen Aufwands.

**Beispiel**

| | |
|---|---|
| Ursprünglicher Verkaufspreis, 20.000 EUR; | 8.000 EUR |
| Anschaffungskosten 10.000 EUR, | |
| davon noch erzielbar 40 % | |
| durchschnittlicher Unternehmergewinn 5 % von 8.000 EUR | –400 EUR |
| Nach dem Bilanzstichtag fallen 70 % der betrieblichen Kosten an: | |
| ursprünglicher Verkaufspreis 20.000 EUR | –6.300 EUR |
| ▪ durchschnittl. Unternehmergewinn 1.000 EUR | |
| ▪ Anschaffungskosten 10.000 EUR = 9.000 EUR | |
| davon 70 % | |
| Niedriger Teilwert | 1.300 EUR |

## 10.3.2 Gängigkeitsabschreibungen

Gerade bei einer Vielzahl unterschiedlicher Vorräte gestalten sich individuelle Teilwertabschreibungen aufgrund mangelnder Gängigkeit recht schwierig. Hier bieten sich anstelle von Einzelschätzungen und Einzelabschreibungen pauschale Abschreibungsverfahren an.

Mangelnde Gängigkeit schlägt sich im Allgemeinen in längerer Lagerdauer nieder. Eine lange Lagerdauer rechtfertigt für sich allein allerdings noch keine Teilwertabschreibung, solange die Waren noch zu den ursprünglichen Preisen verkauft werden können. Die langen Lagerzeiten wirken sich zusätzlich auch finanziell durch

- hohe Lagerhaltungskosten,
- hohe Finanzierungskosten,
- geminderte Absatzmöglichkeit

aus. Die folgenden Anforderungen werden an Gängigkeitsabschreibungen gestellt:

- Es sind tief gestaffelte Gängigkeitsklassen nach Alters-, Größen- und Preislagen zu definieren und eng voneinander abzugrenzen.
- Für jede Gängigkeitsklasse ist die voraussichtliche durchschnittliche Lagerdauer nach dem Bilanzstichtag festzustellen und der detaillierte Nachweis zu erbringen, dass der Teilwert unter den Anschaffungskosten liegt. Dafür sollten die Anschaffungskosten direkt aufgezeichnet worden sein und nicht etwa retrograd aus den Verkaufspreisen ermittelt werden.
- Es ist zu berechnen, welche Lagerkosten während der durchschnittlichen Lagerdauer anfallen und welchen Einfluss sie auf den Teilwert haben. Lagerkosten sind Raumkosten, Kosten der Lagerverwaltung (insbesondere die damit verbundenen Personalkosten), Lagerrisiken, z. B. Beschädigung oder Diebstahl, anteilige Fremdkapitalzinsen. Sie sind in einem Prozentsatz der Anschaffungskosten anzugeben.

### Beispiel

Berechnung der Lagerkosten pro Gängigkeitsklasse:

Die Lagerkosten betragen, bezogen auf die Anschaffungskosten, 12 Prozent pro Jahr (= 1 Prozent pro Monat). Bei der Aufteilung des Bestands in Gängigkeitsklassen ergeben sich daraus die durchschnittlichen künftigen Lagerkosten pro Klasse:

| Gängigkeitsklasse | Lagerreichweite in Monaten (von … bis) | Lagerdauer in Monaten (Durchschnitt) | Lagerkosten (Durchschnitt) in % |
|---|---|---|---|
| 1–3 | 0–18 | 3–15 | 3–15 |
| 4 | 18–24 | 21 | 21 |
| 5 | 24–30 | 27 | 27 |
| 6 | 30–36 | 33 | 33 |
| 7 | 36–48 | 42 | 42 |
| 8 | 48–60 | 54 | 54 |
| 9 | 60 und mehr | 68 | 68 |

Die Anschaffungskosten eines Vorratsguts belaufen sich auf 500 EUR, die voraussichtlichen, unverändert bleibenden Verkaufspreise auf 800 EUR. Der durchschnittliche Unternehmergewinn wird mit 12,5 Prozent der Verkaufspreise (= 100 EUR) angenommen. Die für die Bestände nach dem Bilanzstichtag noch anfallenden allgemeinen Verwaltungs- und Vertriebskosten sollen weitere 12,5 Prozent der Verkaufspreise (= 100 EUR) ausmachen. Für die Gängigkeitsklassen 4 bis 9 ergeben sich die folgenden Teilwerte und Teilwertabschreibungen:

| | Gängigkeitsklassen | | | | | |
|---|---|---|---|---|---|---|
| **In den Gängigkeitsklassen 1–3 liegt der Teilwert über den Anschaffungskosten; Teilwertabschreibungen entfallen hier** | **4** | **5** | **6** | **7** | **8** | **9** |
| Verkaufspreis | 800 | 800 | 800 | 800 | 800 | 800 |
| jeweils 12,5 % von 800 für Gewinn und VV-Kosten | −200 | −200 | −200 | −200 | −200 | −200 |
| künftige Lagerkosten (Prozentsatz x 500 EUR) | −105 | −135 | −165 | −210 | −270 | −340 |
| = Teilwert | 495 | 465 | 435 | 390 | 330 | 260 |
| Anschaffungskosten | 500 | 500 | 500 | 500 | 500 | 500 |
| Erforderliche Abschreibung auf den niedrigeren Teilwert | 5 | 35 | 65 | 110 | 170 | 240 |
| Teilwertabschreibung in % der Anschaffungskosten | 1 % | 7 % | 13 % | 22 % | 34 % | 48 % |

# 10.4 Forderungen und sonstige Vermögensgegenstände

## 10.4.1 Forderungen aus Lieferungen und Leistungen

Sie haben die Kundenkonten bereits abgestimmt bzw. die Forderungen gegenüber den Kunden aufgestellt. Im DATEV-System ist das Sammelkonto für die Salden sämtlicher Debitorenkonten nicht direkt bebuchbar. Wenn Sie keine Kundenkonten bebuchen, steht ein anderes Konto zur Verfügung.

| SKR03 | SKR04 | Kontenbezeichnung (SKR) |
|---|---|---|
| 1400 | 1200 | Forderungen aus Lieferungen u. Leistungen (autom. Saldo) |
| 1410 | 1210 | Forderungen aus Lieferungen u. Leistungen (o. Kontokorrent) |

Auch beim Ist-Versteuerer nach § 20 UStG sind die Forderungen zum Jahresende aufzustellen. Die Erlöse sind dem Gewinn des abzuschließenden Jahrs zuzurechnen. Allerdings wird die Umsatzsteuer erst bei der Zahlung durch den Kunden fällig.

Die Umsatzversteuerung nach vereinnahmten Entgelten können auch GmbH & Co. KGs beim Finanzamt formlos beantragen, wenn ihr Gesamtumsatz im vorangegangenen Kalenderjahr nicht mehr als 500.000 EUR betragen hat.

### Beispiel

Aufstellung Forderungen aus Lieferungen und Leistungen (Umsätze zu 19 Prozent Umsatzsteuer) zum 31.12.2016.

| | Rg-Nummer | Rg-Datum | Rg-Betrag |
|---|---|---|---|
| Avalon GmbH | 349 | 1.12. | 1.234,04 EUR |
| ... | | | |
| Müller KG | 234 | 10.8. | 235,45 EUR |
| 23.11. | 303 | | 430,68 EUR |
| 8.12. | 402 | | 1.508,00 EUR |
| ... | | | |

| | Rg-Nummer | Rg-Datum | Rg-Betrag |
|---|---|---|---|
| Xenon GmbH | 103/00 | 6.7. | 3.490,40 EUR |
| Gesamte Forderungen LuL | | | 23.200,00 EUR |

Als vereinnahmt gilt bei Überweisungen die Gutschrift auf dem Bankkonto oder die Entgegennahme eines Schecks.

Als Soll-Versteuerer buchen Sie die Forderungen als Erlöse mit fälliger Umsatzsteuer ein:

| Soll | Haben | GegenKto | Konto | |
|---|---|---|---|---|
| 20.000,00 | | 8000/4000 | 1410/1210 | Forderungen LuL zum 31.12. |
| 3.200,00 | | 1776/3806 | 1410/1210 | USt. Forderungen LuL zum 31.12. |

| BGA | IKR | SKR03 | SKR04 | Kontenbezeichnung (SKR) |
|---|---|---|---|---|
| 18 | 480 | 1770 | 3800 | Umsatzsteuer |
| 1812 | 4801 | 1771 | 3801 | Umsatzsteuer 7 % |
| 1813 | 4804 | 1776 | 3806 | Umsatzsteuer 19 % |
| 1829 | 481 | 1760 | 3810 | Umsatzsteuer nicht fällig |
| 1829 | 4811 | 1761 | 3811 | Umsatzsteuer nicht fällig 7 % |
| 1829 | 4814 | 1766 | 3816 | Umsatzsteuer nicht fällig 19 % |

Für Besitzwechsel aus Umsatzgeschäften mit Ihren Kunden verwenden Sie das Konto:

| SKR03 | SKR04 | Kontenbezeichnung (SKR) |
|---|---|---|
| 1300 | 1230 | Wechsel aus Lieferung und Leistung |

Finanzwechsel stehen in keinem Zusammenhang mit einem Umsatzgeschäft. Sie werden als sonstige Wertpapiere erfasst.

Zweifelhafte Forderungen sollten nach alter Buchhalterschule auf gesonderte Konten umgebucht werden. Im »neuen« Handelsrecht seit 1986 interessieren jedoch nicht mehr die Zweifel an der Werthaltigkeit als solche, sondern die Höhe, in der Abschläge zu erwarten sind. Deshalb müssen Sie sich in der Bilanz nicht zu den zweifelhaften Forderungen bekennen. Bebuchen Sie Kundenkonten, wäre außerdem die Einzelforderung in den Folgejahren kaum mehr zuzuordnen.

Stattdessen sind die zweifelhaften Forderungen zum Jahresende neu zu bewerten:

- Forderungsverluste sind vollständig abzuschreiben.
- Wertminderungen einzelner Forderungen sind als Einzelwertberichtigungen zu erfassen.
- Ein allgemeines Ausfallrisiko schließlich kann ggf. über Pauschalwertberichtigungen berücksichtigt werden.

Sofern nicht schon bei den Abstimmarbeiten geschehen, buchen Sie Totalverluste — etwa durch den Konkurs oder den Tod eines Kunden — aufwandswirksam aus.

### Beispiel

Kurz vor der Aufstellung der Bilanz im Mai 2017 wird der Konkursantrag des Kunden Müller bekannt, der mangels Masse abgelehnt wird. Mit dem Eingang auch nur eines Teils der zum Jahresende offenen Forderung aus dem April 2016 über brutto 3.000 EUR kann deshalb nicht mehr gerechnet werden.

a) Die Forderungen gegenüber dem Kunden Müller sind auf dem Konto »Forderungen aus Lieferungen und Leistungen« erfasst.

b) Die Forderungen sind auf dem Kundenkonto 12300 erfasst.

| Soll | Haben | GegenKto | Konto | |
|---|---|---|---|---|
| | 3.000,00 | 2405/6935 | 1410/1210 | a) Forderungsverlust Fa. Müller |
| | 3.000,00 | 2405/6935 | 12300/ 12300 | b) Forderungsverlust Fa. Müller |

| BGA | IKR | SKR03 | SKR04 | Kontenbezeichnung (SKR) |
|---|---|---|---|---|
| 231 | 6950 | 2400 | 6930 | Forderungsverluste |
| 2313 | 6953 | 2401 | 6931 | Forderungsverluste 7 % USt. |
| 2312 | 6952 | 2405 | 6935 | Forderungsverluste 19 % USt. |

Im Umlaufvermögen sind die folgenden Forderungspositionen getrennt auszuweisen:

### 10.4.2 Forderungen gegen verbundene Unternehmen

| BGA | IKR | SKR03 | SKR04 | Kontenbezeichnung (SKR) |
|---|---|---|---|---|
| 108 | 25 | 1594 | 1260 | Ford. gg. verbund. Unternehmen |
| 1081 | 2531 | 1595 | 1261 | Ford. gg. verbund. Untern. (b. 1 J.) |
| 1082 | 2532 | 1596 | 1265 | Ford. gg. verbund. Untern. (g.1 J.) |
| 1083 | 252 | 1310 | 1266 | Besitzw. gg. verbund. Unternehmen |
| 1084 | 2520 | 1311 | 1267 | Besitzw. gg. verbund. Untern. (b. 1 J.) |
| 1085 | 2521 | 1312 | 1268 | Besitzw. gg. verbund. Untern. (g. 1 J.) |
| 1086 | 2522 | 1315 | 1269 | Besitzw. gg. verbund. Untern., bundesbankfähig |
| 1087 | 250 | 1470 | 1270 | Ford. aus LuL gg. verbund. Untern. |
| 1088 | 2501 | 1471 | 1271 | Ford. aus LuL gg. verbund. Untern. (b. 1 J.) |
| 1089 | 2502 | 1475 | 1275 | Ford. aus LuL gg. verbund. Untern. (g. 1 J.) |

### 10.4.3 Forderungen gegen Unternehmen, mit denen ein Beteiligungsverhältnis besteht

| SKR03 | SKR04 | Kontenbezeichnung (SKR) |
|---|---|---|
| 1597 | 1280 | Forderungen gg. Untern. mit Beteiligungsverhältnis |
| 1598 | 1281 | Forderg. gg. Untern. mit Beteiligungsverhältnis (b. 1 J.) |
| 1599 | 1285 | Forderg. gg. Untern. mit Beteiligungsverhältnis (g. 1 J.) |
| 1320 | 1286 | Besitzwechsel gg. Untern. m. Beteiligungsverhältnis |
| 1321 | 1287 | Besitzwechsel gg. Untern. m. Beteiligungsverhältnis (b. 1 J.) |
| 1322 | 1288 | Besitzwechsel gg. Untern. m. Beteiligungsverhältnis (g. 1 J.) |
| 1325 | 1289 | Besitzwechsel gg. Untern. m. Beteiligungsverhältnis bbf |
| 1480 | 1290 | Forderg. aus LuL gg. Untern. m. Beteiligungsverhältnis |

| SKR03 | SKR04 | Kontenbezeichnung (SKR) |
|---|---|---|
| 1481 | 1291 | Forderg. aus LuL gg. Untern. m. Beteiligungsverhältnis (b. 1 J.) |
| 1485 | 1295 | Forderg. aus LuL gg. Untern. m. Beteiligungsverhältnis (g. 1 J.) |

### 10.4.4 Forderungen gegen Gesellschafter einer Personengesellschaft

Die Vorschriften zur E-Bilanz verlangen eine tiefe Gliederung der Forderungen.

| SKR03 | SKR04 | Kontenbezeichnung (SKR) |
|---|---|---|
| 920 | 2070 | Gesellschafter-Darlehen |
| 1373 | 1327 | Ford. gg. Kommanditisten und atypisch stille Gesellschafter |
| 1374 | 1328 | Forderungen gegen Kommanditisten und atypisch stille Gesellschafter, Restlaufzeit bis 1 Jahr |
| 1375 | 1329 | Forderungen gegen Kommanditisten und atypisch stille Gesellschafter, Restlaufzeit größer 1 Jahr |
| 1385 | 1317 | Forderungen gegen persönlich haftende Gesellschafter |
| 1386 | 1318 | Forderungen gegen persönlich haftende Gesellschafter, Restlaufzeit bis 1 Jahr |
| 1387 | 1319 | Forderungen gegen persönlich haftende Gesellschafter, Restlaufzeit größer 1 Jahr |
| 1490 | 1250 | Forderungen aus LuL gg. Gesellschafter |
| 1491 | 1251 | Forderg. aus LuL gg. Gesellschafter (b. 1 J.) |
| 1495 | 1255 | Forderg. aus LuL gg. Gesellschafter (g. 1 J.) |
| 1503 | 1310 | Forderungen gg. Geschäftsf. (b. 1 J.) |
| 1504 | 1315 | Forderungen gg. Geschäftsf. (g. 1 J.) |
| 1505 | 1320 | Forderungen gg. Aufsichtsratsm. (b. 1 J.) |
| 1506 | 1325 | Forderungen gg. Aufsichtsratsm. (g. 1 J.) |
| 1507 | 1330 | Forderungen gegen sonstige Gesellschafter |
| 1507 | 1331 | Forderungen gegen sonstige Gesellschafter — Restlaufzeit b. 1 J. |
| 1508 | 1335 | Forderungen gegen sonstige Gesellschafter — Restlaufzeit g. 1 J. |

## 10.4.5 Restlaufzeitvermerke in der Bilanz

Nach § 268 Abs. 4 HGB sind bei Kapitalgesellschaften Forderungen mit einer Restlaufzeit von mehr als einem Jahr bei jedem gesondert ausgewiesenen Posten zu vermerken. Das gilt auch für eine GmbH & Co. KG, die für die Veröffentlichung im Bundesanzeiger den Ausweis wahlweise in der Bilanz oder im Anhang vornehmen kann.

! **Arbeitsschritt:**

Gliedern Sie die entsprechenden Forderungen und Verbindlichkeiten nach der Restlaufzeit um.

### Aktiva

| SKR03 | SKR04 | Kontenbezeichnung (SKR) |
|---|---|---|
| 1451 | 1221 | Forderg. a. Lieferungen/Leistungen (b. 1 J.) |
| 1455 | 1225 | Forderg. a. Lieferungen/Leistungen (g. 1 J.) |
| 1460 | 1240 | Zweifelhafte Forderungen |
| 1461 | 1241 | Zweifelhafte Forderungen (b. 1 J.) |
| 1465 | 1245 | Zweifelhafte Forderungen (g. 1 J.) |
| 1301 | 1231 | Wechsel a. Lieferungen/Leistungen (b. 1 J.) |
| 1302 | 1232 | Wechsel a. Lieferungen/Leistungen (g. 1 J.) |
| 1305 | 1235 | Wechsel a. Lieferungen/ Leistungen bundesbankf. |
| 1500 | 1300 | Sonstige Vermögensgegenstände |
| 1501 | 1301 | Sonstige Vermögensgegenstände (b. 1 J.) |
| 1502 | 1305 | Sonstige Vermögensgegenstände (g. 1 J.) |
| 1551 | 1361 | Darlehen (b. 1 J.) |
| 1555 | 1365 | Darlehen (g. 1 J.) |
| 1526 | 1351 | Kautionen (b. 1 J.) |
| 1527 | 1355 | Kautionen (g. 1 J.) |

### 10.4.6 Unüblich hohe Abschreibungen auf Umlaufvermögen

Auch beim Umlaufvermögen, den Warenvorräten und dem Bestand an Roh-, Hilfs- und Betriebsstoffen kann es unüblichen Abschreibungsbedarf geben.

| BGA | IKR | SKR03 | SKR04 | Kontenbezeichnung (SKR) |
|---|---|---|---|---|
| 232 | 657 | 4880 | 6270 | Abschr. Vermögensgegenstände UV |
| 232 | 658 | 4882 | 6272 | Abschr. auf UV, steuerr. bedingt |
| 232 | 6951 | 4880 | 6280 | Forderungsverluste |
| 2323 | 6951 | 2401 | 6281 | Forderungsverluste 7 % USt. |
| 2430 | 6957 | 2406 | 6286 | Forderungsverluste 19 % USt. |

### 10.4.7 Wertberichtigungen

In die Bilanz gehören realistisch bewertete Forderungen, keine Luftgeschäfte mit zahlungsfaulen Kunden. Sie können den Wert zweifelhafter Forderungen einzeln oder pauschal berichtigen, auch wenn die Wertminderung erst später bekannt wird.

#### Einzelwertberichtigung

Bei der Einzelwertberichtigung berücksichtigen Sie konkrete Risiken, die einzelne Forderungen betreffen.

**Tipp:** !

Um die Forderung weiterhin überwachen zu können, empfiehlt sich eine indirekte Abschreibung. Die zweifelhafte Forderung bleibt in voller Höhe auf dem Forderungskonto ausgewiesen. Ein Korrekturposten in Höhe der Wertminderung wird entweder auf der Passivseite ausgewiesen oder auf der Aktivseite von den Forderungen abgesetzt.

#### Beispiel

| | | |
|---|---|---|
| | Forderungen und sonstige Vermögensgegenstände | |
| | Forderungen aus Lieferungen und Leistungen | 100.000 EUR |
| – | Wertberichtigungen auf Forderungen | 5.000 EUR |
| | | 95.000 EUR |

Zu jeder berichtigten Forderung findet sich somit bei einer Wertberichtigung ein solcher spiegelbildlicher Ausgleichsposten. Kommt es in den Folgejahren zu einem Forderungsausgleich oder -totalausfall, sind auch die Wertberichtigungen auszugleichen.

| BGA | IKR | SKR03 | SKR04 | Kontenbezeichnung (SKR) |
|---|---|---|---|---|
| 052 | 2491 | 0998 | 1246 | Einzelwertb. Forderung (b. 1 J.) |
| 0521 | 2491 | 0999 | 1247 | Einzelwertb. Forderung (> 1 J.) |
| 2345 | 6952 | 2731 | 6923 | Einstellung Einzelwertb. Forderungen |
| 2753 | 5453 | 2731 | 4923 | Erträge Auflösung Einzelwertb Forderungen |

### Beispiel

Eine Kundenforderung über 2.000 EUR kann vermutlich nur noch zur Hälfte realisiert werden. Die Forderung könnte um 1.000 EUR direkt abgeschrieben werden (direkte Abschreibungsmethode).

Besser ist jedoch die indirekte Abschreibungsmethode: In der Bilanz bleibt die Forderung mit 2.000 EUR in voller Höhe bestehen. Dafür ist auf der Passivseite eine Wertberichtigung i. H. v. 1.000 EUR einzustellen.

In beiden Fällen wird ein Aufwand von 1.000 EUR geltend gemacht.

| Soll | Haben | GegenKto | Konto | |
|---|---|---|---|---|
| | 1.000,00 | 2731/6923 | 0998/1246 | Einzelwertberichtigung |

### Pauschalwertberichtigung

Mit der Pauschalwertberichtigung können Sie an einzelnen Forderungen noch nicht zuordenbare Ausfallrisiken, Erlösschmälerungen (Skonti), Zinsverluste wegen verspäteter Zahlung und Mahnkosten innerhalb des gesamten Forderungsbestands berücksichtigen.

**Beachten Sie:**

!

**Als Maßstab dieses pauschalen Risikos gilt der Nettoumsatz des gesamten Jahrs – abzüglich der einzelwertberichtigten Forderungen und Barumsätze.**

Bis vor zehn Jahren blieben bei Betriebsprüfungen 3 Prozent Wertberichtigungen auf die ausstehenden Forderungen auch ohne Nachweis unbeanstandet, danach wurde die Grenze auf 1 Prozent gesenkt oder der Ansatz generell verworfen.

Ein Ausfallrisiko betrifft nicht nur den Totalausfall, der meist schon an einzelnen Forderungen festzumachen ist. Gelegentlich machen manche Kunden Reklamationen geltend, wo tatsächlich mangelnde Zahlungsmoral zugrunde liegt. Und da die Zahlungsfähigkeit angesichts zunehmender Pleiten noch weiter zurückgeht, sind die Durchschnittswerte der letzten Jahre entsprechend hoch zu rechnen.

**Tipp:**

!

**Wenn Sie unterschiedliche Risiken bei Teilbeständen der Forderungen ausmachen können, sollten Sie auch unterschiedliche Prozentsätze bei Pauschalwertberichtigungen ansetzen.**

- Bei ausländischen Forderungen können politische Länderrisiken, Währungsrisiken, Devisenprobleme bei den Kunden und Schwierigkeiten bei der Rechtsverfolgung säumiger Zahler entstehen.
- Erlösschmälerungen, Skonti, Zinsverluste und Mahnkosten lassen sich einzeln im Verhältnis zum bereinigten Nettoumsatz festmachen.

## Beispiel

Die Forderungen zum Jahresende belaufen sich auf netto 525.000 EUR, von denen 25.000 EUR bereits einzelwertberichtigt sind.

| | |
|---|---|
| Das allgemeine Ausfallrisiko stieg in den letzten Jahren um jeweils 5 % und betrug im Vorjahr im Verhältnis zum Nettoumsatz ohne Barverkäufe 2 %. | 2,10 % |
| Die durchschnittlichen Skonti und Preisnachlässe in den Vorjahren betrugen 3 % auf 50 % der Umsätze. | 1,50 % |

| | |
|---|---|
| Bei der Warengruppe IV (1/20 des Forderungsbestands) kommt es wegen unausgereifter Technik zu hohen Warenrückgaben von 20 %. Die Wertminderung durch Rücksendung beträgt 50 % (demnach 5 % × 20 % × 50 %). | 0,50 % |
| Mahn-, Prozess- und Einziehungskosten belaufen sich auf durchschnittlich 0,5 % des Umsatzes. | 0,50 % |
| 50 % der Umsätze (ohne Barverkäufe) werden nach Ablauf der Skontofrist, jedoch innerhalb von durchschnittlich 2 Monaten bezahlt. Der Kalkulationszins beträgt 9 % p. a. = 0,75 %/Monat. (= 50 % x 2 Mon. x 0,75 %). | 0,75 % |
| | 5,35 % |
| Pauschalwertberichtigung auf die gesamten Nettoforderungen von 500.000 x 5,35 % = | 26.750,00 EUR |

| Soll | Haben | GegenKto | Konto | |
|---|---|---|---|---|
| | 26.750,00 | 2450/6920 | 0996/1248 | Pauschalwertberichtigung Forderungen |

In vielen Fällen lohnt sich eine detaillierte Forderungsanalyse, um die pauschale Wertberichtigung nachzuweisen. Geben Sie sich also nicht mit mageren 1 Prozent zufrieden, zumal auch auf diesen Prozentsatz kein Rechtsanspruch besteht.

| BGA | IKR | SKR03 | SKR04 | Kontenbezeichnung (SKR) |
|---|---|---|---|---|
| 052 | 2492 | 0996 | 1248 | Pauschalwertb. Forderungen (b. 1 J.) |
| 0521 | 2492 | 0997 | 1249 | Pauschalwertb. Forderungen (g. 1 J.) |
| 234 | 6953 | 2450 | 6920 | Einstellung Pauschalwertb. Forderungen |
| 2730 | 4920 | 5452 | 2752 | Erträge Herabsetzung Pauschalwertb. Forderungen |

## 10.4.8 Sonstige Vermögensgegenstände des Umlaufvermögens

Sonstige Vermögensgegenstände des Umlaufvermögens werden auf den folgenden Konten erfasst:

| SKR03 | SKR04 | Kontenbezeichnung (SKR) |
|---|---|---|
| 1500 | 1300 | Sonstige Vermögensgegenstände |
| 1503 | 1310 | Forderungen gegen Geschäftsf. u. Vorstandsmitglieder |

| SKR03 | SKR04 | Kontenbezeichnung (SKR) |
|---|---|---|
| 1505 | 1320 | Forderungen gegen Aufsichtsrats- und Beiratsmitglieder |
| 1530 | 1340 | Forderungen gegen Personal |
| 1525 | 1350 | Kautionen |
| 1550 | 1360 | Darlehen |
| 1590 | 1370 | Durchlaufende Posten |
| 1521 | 1375 | Agenturwarenabrechnung |

Hier handelt es sich um die folgenden Posten:

- Forderungen gegen Personal können durch Lohn- und Gehaltsvorschüsse entstehen.
- Geleistete Kautionen werden als kurzfristige Forderungen erfasst.
- Darlehen im Umlaufvermögen sind nicht auf Dauer gegeben.
- Durchlaufende Posten sind Betriebsausgaben und -einnahmen, die im Namen und auf Rechnung eines anderen vereinnahmt sind.
- In der Agenturwarenabrechnung bzw. Kommissionsabrechnung sind auf diesem Konto Forderungen zu erfassen.

Im alten Jahr (vorläufig) nicht abziehbar sind z. B. die Vorsteuern aus den Jahresabschlusskosten, der Dezemberbuchhaltung u. Ä., weil Vorsteuer grundsätzlich nur aus vorliegenden Rechnungen erbrachter Lieferungen und Leistungen gezogen werden kann. Gleichwohl gehören diese Kosten als Betriebsausgaben wirtschaftlich ins alte Jahr.

Diese Position ist somit beim Verbuchen der Verbindlichkeiten nochmals zu überprüfen. Im neuen Jahr wird in diesen Fällen »nicht abziehbare« in »abziehbare« Vorsteuer umgebucht.

| BGA | IKR | SKR03 | SKR04 | Kontenbezeichnung (SKR) |
|---|---|---|---|---|
| 148 | 2629 | 1548 | 1434 | Vorsteuer im Folgejahr abziehbar |

Bezogen auf den Vorsteuerabzug können sich die Verhältnisse an einem Wirtschaftsgut ändern, z. B. dadurch, dass ein Gebäude nicht mehr steuerpflichtig vermietet wird. Findet die Änderung in den ersten fünf Jahren der Nutzung statt (bei Immobilien innerhalb von zehn Jahren), muss die erstattete Vorsteuer berichtigt werden. Sie beträgt für jedes Jahr der geänderten Verhältnisse ein Fünftel der bei der Anschaffung oder Herstellung abgezogenen Vorsteuer (bei Immobilien ein Zehntel).

| SKR03 | SKR04 | Kontenbezeichnung (SKR) |
|---|---|---|
| 1578 | 1408 | Berichtigter VSt.-Abzug früherer Jahre |

Die Vorsteuer ist nicht abziehbar, soweit der Unternehmer Umsätze tätigt, die den Vorsteuerabzug ausschließen, z. B. steuerfreie Umsätze nach § 4 Nr. 8 bis 28 UStG. Vorsteuerbeträge sind auf diesem Konto zu erfassen und nach wirtschaftlicher Zuordnung aufzuteilen in abziehbare und nicht abziehbare Vorsteuer. Spätestens zum Jahresende ist das Konto »Aufzuteilende Vorsteuer« aufzulösen.

| SKR03 | SKR04 | Kontenbezeichnung (SKR) |
|---|---|---|
| 1560 | 1410 | Aufzuteilende Vorsteuer |
| 1561 | 1411 | Aufzuteilende Vorsteuer 7 % |
| 1566 | 1416 | Aufzuteilende Vorsteuer 19 % |
| 3800 | 5800 | Anschaffungsnebenkosten |
| 3610 | 5610 | Nicht abziehbare Vorsteuer 7 % |
| 3660 | 5660 | Nicht abziehbare Vorsteuer 19 % |

Eine Baugesellschaft erzielt zur Hälfte umsatzsteuerfreie Umsätze aus Wohnvermietungen und umsatzsteuerpflichtige Umsätze aus gewerblichen Vermietungen. Die Vorsteuer ist nach wirtschaftlichen Gesichtspunkten den zwei Bereichen zuzuordnen. Einige Renovierungsausgaben betreffen das Gesamtobjekt. Auf dem Konto »Aufzuteilende Vorsteuer« sind Ende des Jahrs 5.000 EUR aufgelaufen. Sie werden hälftig nach dem Umsatzschlüssel aufgeteilt.

| Soll | Haben | GegenKto | Konto | |
|---|---|---|---|---|
| | 2.500,00 | 1570/1400 | 1560/1410 | Abziehbare Vorsteuer |
| | 2.500,00 | 4300/6860 | 1560/1410 | Nicht abziehbare Vorsteuer |

Die wirtschaftliche Zuordnung der Vorsteuer erfolgte in der Regel vorrangig nach dem Quadratmeterschlüssel. Vorsteuerbeträge können aber nach dem (objektbezogenen) Umsatzschlüssel aufzuteilen, wenn erhebliche Unterschiede in der Ausstattung der verschiedenen Zwecken dienenden Räume bestehen[5]. Damit lassen die in der Regel höheren Gewerbemieten bei Anwendung des Umsatzschlüssels einen anteilig höheren Vorsteuerabzug zu.

Vorsteuern können sich auch als »sonstige betriebliche Aufwendungen« ergeben. Vorsteuerbeträge auf diesem Konto werden als Aufwendungen berücksichtigt.

| BGA | IKR | SKR03 | SKR04 | Kontenbezeichnung (SKR) |
|---|---|---|---|---|
| 425 | 7040 | 4300 | 6860 | Nicht abziehbare Vorsteuer |
| 4251 | 7041 | 4301 | 6865 | Nicht abziehbare Vorsteuer 7 % |
| 4253 | 7043 | 4306 | 6871 | Nicht abziehbare Vorsteuer 19 % |

Weitere Steuerforderungen sind auf den folgenden Konten zu erfassen:

| SKR03 | SKR04 | Kontenbezeichnung (SKR) |
|---|---|---|
| 1545 | 1420 | USt.-Forderungen |
| 1545 | 1421 | USt.-Forderungen laufendes Jahr |
| 1545 | 1422 | USt.-Forderungen Vorjahr |
| 1545 | 1425 | USt.-Forderungen frühere Jahre |
| 1547 | 1427 | Forderungen aus Verbrauchsteuern |
| 1540 | 1435 | Steuerüberzahlungen |
| 1542 | 1440 | Steuererstattungsanspruch gegen anderes EG-Land |

Entstandene Einfuhrumsatzsteuer aus Importen aus Drittländern (außerhalb der EU) sind wie Vorsteuer abziehbar.

| SKR03 | SKR04 | Kontenbezeichnung (SKR) |
|---|---|---|
| 1588 | 1433 | Entstandene Einfuhrumsatzsteuer |

5 BFH, Urteil v. 7.5.2014, V R 1/10.

Prüfen Sie bei einem nicht ausgeglichenen Geldtransit, ob zum Jahreswechsel tatsächlich ein Überhang besteht.

| SKR03 | SKR04 | Kontenbezeichnung (SKR) |
|---|---|---|
| 1360 | 1460 | Geldtransit |

## 10.5 Wertpapiere

Wertpapiere des Umlaufvermögens sind folgendermaßen zu gliedern:

- Anteile an verbundenen Unternehmen,
- eigene Anteile.

### 10.5.1 Sonstige Wertpapiere

Wertpapiere des Umlaufvermögens müssen mit dem zum Bilanzstichtag niedrigsten Wert angesetzt werden, der sich aus den Anschaffungskosten oder dem Kurswert ergibt. Steuerrechtlich ist eine Abschreibung auf einen niedrigeren Teilwert beim Umlaufvermögen nur bei einer voraussichtlich dauernden Wertminderung zulässig (§ 6 Abs. 1 Nr. 2 Satz 2 EStG).

**Beispiel**

Aktien der Fürstenpils-Brauerei AG, die Sie spekulativ als kurzfristige Anlage liquider Mittel halten, notieren wie folgt:

| | |
|---|---|
| Kurs 04.12.2015: | 303 EUR |
| Kurs 31.12.2015: | 220 EUR |
| Kurs 31.12.2016: | 300 EUR |

Beim Kauf von hundert Aktien am 4.12.2015 werden eine Bankprovision von 0,5 Prozent und eine Maklercourtage von 0,1 Prozent gezahlt.

Der korrekte Buchungssatz zum 4.12.2015 lautet:

| Soll | Haben | GegenKto | Konto | |
|---|---|---|---|---|
| | 30.482 | 1348/1510 | 1200/1800 | Ankauf der Aktien |

Bilanzansatz 31.12.2015 (vereinfacht):

| | |
|---|---|
| Ansatz des niedrigeren Kurswertes exakt: | 22.000 EUR |
| Ansatz des Kurswertes sowie 2/3 der Gebühren | 22.121 EUR |

Buchen Sie die Kursverluste ein:

| Soll | Haben | GegenKto | Konto | |
|---|---|---|---|---|
| | 8.361,00 | 4875/7210 | 1348/1510 | Abschreib. Wertpapiere UV |

| | |
|---|---|
| Bilanzansatz 31.12.2016: | |
| Vorjahreswert (ohne Gebühren) | 22.000 EUR |
| Vorjahreswert (inkl. Gebühren) | 22.121 EUR |
| Wertaufholung: Ansatz des Kurswertes (inkl. Gebühren) | 30.180 EUR |

Die Anschaffungskosten i. H. v. 30.482 EUR liegen über dem Kurswert zum 31.12.2015 und dürfen deshalb nicht angesetzt werden.

Die Wertaufholung und damit auch den Kursgewinn sollten Sie wie folgt erfassen:

| Soll | Haben | GegenKto | Konto | |
|---|---|---|---|---|
| 8.059,00 | | 2715/4915 | 1348/1510 | Erträge aus Wertaufholung |

| SKR03 | SKR04 | Kontenbezeichnung (SKR) |
|---|---|---|
| 4875 | 7210 | Abschreibungen Wertpapiere des UV |

Dokumentieren Sie börsennotierte Wertpapiere mit Kurszetteln zum Bilanzstichtag und Depotauszügen bzw. Kopien der Papiere.

### 10.5.2 Finanzwechsel

Finanzwechsel stehen nicht im Zusammenhang mit einem Umsatzgeschäft. Hier sind nur dann Besitzwechsel auszuweisen, wenn Ihnen die zugrunde liegende Forderung nicht zusteht. Eigene Wechsel (Solawechsel) dürfen überhaupt nicht bilanziert werden.

| SKR03 | SKR04 | Kontenbezeichnung (SKR) |
|---|---|---|
| 1345 | 1500 | Anteile an verbundenen Unternehmen |
| 1348 | 1510 | Sonstige Wertpapiere |
| 1327 | 1520 | Finanzwechsel |
| 4875 | 7210 | Abschreibungen Wertpapiere des UV |
| 2715 | 4915 | Erträge Zuschreibung UV-Gegenstände |
| 0855 | 2960 | Andere Gewinnrücklagen |

Kopieren Sie die Wechsel zum Bestandsnachweis.

## 10.6 Schecks, Kassenbestand, Bundesbank- und Postgiroguthaben, Guthaben bei Kreditinstituten

Die folgenden Konten sind vorgesehen:

| SKR03 | SKR04 | Kontenbezeichnung (SKR) |
|---|---|---|
| 1330 | 1550 | Schecks |
| 1000 | 1600 | Kasse |
| 1010 | 1610 | Nebenkasse 1 |
| 1100 | 1700 | Postgiro |

| SKR03 | SKR04 | Kontenbezeichnung (SKR) |
|---|---|---|
| 1190 | 1780 | LZB-Guthaben |
| 1195 | 1790 | Bundesbankguthaben |
| 1200 | 1800 | Bank |

Diese Konten sind individuell mit den Namen Ihrer Hausbanken zu beschriften:

| SKR03 | SKR04 | Kontenbezeichnung (SKR) |
|---|---|---|
| 1210—1250 | 1810—1850 | Bank 1 bis Bank 5 |

Nehmen Sie als Bestandsnachweise Kopien der jeweils letzten Auszüge, Kassenberichte, Schecks etc. in die Abschlussunterlagen.

## 10.7 Rechnungsabgrenzungsposten

Die Auflösung der Rechnungsabgrenzungsposten aus dem Vorjahr wurde bei der Abstimmung der Buchhaltung erledigt. Zum Jahresende sind Vorauszahlungen größerer Betriebsausgaben, die wirtschaftlich auch dem Folgejahr zuzurechnen sind, auf die betreffenden Monate der beiden Jahre aufzuteilen. Eine Pflicht zur zeitlichen Abgrenzung besteht allerdings nur für erhebliche Beträge, d. h., für Beträge, die über der GWG-Grenze von 410 EUR liegen. In Betracht kommen hier hauptsächlich Betriebsversicherungen, Kfz-Versicherungen, Quartals- und Jahreszinsen u. Ä. Auch die Vorauszahlung von Kfz-Steuer ist auf den Vorauszahlungszeitraum abzugrenzen, obwohl die Steuer ohne Gegenleistung gezahlt wird[6].

| SKR03 | SKR04 | Kontenbezeichnung (SKR) |
|---|---|---|
| 0980 | 1900 | Aktive Rechnungsabgrenzung |
| 4360 | 6400 | Versicherungen |
| 4380 | 6420 | Beiträge |
| 4520 | 6520 | Kfz-Versicherungen |

6 BFH, Urteil v. 19.5.2010, I R 65/09.

| SKR03 | SKR04 | Kontenbezeichnung (SKR) |
|---|---|---|
| 4510 | 7685 | Kfz-Steuern |
| 2120 | 7320 | Zinsaufwendungen für langfristige Verbindlichkeiten |
| 2130 | 7340 | Diskontaufwendungen |
| 0986 | 1940 | Disagio |

Für den ersten und letzten Monat sind ggf. die Tage abzugrenzen.

### Beispiel

Die Überweisung der Jahresprämie von 1.200 EUR zur Kfz-Versicherung am 23.11. wurde als Aufwand erfasst. Tatsächlich sind aber für das alte Jahr nur monatlich 100 EUR, also insgesamt 200 EUR zu berücksichtigen.

Erstellen Sie auch für die anderen Vorauszahlungen Buchungssätze und listen Sie die Rechnungsabgrenzungen auf.

| | |
|---|---|
| Kfz-Versicherungen | 1.000 EUR |
| Kfz-Steuer | 600 EUR |
| Betriebshaftpflicht | 900 EUR |
| Summe ARAP | 2.500 EUR |

Buchen Sie die vorausgezahlten Prämien an Kfz-Versicherung, Betriebshaftpflicht und Kfz-Steuer um:

| Soll | Haben | GegenKto | Konto | |
|---|---|---|---|---|
| 1.000,00 | | 4520/6520 | 0980/1900 | Abgrenzung Kfz-Versicherung |
| 600,00 | | 4510/7685 | 0980/1900 | Abgrenzung Kfz-Steuer |
| 900,00 | | 4360/6400 | 0980/1900 | Abgrenzung Haftpflichtversicherung |

### 10.7.1 Disagio

Das Damnum (Disagio) ist als aktiver Rechnungsabgrenzungsposten anzusetzen und auf die Laufzeit zu verteilen. Beim Abstimmen der Konten haben Sie bereits die Disagios der Darlehen aus den Vorjahren anteilig aufgelöst und das Disagio für ein neues Darlehen eingebucht.

Ermitteln Sie anhand der Laufzeit die monatlichen Anteile und buchen Sie die auf das laufende Jahr entfallenden Anteile als Aufwendungen. Erweitern Sie die Aufstellung der Disagios auf den aktuellen Stand.

**Beispiel**

Das Disagio des Darlehens der C-Bank von 4.500 EUR ist in die Tabelle einzufügen.

| Disagio Darlehen | Stand 01.01. | Aufwand lfd. Jahr | Stand 31.12. |
|---|---|---|---|
| Hypo-Darlehen A | 102/240 Monate | | 90/240 Monate |
| | 6.120,00 EUR | 720,00 EUR | 5.400,00 EUR |
| Hypo-Darlehen B | 60/240 Monate | | Aufgelöst |
| | 5.000,00 EUR | 5.000,00 EUR | |
| Invest-Darlehen | 54/60 Monate | | 42/60 Monate |
| | 1.620,00 EUR | 360,00 EUR | 1.260,00 EUR |
| Darlehen C-Bank | | | 120/120 Monate |
| | 0,00 EUR | 0,00 EUR | 4.500,00 EUR |
| | 12.740,00 EUR | 6.080,00 EUR | 11.160,00 EUR |

### 10.7.2 Aktive latente Steuern

Zwischen den handelsrechtlichen Wertansätzen von Vermögensgegenständen, Schulden und Rechnungsabgrenzungsposten und ihren steuerlichen Wertansätzen können Differenzen bestehen. Sich aus diesen Differenzen ergebende zukünftige Steuerentlastungen können in der Bilanz als aktive latente Steuern angesetzt werden.

Aktive latente Steuern fallen an, wenn das steuerrechtliche Vermögen höher als das handelsrechtliche Vermögen liegt. In Betracht kommen die folgenden Fälle:

- außerplanmäßige Abschreibungen auf Finanzanlagen bei einer nur vorübergehenden Wertminderung (steuerrechtlich nicht möglich);
- degressive AfA in der Handelsbilanz, lineare AfA in der Steuerbilanz;
- Disagio, das handelsrechtlich als Aufwand behandelt wurde;
- Drohverlustrückstellungen in der Handelsbilanz (steuerrechtlich nicht möglich);
- höherer Ansatz der Pensionsrückstellungen in der Handelsbilanz.

| SKR03 | SKR04 | Kontenbezeichnung (SKR) |
|---|---|---|
| 0983 | 1950 | Aktive latente Steuern |

Da nur für mittelgroße und große GmbH & Co. KGs eine Ansatzverpflichtung besteht, wird dieses Thema an dieser Stelle nicht weiter vertieft.

# 11 Eigenkapitalgliederung

| Ablaufplan Jahresabschluss |
|---|
| Vortragen der Eröffnungsbilanz |
| Abstimmen der Buchhaltung |
| Abstimmen: Aktiva |
| Abstimmen: Passiva |
| Abstimmen: Gewinn- und Verlustrechnung |
| Inventur |
| Anlagevermögen, Abschreibungen, Anlagenspiegel |
| Umlaufvermögen |
| **Eigenkapitalgliederung** |
| Rückstellungen und Verbindlichkeiten |
| Gewinn- und Verlustrechnung und Gewinnverteilung |
| Übermitteln der Steuererklärungen |
| GmbH & Co. KG: Offenlegung des Jahresabschlusses mit Anhang |
| Übermitteln der E-Bilanz |

Dieses Kapitel befasst sich mit den Passivpositionen der Bilanz.

Beim Eigenkapital sind das:

- das Kapital des einzelnen Gesellschafters mit ggf. ausstehenden Einlagen und negativen Anteilen auf der Aktivseite,
- die Kapital- und Gewinnrücklagen,
- die Gewinn- und Verlustanteile,
- der Ansatz von Reinvestitionsrücklagen nach § 6b EStG für Veräußerungsgewinne.

Der Ausweis des Eigenkapitals erfolgt in der Regel auf der Passivseite der Bilanz. Übersteigen allerdings die Verluste einzelner Gesellschafter das Eigenkapital, so ist für diese Gesellschafter die Position »nicht durch Vermögenseinlagen gedeckter Verlustanteil/Fehlbetrag« am Ende der Aktivseite der Bilanz auszuweisen.

## 11.1 Eigenkapital in der GbR und OHG

Das Eigenkapital dient als Ausgleichsposten zwischen Aktiva und Passiva.

Die Kapitalanteile sämtlicher Gesellschafter einer GbR oder OHG können in der Bilanz zu einer einzigen Position zusammengefasst oder für jeden einzelnen Gesellschafter gesondert ausgewiesen werden. Dabei ist es auch zulässig, einzelne positive und negative Kapitalkonten gegeneinander aufzurechnen.

Wird das Gesellschafterkapital allerdings durch Entnahmen negativ, sind auf der Aktivseite der Bilanz sowohl die Verluste als auch die Bilanzposition »nicht durch Vermögenseinlagen gedeckte Entnahmen persönlich haftender Gesellschafter« gesondert auszuweisen.

### 11.1.1 Festkapital und variables Kapital

Das Festkapital entspricht zwar dem Grund- und Stammkapital bei den Kapitalgesellschaften, in der GbR und der OHG muss es aber nicht zwingend ausgewiesen werden, weil die Gesellschafter ohnehin unbegrenzt mit ihrem privaten Vermögen haften. Nach § 120 Abs. 2 HGB wäre für OHG-Gesellschafter und die Komplementäre einer KG (Vollhafter) ohnehin kein festes und variables, sondern nur ein einziges variables Kapitalkonto zu bilden. Dort werden die Einlagen und Gewinnanteile abzüglich der Entnahmen und Verluste erfasst.

Die nachstehende Aufgliederung ergibt sich daher weniger aus handelsrechtlichen Vorschriften als aus dem Interesse des Finanzamts und der Gesellschafter untereinander. Dieses sog. Dreikontenmodell wurde auch vom BFH bestätigt[7].

- Auf dem Kapitalkonto I sollen in der Regel die Beteiligungsverhältnisse der einzelnen Gesellschafter am Gesamtkapital ausgewiesen werden. Diese Festkapitalkonten der Gesellschafter werden unterjährig nur bei einer Kapitalerhöhung oder -herabsetzung angesprochen.
- Das Kapitalkonto II ist für die nicht entnahmefähigen Gewinnanteile und für die Verlustanteile vorgesehen.

7 BFH, Urteil v. 16.10.2008, IV R 98/06, BStBl. 2009 II, S. 272.

- Für alltägliche Entnahmen und Einlagen wie z. B. Auslagen und Auslagenersatz und für die entnahmefähigen Gewinnanteile stehen die Privatkonten zur Verfügung. Sie fließen zum Jahresabschluss entweder in das Kapitalkonto II (Eigenkapital) ein oder werden gesondert als Fremdkapital ausgewiesen.

Das ebenfalls gebräuchliche Vierkontenmodell behandeln wir an dieser Stelle wegen des Grundsatzes »Jahresabschluss — leicht gemacht« nicht.

Die von der DATEV bislang vorgegebenen Positionen in der Kapitalkontenentwicklung reichen seit dem Wirtschaftsjahr 2015 für die E-Bilanz nicht mehr aus. Denn zusätzlich sind gesetzliche Angaben zu den Umbuchungen auf andere Kapitalkonten und zu sonstigen Kapitalkontenanpassungen gefordert.

Aus diesem Grund hat die DATEV seit dem Wirtschaftsjahr 2015 erweiterte Buchungsmöglichkeiten geschaffen. Sofern bei den Stammdaten die Gesellschafter hinterlegt sind, öffnet sich bei jeder Buchung auf ein allgemeines Kapitalkonto (Endziffer in der Regel »0«) ein Eingabefenster, in dem eine Zuordnung zum betreffenden Gesellschafter vorgenommen werden kann.

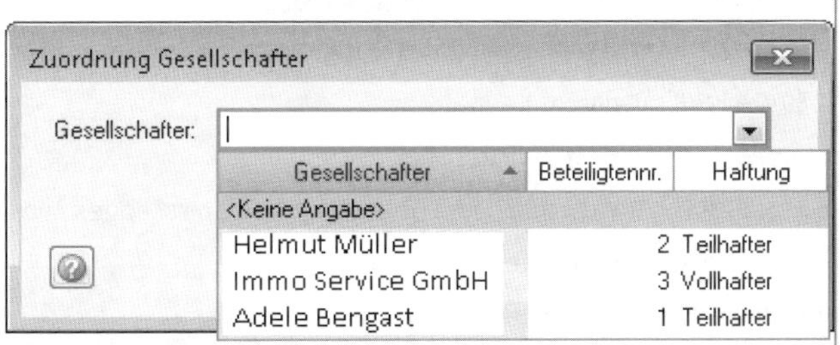


Abb. 2: Zuordnung Gesellschafter (DATEV)

Daneben ist mit der Aufgabe der Endzifferlogik von 0 bis 9 die Begrenzung auf zehn Gesellschafter aufgehoben[8]. So kann z. B. eine Buchung auf dem Konto

8 Die DATEV stellt die Privatkonten mit den Endnummern 0 bis 9 jeweils für bis zu 10 Gesellschafter zur Verfügung, z. B. auf dem Konto »Privatentnahme« (1800—1809/ 2100—2109). Für den Jahresabschluss 2016 können weiterhin die Konten mit den Endnummern 1—9 verwendet werden. Allerdings sind hierbei die Kapitalkontenentwicklungen »per Hand« an die neuen Anforderungen anzupassen.

»Privatentnahme« (1800/2100) über das Zusatzfenster bis zu 9999 Gesellschaftern zugeordnet werden.

Damit werden Auswertungen in der von der E-Bilanz für 2016 geforderten Form (Taxonomie 5.4) möglich:

- Kapitalkontenentwicklung aller Gesellschafter,
- Kapitalkontenentwicklung je Gesellschafter,
- Ergebnisverwendung aller Gesellschafter,
- Ergebnisverwendung je Gesellschafter.

Zum Inhalt und zum Aufbau der steuerlichen E-Bilanz veröffentlicht die XBRL Deutschland e. V., Düsseldorf, regelmäßig auf www.xbrl.de das Schema der aktuellen Kerntaxonomie mit Kapitalkontenentwicklung.

! **Tipp:**

**Eine auf die Bedürfnisse von Personengesellschaften zugeschnittene Version der aktuellen Kerntaxonomie finden Sie bei den Arbeitshilfen online zu diesem Buch.**

| SKR03 | SKR04 | Kontenbezeichnung (SKR) |
|---|---|---|
| 0870—0879 | 2000—2009 | Festkapital/Komplementärkapital |
| 0880—0889 | 2010—2019 | Variables Kapital |
| 9820 | 9820 | Verlust-/Vortragskonto |
| 1800—1890 | 2100—2390 | Privatkonten, die über variables Kapital abgeschlossen werden |
| 1800—1899 | 2100—2399 | Privatkonten |
| 0890—0899 | 2020—2029 | Gesellschafter-Darlehen |

Hierbei sind die Privatkonten je nach Bedarf tiefer zu untergliedern. So werden in vielen Personengesellschaften private Steuerzahlungen der Gesellschafter aufgrund von Gewinnzuweisungen von der Gesellschaft übernommen. Steuererstattungen sind dem Kapitalkonto gutzuschreiben, Zahlungen belasten es.

| SKR03 | SKR04 | Kontenbezeichnung (SKR) |
|---|---|---|
| 1880 | 2130 | Unentgeltliche Wertabgaben |
| 1810 | 2150 | Privatsteuern |
| 1890 | 2180 | Privateinlagen |
| 1820 | 2200 | Sonderausgaben beschränkt abzugsfähig |
| 1830 | 2230 | Sonderausgaben unbeschränkt abzugsfähig |
| 1840 | 2250 | Privatspenden |
| 1850 | 2280 | Außergewöhnliche Belastungen |
| 1860 | 2300 | Grundstücksaufwand |
| 1870 | 2350 | Grundstücksertrag |

Im Jahresabschluss 2016 dürfen auch in DATEV-Rechnungswesenprogrammen weiterhin die Konten mit den Endnummern 1–9 verwendet werden. Anwender, die keine DATEV-Rechnungswesenprogramme benutzen, sind in der Regel ohnehin von der Buchungsmöglichkeit »Zuordnung zu Gesellschafter« ausgeschlossen. Deshalb greifen wir in den folgenden Beispielen wieder auf die 0–9 Endnummernlogik zurück.

## 11.2 Eigenkapital in der Kommanditgesellschaft und GmbH & Co. KG

Auch in der Kommanditgesellschaft können die Kapitalanteile der Gesellschafter in der Gruppe der Vollhafter (Komplementäre) und der Teilhafter (Kommanditisten) zu jeweils einer Position zusammengefasst werden. Für die Komplementäre sind die gleichen Eigenkapitalkonten wie in der OHG oder der GbR vorgesehen (siehe Kapitel 10.1).

Auch in der Kommanditgesellschaft gibt es auf der Aktivseite den Posten »nicht durch Vermögenseinlagen gedeckter Verlustanteil von Kommanditisten«. Hier ist das negative Kapital sämtlicher bzw. einzelner Kommanditisten auszuweisen, das sich durch Verluste ergeben kann.

Für Kommanditisten sieht das Gesetz zwei Gesellschafterkonten vor. Für den Kommanditisten ist ebenfalls ein bewegliches Kapitalkonto i. S. d. § 120 HGB vorgesehen. Sein Kapitalanteil ist jedoch durch § 167 Abs. 2 HGB auf den Betrag der vertraglich festgesetzten Einlage (Haft- und ggf. Pflichteinlage) beschränkt. In der Praxis werden feste Kapitalkonten und Kapitalkonto II oder variable Gesellschafterdarlehen geführt. Die Kommanditeinlage bleibt — von vertraglichen Veränderungen abgesehen — als Festkapital konstant.

§ 264c Abs. 2 HGB sieht für das Eigenkapital einer GmbH & Co. KG die folgende Gliederung vor:

- I. Kapitalanteile
- II. Rücklagen
- III. Gewinnvortrag/Verlustvortrag
- IV. Jahresüberschuss/Jahresfehlbetrag

Veränderungen durch Entnahmen und insbesondere durch Gewinn- oder Verlustzuweisungen werden in der Eröffnungsbilanz dem variablen Kapital gutgeschrieben oder belastet.

- Das Sonderbetriebsvermögen erscheint nicht in der Bilanz der Gesellschaft. Es kommt erst bei der Feststellung der Gewinnanteile der einzelnen Gesellschafter zum Tragen.
- Die Privatkonten der Kommanditisten sind für alltägliche Geschäftsvorfälle vorgesehen.
- Als Rücklagen sind nur solche Beträge auszuweisen, die aufgrund einer gesellschaftsrechtlichen Vereinbarung gebildet worden sind.
- Im Anhang ist der Betrag der im Handelsregister gem. § 172 Abs. 1 HGB eingetragenen Einlagen anzugeben, soweit sie nicht geleistet sind.

Fassen Sie für jeden Gesellschafter die aus dem Vorjahr aufgegliederten Privatkonten zusammen. Wenn eine unterschiedliche Verzinsung von Kapitalbereichen vereinbart ist, sollte indes die bestehende Aufgliederung beibehalten werden.

Die DATEV hat auch bei den Konten für Kommanditisten mit den Endnummern 0—9 erweiterte Buchungsmöglichkeiten geschaffen. Sie werden automatisch als Fremdkapital abgeschlossen.

| SKR03 | SKR04 | Kontenbezeichnung (SKR) |
|---|---|---|
| 0900 | 2050 | Kommandit-Kapital |
| 0910 | 2060 | Verlustausgleichskonto |
| 9141 | 9141 | Variables Kapital |
| 9840 | 9840 | Kapitalkonto III |
| 9400–9490 | 9400–9490 | Privatkonten, die über das Kapitalkonto III abgeschlossen werden |
| 0920 | 2070 | Gesellschafter-Darlehen |
| 1900–1990 | 2500–2790 | Privatkonten, die über Gesellschafter-Darlehen Fremdkapital abgeschlossen werden |

Auch die Privatkonten der Teilhafter (Kommanditisten) sind je nach Bedarf tiefer zu untergliedern (Endziffern 0–9).

| SKR03 | SKR04 | Kontenbezeichnung (SKR) |
|---|---|---|
| 1900 | 2500 | Privatentnahmen allgemein |
| 1980 | 2530 | Unentgeltliche Wertabgaben |
| 1910 | 2550 | Privatsteuern |
| 1990 | 2580 | Privateinlagen |
| 1920 | 2600 | Sonderausgaben beschränkt abzugsfähig |
| 1930 | 2630 | Sonderausgaben unbeschränkt abzugsfähig |
| 1940 | 2650 | Privatspenden |
| 1950 | 2680 | Außergewöhnliche Belastungen |
| 1960 | 2700 | Grundstücksaufwand |
| 1970 | 2750 | Grundstücksertrag |

In der Darstellung der steuerlichen Kapitalkontenentwicklung nach dem DATEV-System wird diese Systematik beibehalten und dem entsprechenden Gesellschafter zugeordnet.

## 11.3 Kapitalkontenentwicklung

Neben dem Nachweis der Ergebnisverwendung fordert das Finanzamt regelmäßig die Kapitalkontenentwicklung der Gesellschafter an. Dabei handelt es sich um die Darstellung der Zu- und Abgänge auf den unterschiedlichen Kapitalkonten bis hin zur Verteilung des Jahresergebnisanteils für jeden einzelnen Gesellschafter.

Zunächst werden die Namen von bis zu jeweils zehn Voll- und Teilhaftern als Kontenbeschriftung der Namenskonten erfasst. Die einheitliche Endnummer 0 bis 9 ist durchgehend für sämtliche Kapitalkonten des Gesellschafters einzuhalten.

| Kontenbezeichnung | DATEV SKR |
|---|---|
| Name des Vollhafters Komplementärs | 9600—9609 |
| Name des Teilhafters Kommanditist | 9700—9709 |

### Beispiel

| Kontenbezeichnung | DATEV SKR mit Endnummer |
|---|---|
| Immo Service GmbH, Komplementär | 9600 |
| Adele Bengast, Kommanditist | 9700 |
| Helmut Müller, Kommanditist | 9701 |
| Neoventure GmbH | 9702 |

Um den Gesellschaftern in der Auswertung »Kapitalkontenentwicklung« die Ergebnisanteile zuzuordnen, bedient man sich statistischer Konten, den Anteilssteuerungskonten. Sie treten an die Stelle des jeweiligen Kapitalkontos.

| Vollhafter/Komplementär | SKR03 | SKR04 |
|---|---|---|
| Ausstehende Einlagen, nicht eingefordert | 9920—9929 | 0050—0059 |
| Anteilsteuerungskonto | 9540—9549 | 9540—9549 |
| Ausstehende Einlagen, eingefordert | 9930—9929 | 0060—0069 |
| Anteilsteuerungskonto | 9540—9549 | 9540—9549 |

| Vollhafter/Komplementär | SKR03 | SKR04 |
|---|---|---|
| Fest-Kapital/Komplementär-Kapital | 0870—0879 | 2000—2009 |
| Anteilsteuerungskonto | 9570—9579 | 9500—9509 |
| Variables Kapital/Verlustausgleich | 0880—0889 | 2010—2019 |
| Anteilsteuerungskonto | 9580—9589 | 9510—9519 |
| Gesellschafterdarlehen Eigenkapital | 9810—9819 | 9810—9819 |
| Anteilsteuerungskonto | 9550—9059 | 9530—9539 |
| Gesellschafterdarlehen Fremdkapital | 0890—0899 | 2020—2029 |
| Anteilsteuerungskonto | 9590—9599 | 9520—9529 |

| Teilhafter/Kommanditist | SKR03 | SKR04 |
|---|---|---|
| Ausstehende Einlagen, nicht eingefordert | 9940—9949 | 0070—0079 |
| Anteilsteuerungskonto | 9530—9539 | 9590—9599 |
| Ausstehende Einlagen, eingefordert | 9950—9959 | 0080—0089 |
| Anteilsteuerungskonto | 9530—9539 | 9590—9599 |
| Fest-Kapital/Kommandit-Kapital | 0900—0909 | 2050—2059 |
| Anteilsteuerungskonto | 9500—9509 | 9550—9559 |
| Variables Kapital/Verlustausgleich | 0910—0919 | 2060—2069 |
| Anteilsteuerungskonto | 9510—9519 | 9560—9569 |
| Gesellschafterdarlehen Eigenkapital | 9840—9849 | 9840—9849 |
| Anteilsteuerungskonto | 9780—9789 | 9780—9879 |
| Gesellschafterdarlehen Fremdkapital | 0920—0929 | 2070—2079 |
| Anteilsteuerungskonto | 9520—9529 | 9570—9579 |

### Beispiel

In der Eröffnungsbilanz sind die Kapitalkonten bereits vorgetragen. Sie entsprechen den Schlussbilanzwerten des Vorjahrs. Im laufenden Jahr wurden für Voll- und Teilhafter schon ein Teil der Vorabgewinne (Tätigkeitsvergütung und Mieten) ausbezahlt, die Haftungsvergütung und Darlehenszinsen jedoch den Kapitalkonten gutgeschrieben. Zudem wurden Privateinlagen und Entnahmen sowie eine Kapitalerhöhung getätigt. Das Jahresergebnis von 60.000 EUR soll zu je einem Drittel auf die drei Kommanditisten aufgeteilt werden. Die Komplementär-GmbH ist am Jahresergebnis nicht beteiligt.

| Vortrag 01.01. | Immo Service Komplementär-GmbH | Adele Bengast, Kommanditist (0) | Helmut Müller, Kommanditist (1) | Neoventure GmbH, Kommanditist (2) | Gesamt |
|---|---|---|---|---|---|
| Festkapital | | 50.000,00 | 50.000,00 | 50.000,00 | 150.000,00 |
| (ausstehende Einlagen) | | | (20.000,00) | | (20.000,00) |
| Variables Kapital II | | 35.000,00 | 15.000,00 | 75.000,00 | 125.000,00 |
| Darlehen Fremdkapital | | | | 450.000,00 | 450.000,00 |
| 01.01.–31.12 | | | | | |
| Kapitalerhöhung | | | | 50.000,00 | 50.000,00 |
| Entnahmen | | −10.000,00 | | | −10.000,00 |
| Einlagen | | | | 20.000,00 | 20.000,00 |
| Darlehenszinsen | | | | 30.000,00 | 30.000,00 |
| Haftungsvergütung | 2.000,00 | | | | 2.000,00 |
| 31.12 | | | | | |
| lfd. Gewinn | | 20.000,00 | 20.000,00 | 20.000,00 | 60.000,00 |
| Summen | 2.000,00 | 95.000,00 | 85.000,00 | 495.000,00 | 877.000,00 |

Immo Service Komplementär GmbH mit der Endnummer 0:

- Sonstige Vergütung an Anteilsteuerung für bewegliches Kapital

| Soll | Haben | Gegen-Kto | Konto | |
|---|---|---|---|---|
| | 2.000,00 | 9650/9650 | 9580/9510 | Haftungsvergütung |

Neoventure GmbH, Kommanditist mit der Endnummer 2:

- Ausstehende Einlagen an Anteilsteuerung für Kommanditkapital
- Einlagen an Anteilsteuerung für Gesellschafterdarlehen, Eigenkapital
- Darlehensverzinsung an Anteilsteuerung für Gesellschafterdarlehen FK

| Soll | Haben | Gegen-Kto | Konto | |
|---|---|---|---|---|
| | 50.000,00 | 9952/0082 | 9532/9592 | Kapitalerhöhung |
| | 20.000,00 | 9402/9402 | 9782/9782 | Einlage |
| | 30.000,00 | 9732/9732 | 9522/9572 | Darlehensverzinsung |

**Adele Bengast, Kommanditist** mit der Endnummer 0:

- Anteilsteuerung für Gesellschafterdarlehen, Eigenkapital an Entnahmen

| Soll | Haben | Gegen-Kto | Konto | |
|---|---|---|---|---|
| 10.000,00 | | 9400/9400 | 9780/9780 | Entnahme |

Zum Schluss ist der Ergebnis-/Restanteil, d. h., der steuerliche Jahresüberschuss/Jahresfehlbetrag, gemäß Gewinnverteilungsschlüssel auf die Kommanditisten aufzuteilen

- **Adele Bengast, Kommanditist** mit der Endnummer 0.
- **Helmut Müller, Kommanditist** mit der Endnummer 1.
- **Neoventure GmbH, Kommanditist** mit der Endnummer 2.

Restanteil an Anteilsteuerung für bewegliches Kapital:

| Soll | Haben | GegenKto | Konto | |
|---|---|---|---|---|
| 20.000,00 | | 9790 | 9510/9560 | Restverteilung |
| 20.000,00 | | 9791 | 9511/9561 | Restverteilung |
| 20.000,00 | | 9792 | 9512/9562 | Restverteilung |

Der E-Bilanz nach § 5b EStG ist auch eine Kapitalkontenentwicklung beizufügen. Die als Mussfelder gekennzeichneten Positionen sind jedoch erstmals für Wirtschaftsjahre zu übermitteln, die nach dem 31.12.2014 beginnen, also frühestens zur Bilanzierung des Wirtschaftsjahrs 2015. Einen Ausblick auf diese zusätzliche Anforderung finden Sie in Kapitel 15.

## 11.4 Exkurs zu § 15a EStG

In der Kommanditgesellschaft, insbesondere in der GmbH & Co. KG, kommt es wesentlich auf den Eigen- oder Fremdkapitalcharakter der Gesellschafterzahlungen an. Nach einer Faustregel liegt Eigenkapital immer dann vor, wenn es zur Verlustdeckung herangezogen werden kann.

§ 15a EStG verfolgt dabei als steuerliche Vorschrift den Zweck, Verlustzuweisungen für den nur beschränkt haftenden Kommanditisten auch nur bis zur Höhe seiner Einlage/Haftung zuzulassen.

Handelsrechtlich haftet ein Kommanditist nämlich den Gesellschaftsgläubigern nur in Höhe seiner Einlage unmittelbar.

Die Haftung ist ausgeschlossen, soweit die Einlage geleistet ist (§ 172 HGB).

Wird dem Kommanditisten die Einlage zurückgezahlt, lebt seine persönliche Haftung gegenüber Gesellschaftsgläubigern in Höhe seiner noch nicht gezahlten — weil zurückgewährten — Einlage wieder auf.

Diese handelsrechtliche Haftungsbeschränkung will § 15a EStG auch steuerlich »nachvollziehen«, d. h., der Steuergesetzgeber will nicht, dass ein nur beschränkt Haftender — der also nur begrenztes wirtschaftliches Risiko trägt — steuerlich indes die volle Verlustnutzung »genießt«.

Vor Schaffung des § 15a EStG wurden insbesondere Verlustzuweisungsgesellschaften gerne steuerlich genutzt, um »mit überschaubarem wirtschaftlichem Risiko« Verluste mit anderen Einkünften ausgleichen zu können. So entstand eine Art »Steuersparmodell«.

Verluste aufgrund der Stellung als Kommanditist können seit der Schaffung des § 15a EStG steuerlich nicht mehr unbegrenzt mit anderen Einkünften ausgeglichen werden (Verlustabzug). Sobald der Kommanditist seine Kommanditeinlage durch Verluste »verbraucht« hat, kann er zukünftige neue Verluste nur noch mit Gewinnen aus der Kommanditbeteiligung verrechnen (Verlustverrechnung).

§ 15a EStG hat insbesondere Bedeutung für Kommanditisten, die als Gesellschafter einer Kommanditgesellschaft lediglich Teilhafter sind, also nur mit ihrem erbrachten und nicht wieder zurückgezahlten Haftkapital haften. Kommanditisten haften gerade nicht mit ihrem eigenen Privatvermögen (§ 171 Abs. 1 HGB).

Im Gegensatz zu einem Kommanditisten haftet der Komplementärgesellschafter einer KG voll persönlich mit seinem gesamten Vermögen. Aus diesem Grunde gilt § 15a EStG auch nicht für die Gesellschafter einer OHG oder GbR.

Die Frage, wann Verluste abzugsfähig und wann sie lediglich verrechenbar sind, hängt ganz wesentlich von der Entwicklung des Kapitalkontos ab.

Kapitalkonten erhöhen sich um Einlagen, verringern sich um Entnahmen und erhöhen oder verringern sich um den Jahresgewinn bzw. -verlust.

**Beispiel**

Kommanditist K hat im Jahr 01 der Gründung der KG eine Hafteinlage — wie sie auch im Handelsregister eingetragen ist — von 10.000 EUR erbracht. Somit beträgt das Kapitalkonto des Kommanditisten +10.000 EUR. Der auf K entfallende Verlust des Jahrs 01 beträgt —5.000 EUR.

Das Kapitalkonto hat sich somit wie folgt entwickelt:

| | |
|---|---|
| 01.01.01: | +10.000 EUR |
| Verlust 01: | −5.000 EUR |
| Stand 31.12.01: | +5.000 EUR |

Ks Kapitalkonto beträgt am Jahresende also noch +5.000 EUR. Da kein negatives Kapitalkonto entstanden ist bzw. sich ein solches nicht erhöht hat, kann K den Verlust i. H. v. 5.000 EUR mit anderen positiven Einkünften ausgleichen. Der Verlust ist nicht nur mit künftigen Gewinnen aus der KG verrechenbar.

**Beispiel**

Im Jahr 02 beträgt der Verlust der KG, der auf K entfällt, −12.000 EUR.

Ks Kapitalkonto hat sich somit wie folgt entwickelt:

| | |
|---|---|
| 01.01.02: | +5.000 EUR |
| Verlust 02: | −12.000 EUR |
| Stand am 31.12.02: | −7.000 EUR |

Da das Kapitalkonto i. H. v. 7.000 EUR negativ geworden ist, sind vom Verlust i. H. v. 12.000 EUR lediglich 5.000 EUR mit anderen positiven Einkünften ausgleichsfähig. Der übrige Verlust i. H. v. 7.000 EUR ist lediglich mit künftigen Gewinnen aus der KG verrechenbar. K ist ja auch nicht wirtschaftlich über seine erbrachte Hafteinlage beschwert, weshalb § 15a EStG seinem Grundgedanken gerecht wird.

### Beispiel

Erweiterung des vorherigen Beispiels dahin gehend, dass K im Jahr 03 ein Gewinn von +5.000 EUR zugerechnet wird.

Ks Kapitalkonto hat sich somit wie folgt entwickelt:

| | |
|---|---|
| 01.01.03: | −7.000 EUR |
| Gewinn 03: | +5.000 EUR |
| Stand am 31.12.03: | −2.000 EUR |

Der Gewinn i. H. v. +5.000 EUR ist mit dem Verlust aus dem Jahr 02 (−7.000 EUR) i. H. v. −5.000 EUR verrechenbar, der restliche verrechenbare Verlust aus dem Jahr 02 ist i. H. v. −2.000 EUR bleibt für die zukünftigen Jahre verrechenbar.

In den obigen Beispielen hat der Kommanditist jeweils seine im Handelsregister eingetragene Haftsumme auch tatsächlich an die KG gezahlt.

Sollte er sie noch nicht an die KG gezahlt haben, die Hafteinlage also ausstehend sein, kann der Kommanditist dennoch in der Höhe seiner (ausstehenden) Haftsumme die Verluste mit anderen positiven Einkünften ausgleichen.

Da der Kommanditist ja auch persönlich mit seinem Privatvermögen gegenüber den KG-Gläubigern bis zur Höhe der noch ausstehenden Haftsumme haftet, unterliegt er einem wirtschaftlichen Risiko, weshalb auch § 15a EStG ihm die Ausgleichsfähigkeit der Verluste ermöglicht, obwohl er die Einlage tatsächlich noch nicht gezahlt hat.

Durch Einlagen bzw. eine Erhöhung des Haftkapitals und durch eine Eintragung dessen im Handelsregister ist es einem Kommanditisten möglich, künftige Verluste wieder zu solche zu machen, die mit anderen positiven Einkünften ausgleichsfähig sind.

Wenn das Kapitalkonto durch Entnahmen negativ wird oder sich das negative Kapitalkonto durch Entnahmen erhöht, ist gem. § 15a Abs. 3 EStG dem Kommanditisten der Betrag der Einlagenminderung als Gewinn zuzurechnen.

### Beispiel

Das Kapitalkonto beträgt am Beginn des Jahrs 01 +1.000 EUR und ein Verlust von −5.000 EUR wird zugerechnet.

| | |
|---|---|
| 01.01.01: | +1.000 EUR |
| Verlust 01: | −5.000 EUR |
| Stand am 31.12.01: | −4.000 EUR |

Der Verlust i. H. v. −4.000 EUR ist nur verrechenbar, der i. H. v. −1.000 EUR ist ausgleichsfähig.

### Beispiel

Im Jahr 02 tätigt K eine Entnahme i. H. v. 1.000 EUR und es wird ein Verlust von −3.000 EUR zugerechnet.

| | |
|---|---|
| 01.01.02: | −4.000 EUR |
| Verlust 02: | −3.000 EUR |
| Einlage in 02 | +0 EUR |
| Entnahmen 02 | −1.000 EUR |
| Stand am 31.12.02: | −8.000 EUR |

Im Jahr 02 ist das Kapitalkonto um −4.000 EUR angewachsen, wobei 1.000 EUR aus der Entnahme resultieren. K muss die Entnahme i. H. v. 1.000 EUR im Jahr 02 versteuern, und zwar dergestalt, dass neben dem Verlust von 3.000 EUR auch die 1.000 EUR zu nur verrechenbaren Verlusten werden.

## 11.5 Einzahlungsverpflichtungen persönlich haftender Gesellschafter/Kommanditisten

Der Gesellschaftsvertrag kann im Falle negativer Kapitalkonten vorsehen, dass die Gesellschafter Ausgleichzahlungen leisten müssen. Negative Kapitalkonten können sich durch zugewiesene Verlustanteile ergeben, aber auch durch Überentnahmen von Gewinnanteilen. Die Forderung der Gesellschaft ist auf dem Konto »Einzahlungsverpflichtungen« auszuweisen.

| Vollhafter/Komplementär | SKR03 | SKR04 |
|---|---|---|
| Einzahlungsverpflichtungen persönlich haftender Gesellschafter VH | 9860—9869 | 9860—9869 |
| Verrechnungskonto für Einzahlungsverpflichtungen | 9830—9839 | 9830—9839 |

| Teilhafter/Kommanditist | SKR03 | SKR04 |
|---|---|---|
| Einzahlungsverpflichtungen Kommanditisten TH | 9870—9879 | 9870—9879 |
| Verrechnungskonto für Einzahlungsverpflichtungen | 9850—9859 | 9850—9859 |

**Beispiel**

Der Jahresfehlbetrag i. H. v. 30.000 EUR wurde bereits zu gleichen Teilen auf den Komplementär und die beiden Kommanditisten aufgeteilt. Die Gesellschafter sind laut Gesellschaftsvertrag verpflichtet, die Verluste auszugleichen.

| Soll | Haben | GegenKto | Konto | |
|---|---|---|---|---|
| | 10.000,00 | 9860/9860 | 9830/9830 | Einzahlungsverpfl. Komplementär |
| | 10.000,00 | 9870/9870 | 9850/9850 | Einzahlungsverpfl. Kommanditist 1 |
| | 10.000,00 | 9871/9871 | 9851/9851 | Einzahlungsverpfl. Kommanditist 2 |

## 11.6 Rücklagen

Rücklagen stärken das Eigenkapital entweder als zusätzliches Kapital (Kapitalrücklagen) oder durch einbehaltene Gewinne (Gewinnrücklagen). Da jedoch von Gesellschaftern zusätzlich aufgebrachte Beträge den Kapitalkonten direkt zugeschrieben werden, sind Kapitalrücklagen in Personengesellschaften nicht vorgesehen.

Dagegen dürfen Gewinnrücklagen aus dem Jahresergebnis gebildet werden, wenn sie im Gesellschaftsvertrag vorgesehen sind oder die Mehrheit der Gesellschafter eine Bildung von Gewinnrücklagen beschließt.

**Beispiel**

Die Gesellschaftsversammlung beschließt, die Hälfte des Jahresergebnisses von 200.000 EUR in die Rücklage einzustellen.

| Soll | Haben | GegenKto | Konto | |
|---|---|---|---|---|
| | 100.000,00 | 2499/7780 | 0855/2960 | Einst. in andere Gewinnrücklagen |

## 11.7 Reinvestitionen nach § 6b EStG

Veräußerungsgewinne bei Anlagegütern können auf Reinvestitionen übertragen werden, wenn die verkauften Anlagegüter sich mindestens sechs Jahre im Betriebsvermögen befunden haben. Diese Übertragung wirkt wie eine Sonderabschreibung auf das neu angeschaffte Wirtschaftsgut.

**Tipp:** !

**Soll der Veräußerungsgewinn erst in einem der nächsten Jahre übertragen werden, können Sie eine Rücklage nach § 6b EStG bilden. Diese Möglichkeit sollten Sie auf jeden Fall nutzen, selbst wenn Sie eine spätere Übertragung nicht beabsichtigen.**

Der durch die »Steuerstundung« entstehende Zinsvorteil wird durch die Erhöhung der Rücklage bei der Auflösung zwar teilweise wieder rückgängig gemacht, Sie können mit dem gestundeten Betrag aber vier Jahre lang arbeiten.

**Beispiel**

Beim Verkauf eines unbebauten Grundstücks aus dem Betriebsvermögen erzielten Sie einen Veräußerungsgewinn von 100.000 EUR. Diesen Betrag wollen Sie aber erst in einem der nächsten Jahre übertragen.

| Soll | Haben | GegenKto | Konto | |
|---|---|---|---|---|
| 100.000,00 | | 0931/2981 | 2340/6925 | Einstellung 6b-Rücklage |

Bei der Anschaffung des Anlageguts wird die Rücklage übertragen. Dadurch vermindern sich die Anschaffungskosten und ggf. dadurch das Abschreibungsvolumen.

**Beispiel**

Die beim Verkauf eines unbebauten Grundstücks gebildete Rücklage soll auf die Anschaffungskosten für ein Gebäude übertragen werden.

| Soll | Haben | GegenKto | Konto | |
|---|---|---|---|---|
| 100.000,00 | | 0090/0240 | 0931/2981 | Übertragung 6b-Rücklage |

Wurde die Rücklage bis zum Ende der genannten Fristen nicht auf ein neues Wirtschaftsgut übertragen, ist sie gewinnerhöhend aufzulösen. Den Gewinn müssen Sie außerhalb der Bilanz für jedes volle Wirtschaftsjahr, in dem die Rücklage bestanden hat, um 6 Prozent des Rücklagenbetrags erhöhen.

**Beispiel**

Am Ende des vierten Wirtschaftsjahrs nach seiner Bildung wird ein gebildeter Sonderposten mit Rücklageanteil i. H. v. 100.000 EUR aufgelöst.

| Soll | Haben | GegenKto | Konto | |
|---|---|---|---|---|
| 100.000,00 | | 2740/4935 | 0931/2981 | Erträge Auflösung 6b-Rücklage |

Außerhalb der Bilanz werden dem steuerlichen Gewinn hinzugerechnet:

4 x 6 % von 100.000 EUR = 24.000 EUR

In der Handelsbilanz darf diese steuerliche Rücklage auch nach 2009 beibehalten werden.

# 12 Rückstellungen und Verbindlichkeiten

| **Ablaufplan Jahresabschluss** |
| --- |
| Vortragen der Eröffnungsbilanz |
| Abstimmen der Buchhaltung |
| Abstimmen: Aktiva |
| Abstimmen: Passiva |
| Abstimmen: Gewinn- und Verlustrechnung |
| Inventur |
| Anlagevermögen, Abschreibungen, Anlagenspiegel |
| Umlaufvermögen |
| Eigenkapitalgliederung |
| **Rückstellungen und Verbindlichkeiten** |
| Gewinn- und Verlustrechnung und Gewinnverteilung |
| Übermitteln der Steuererklärungen |
| GmbH & Co. KG: Offenlegung des Jahresabschlusses mit Anhang |
| Übermitteln der E-Bilanz |

Auf der Passivseite folgt nach dem Eigenkapital das Fremdkapital, das aus Rückstellungen und Verbindlichkeiten besteht. Das HGB sieht die folgende Untergliederung vor:

B. Rückstellungen:
   1. Rückstellungen für Pensionen und ähnliche Verpflichtungen
   2. Steuerrückstellungen
   3. sonstige Rückstellungen

C. Verbindlichkeiten:
   1. Anleihen, davon konvertibel
   2. Verbindlichkeiten gegenüber Kreditinstituten

3. erhaltene Anzahlungen auf Bestellungen
4. Verbindlichkeiten aus Lieferungen und Leistungen
5. Verbindlichkeiten aus der Annahme gezogener Wechsel und der Ausstellung eigener Wechsel
6. Verbindlichkeiten gegenüber verbundenen Unternehmen
7. Verbindlichkeiten gegenüber Unternehmen, mit denen ein Beteiligungsverhältnis besteht
8. sonstige Verbindlichkeiten, davon aus Steuern, davon im Rahmen der sozialen Sicherheit

D. Rechnungsabgrenzungsposten

E. Passive latente Steuern

Die Bildung und Auflösung von Rückstellungen bildet den Schwerpunkt dieses Kapitels. Rückstellungen können vorgenommen werden als ungewisse Verbindlichkeiten für:

- Pensionen und ähnliche Verpflichtungen mit Besonderheiten der Zusage an den Gesellschafter-Geschäftsführer,
- Steuerrückstellungen,
- Sonstige Rückstellungen wie Urlaubsrückstellungen, Garantierückstellungen, Prozesskostenrückstellungen, für Verpflichtung zur Aufstellung und Prüfung des Jahresabschlusses mit internen und externen (Steuerberater-)Kosten, für eine Altlastensanierung, zur Aufbewahrung von Belegen und Abschlussunterlagen.

Bei den Verbindlichkeiten werden unterschieden:

- Anleihen,
- Ratenkredite und Darlehen von Kreditinstituten,
- erhaltene Anzahlungen auf Bestellungen,
- Verbindlichkeiten aus Lieferungen und Leistungen,
- Steuerverbindlichkeiten.

Abschließend werden Rechnungsabgrenzungen auf der Passivseite für vorab erhaltene Erlöse behandelt.

## 12.1 Rückstellungen

Bei einer Rückstellung handelt es sich

- um eine Verbindlichkeit gegenüber einem Dritten oder um eine öffentlich-rechtliche Verpflichtung,
- die vor dem Bilanzstichtag verursacht wurde und
- in ihrer Höhe oder dem Zeitpunkt ihrer Inanspruchnahme ungewiss bleibt.

Eine Rückstellung ist aufzulösen, soweit die Gründe für die Bildung der Rückstellung entfallen.

Nach Handelsrecht sind Rückstellungen in Höhe des nach vernünftiger kaufmännischer Beurteilung notwendigen Erfüllungsbetrags und unter Berücksichtigung künftiger Preis- und Kostensteigerungen zu bewerten (§ 253 Abs. 1 Satz 2 HGB). Dabei sind Rückstellungen mit einer Restlaufzeit von mehr als einem Jahr mit dem ihrer Restlaufzeit entsprechenden durchschnittlichen Marktzinssatz der letzten sieben Geschäftsjahre abzuzinsen (§ 253 Abs. 2 HGB). Dieser Marktzinssatz wird von der Deutschen Bundesbank monatlich veröffentlicht.

### 12.1.1 Steuerliche Rückstellungen für Pensionen und ähnliche Verpflichtungen

Ist der Geschäftsführer einer KG gleichzeitig auch Kommanditist der KG — und somit Gesellschafter-Geschäftsführer einer Personengesellschaft — können Personengesellschaften für ihre Gesellschafter- Geschäftsführer zwar Pensionszusagen erteilen, diese Zusagen sind aber steuerlich wirkungslos und dem Gesellschafter als Vorabgewinne zuzurechnen. Prämienzahlungen von entsprechenden Rückdeckungsversicherungen zur Absicherung solcher Zusagen stellen dagegen Entnahmen dar, die allen Gesellschaftern nach ihren Gewinnanteilen zuzurechnen sind.

### 12.1.2 Steuerrückstellungen

Steht die Steuerbelastung betrieblicher Steuern zum Bilanzstichtag noch nicht fest, sind entsprechende Rückstellungen zu bilden.

| SKR03 | SKR04 | Kontenbezeichnung (SKR) |
|---|---|---|
| 0955 | 3020 | Steuerrückstellungen |

## 12.1.3 Sonstige Rückstellungen

Es können verschiedene Rückstellungen gebildet werden. Die Gründe hierfür werden in den jeweiligen Kapiteln genannt.

Eine Verpflichtung zur Rückstellungsbildung besteht nicht, wenn der passivierte Aufwand als unwesentlich anzusehen ist. Ein solches Passivierungswahlrecht in der Bilanz führt steuerrechtlich zu einem Passivierungsverbot. Dabei ist die »Wesentlichkeit« einer Verpflichtung nicht nach dem Aufwand für das einzelne Vertragsverhältnis zu beurteilen, sondern nach der Bedeutung der Verpflichtung für das Unternehmen[9].

! **Arbeitsschritt:**

**Bereiten Sie die entsprechenden Unterlagen und Berechnungen für eine eventuelle Betriebsprüfung vor.**

### Urlaubsrückstellung und Gleitzeitrückstellungen

Zur Berechnung der Urlaubsrückstellung und für Gleitzeitüberhänge werden für jeden Mitarbeiter drei Werte aus der Lohnbuchhaltung herangezogen.

- Zahl der regulären Arbeitstage
  Legen Sie den Zeitraum der letzten dreizehn Wochen vor dem Bilanzstichtag zugrunde.
  Alternativ sind auch die folgenden pauschalen Ansätze möglich:

| | | |
|---|---|---|
| a) | 52 Wochen × 5 Tage/Woche = | 260 Tage |
| | abzüglich Feiertage | 10 Tage |
| | | 250 Tage |

9 BFH, Urteil v. 18.1.1995, BStBl. II, S. 742. In diesem Urteil sah der BFH eine Rückstellung im Verhältnis zu den Forderungen von 1 Prozent als wesentlich an.

| | | |
|---|---|---|
| b) | 52 Wochen × 6 Tage/Woche = | 312 Tage |
| | abzüglich Feiertage | −12 Tage |
| | | 300 Tage |

- Arbeitsbezüge
  Das Arbeitsentgelt wird vom Verdienst des obigen Zeitraums von dreizehn Wochen auf einen Tageswert heruntergerechnet. Dabei werden sämtliche Bezüge und Lohnnebenkosten sowie die Beiträge zur Berufsgenossenschaft herangezogen. Dagegen gehören Weihnachtsgelder, Tantiemen, vermögenswirksame Leistungen und Rückstellungen für eine Pensionszusage nicht zu diesen Bezügen.
- Offene Urlaubstage
  Die offenen Urlaubstage sind sämtliche zum Bilanzstichtag noch nicht in Anspruch genommenen Urlaubstage aus dem laufenden Jahr.

### Beispiel

Mitarbeiterin Schmitt (5-Tage-Woche) hat am 31.12.2016 noch Anspruch auf zwölf Tage Urlaub. Die Lohnbuchhaltung liefert die folgenden Zahlen für 2016:

| | | |
|---|---|---|
| | Jahresbruttogehalt | 36.950 EUR |
| − | Weihnachtsgeld | −1.950 EUR |
| = | Bruttogehalt ohne Gratifikation | 35.000 EUR |
| + | 25 % Arbeitgeberanteil | 8.750 EUR |
| + | Berufsgenossenschaft | 150 EUR |
| = | Arbeitsentgelt | 43.900 EUR |

Um zu einem Tageswert von 175,60 EUR zu kommen, ist das ermittelte Arbeitsentgelt durch 250 Tage zu teilen. Die Urlaubsrückstellung für diese eine Arbeitnehmerin beträgt:

Tageswert von 175,60 EUR x ausstehender Anspruch von zwölf Urlaubstagen und Überstunden = Urlaubsrückstellung 2.107,20 EUR

| Soll | Haben | GegenKto | Konto | |
|---|---|---|---|---|
| 2.107,20 | | 0970/3070 | 4110/6010 | Urlaubsrückstellung Fr. Schmitt |

In größeren Unternehmen können Sie Durchschnittswerte für unterschiedliche Gehaltsgruppen bilden und so die Berechnung vereinfachen. Achten Sie auch darauf, dass Mitarbeiter eventuell Bildungsurlaub beantragt haben, der in das neue Jahr übertragen oder im neuen Jahr in Anspruch genommen wird.

## Gratifikationen, Dienstjubiläumszuwendungen

Eine Rückstellung für Gratifikationen in bestimmter Höhe ist zulässig, sofern der Mitarbeiter weiterhin dem Betrieb zugehört und die Prämie für bereits geleistete Arbeit in den Vorjahren erhält. Ggf. ist die versprochene Prämie abzuzinsen. Allerdings dürfen Leistungsprämien für das laufende Jahr nicht zurückgestellt werden, auch wenn sie sich an früheren Jahren bemessen.

Rückstellungen für Jubiläumsaufwendungen sind steuerlich nur dann zulässig, wenn

- das Dienstverhältnis zum Zeitpunkt der Zusage mindestens zehn Jahre und
- zum Zeitpunkt der Zuwendung mindestens fünfzehn Jahre bestanden hat und
- die Zusage schriftlich erteilt wurde.

## Garantierückstellungen, Schadensersatz und Kulanz

Garantierückstellungen werden für künftige Aufwendungen durch kostenlose Nacharbeiten, Ersatzlieferungen, nachträgliche Erlösminderungen oder Schadensersatzleistungen gebildet.

Entweder es sind Ihnen einzelne Garantiefälle bekannt oder Sie können auch aufgrund von Betriebs- oder Branchenwerten eine pauschale Inanspruchnahme im Verhältnis zum Gesamtumsatz beziffern.

- Bei Garantieleistungen besteht eine rechtliche Verpflichtung zur Wandlung, Minderung, Nachbesserung, Ersatzlieferung oder zum Schadenersatz.
- Bei Kulanzen handelt es sich um freiwillige Garantieleistungen ohne eine solche Rechtspflicht. Sie lässt sich anhand von Erfahrungswerten — in der Vergangenheit erbrachte Kulanzleistungen — aus den Umsätzen abschätzen. Die Einstellung in die Gewährleistungsrückstellung erfolgt über das Aufwandskonto »Aufwand für Gewährleistungen«.

- Rückstellungen für Haftpflichtverbindlichkeiten und Produkthaftung sind als Einzelrisiko zu bewerten. Mit der Inanspruchnahme muss konkret gerechnet werden.

### Patent-, Urheber- oder ähnliche Schutzrechte

Rückstellungen wegen der Verletzung von fremden Patent-, Urheber- oder ähnlichen Schutzrechten sind steuerlich nur in Ausnahmefällen zulässig. Der Unternehmer muss bereits vom Inhaber dieser Rechte belangt worden sein oder eine Inanspruchnahme muss ernsthaft drohen. In letzterem Fall muss die Rückstellung spätestens drei Jahre später aufgelöst werden.

### Prozesskostenrückstellungen

Sie können hier die Kosten der eigenen und der gegnerischen Anwälte und die Gerichtskosten einstellen, sofern der Prozess verloren gehen könnte. Es sind nur Kosten für die jeweils anhängige Instanz zu berücksichtigen.

### Beispiel

In einer anhängigen Klage vor dem Arbeitsgericht droht eine Niederlage. Die Rechtsschutzversicherung hat aufgrund der Aussichtslosigkeit des Prozesses keine Kostenzusage gegeben, wird allerdings von den Gesamtkosten i. H. v. 5.000 EUR den Anteil an Beratungskosten i. H. v. 390 EUR übernehmen.

Die Prozesskosten hängen wirtschaftlich mit dem Personalaufwand zusammen. Sie sind deshalb als Personalkosten einzubuchen. Allerdings dürfen die Kosten für die schon jetzt geplante Berufung vor dem Landesarbeitsgericht noch nicht zurückgestellt werden.

| Soll | Haben | GegenKto | Konto | |
|---|---|---|---|---|
| 4.610 | | 0970/3070 | 4110/6010 | Kosten Arbeitsprozess |

### Pfandrückstellungen

Für die Verpflichtung zur Rückgabe von Pfandgeld sind Pfandrückstellungen zu bilden. Bei der Bewertung greifen Sie auf Erfahrungswerte zurück[10].

10 BMF, Schreiben v. 11.7.1995, BStBl. I, S. 363.

## Wechselobligo und Bürgschaften

Für weitergereichte Wechsel können Sie in Regress und für eingegangene Bürgschaften ebenfalls in Anspruch genommen werden. Wenn diese Fälle abzusehen sind, muss eine Rückstellung gebildet werden. Ohne drohende Gefahr sind die Wechselobligos und Bürgschaften von Kaufleuten unter der Bilanz oder ggf. im Anhang anzugeben.

## Rückstellungen für öffentlich-rechtliche Verpflichtungen

Mit öffentlich-rechtlichen Verpflichtungen sind steuerliche, handelsrechtliche, umweltrechtliche und weitere gesetzliche Pflichten gemeint, die die Unternehmen viel Arbeit und Geld kosten. Dazu gehört die Verpflichtung

- zur Aufstellung und Prüfung des Jahresabschlusses mit internen und externen (Steuerberater) Kosten,
- zur Buchung laufender Geschäftsvorfälle,
- zur Erstellung der betrieblichen Steuererklärungen (Umsatzsteuer, Körperschaftsteuer und Gewerbesteuer),
- zu einer Altlastensanierung, wenn die maßgeblichen Tatsachen der zuständigen Fachbehörde bekannt geworden sind oder dies doch unmittelbar bevorsteht[11].
- zur Aufbewahrung von Belegen und Abschlussunterlagen, Datenspeicherung steuerlich relevanter Daten[12].

## Instandhaltung und Abraumbeseitigung

Bei unterlassenen Instandhaltungsarbeiten und Abraumbeseitigungen handelt es sich um Verbindlichkeiten »gegen sich selbst«, nicht gegen Dritte oder aufgrund einer sonstigen rechtlichen Verpflichtung. Damit sie steuerlich anerkannt werden, müssen die folgenden Voraussetzungen vorliegen:

- Sie müssen in den ersten drei Monaten des neuen Jahrs nachgeholt werden. In der Regel liegen Ihnen dann die Abrechnungen vor.
- Die Arbeiten dürfen nicht turnusmäßig in ungefähr gleichem Umfang und in gleichen Zeitabständen anfallen.

---

11 Für laufende Lasten muss eine Behörde Maßnahmen zur Schadensverhütung, -beseitigung und -begrenzung angeordnet haben. Den Aufwand für die Beseitigung von Umweltschäden beziffern Sie anhand von Sachverständigengutachten und Kostenvoranschlägen.

12 Hier sind die Kosten für Räume, Einrichtung und IT für den Zeitraum von sechs bzw. zehn Jahre zu addieren und abzuzinsen; BFH, Urteil v. 19.8.2002, VIII R 30/01.

### Rückstellungen für drohende Verluste aus schwebenden Geschäften

Rückstellungen für drohende Verluste aus schwebenden Geschäften sind nach Handelsrecht aus Gründen der Vorsicht zu bilden. Steuerlich sind sie nicht mehr zulässig.

### Beispiel

Im Mai 2016 wurde eine Maschine des Typs TX2045 zum Preis von 50.000 EUR bestellt, zur Auslieferung in der 47. KW. Die Maschinenbaufirma entwickelt im Herbst ein Nachfolgemodell TX2060, das nicht nur eine größere Leistungsfähigkeit und eine verbesserte Steuerungstechnik vorweisen kann — es ist außerdem bei einem Kaufpreis von 15.000 EUR erheblich billiger als der Vorgänger. Da der Einsatz der neuen Maschine in der Fertigung bis zur Auslieferung im März 2017 hinausgezögert werden kann, soll der alte Kaufvertrag storniert und das neueste Modell angeschafft werden. Die Lieferfirma besteht jedoch auf Vertragserfüllung.

Eine Rückstellung für drohende Verluste ist steuerlich nicht zulässig, obwohl nach Handelsrecht mehr als 15.000 EUR auszuweisen sind.

Soll der Verlust dennoch bereits 2016 berücksichtigt werden, klärt man mit dem Geschäftspartner die tatsächlichen Stornokosten ab. Wenn Sie es nicht gerade mit einem sturen Monopolisten zu tun haben, wird man Ihnen im Sinne einer weiterhin guten Geschäftsbeziehung entgegenkommen. Um auch dem Finanzamt keine Reibungsfläche zu bieten, schaffen Sie Fakten und überweisen die Stornokosten, Vertragsstrafe o. Ä. noch im laufenden Jahr. Anderenfalls dokumentieren Sie die Stornovereinbarung mit Zahlungshöhe und -frist im alten Jahr durch eine Rechnung schriftlich und setzen eine entsprechende sonstige Verbindlichkeit an.

### Beispiel

Die Maschinenbaufirma ist bereit, den Kaufvertrag für einen »Mehrkostenbeitrag« von 10.000 EUR zu stornieren und eines der ersten Nachfolgemodelle TX2060 bereits im Februar 2017 auszuliefern.

a) Die Überweisung an die Maschinenbaufirma erfolgt noch im Jahr 2016. Die Buchung bei Zahlung lautet:

| Soll | Haben | GegenKto | Konto | |
|---|---|---|---|---|
| | 10.000,00 | 2309/6969 | 1200/1800 | Stornokosten TX2045 |
| | 1.900,00 | 1576/1406 | 1200/1800 | Stornokosten TX2045 VSt. |

b) Die Überweisung an die Maschinenbaufirma erfolgt erst im folgenden Jahr 2017. Nun sind die Stornokosten als Verbindlichkeiten zu erfassen:

| Soll | Haben | GegenKto | Konto | |
|---|---|---|---|---|
| | 10.000,00 | 2309/6969 | 1700/3500 | Stornokosten TX2045 |
| | 1.900,00 | 1576/1406 | 1700/3500 | Stornokosten TX2045 VSt. |

| SKR03 | SKR04 | Kontenbezeichnung (SKR) |
|---|---|---|
| 0970 | 3070 | Sonstige Rückstellungen |
| 0971 | 3075 | Rückstellungen Instandhaltung bis 3 Monate |
| 0973 | 3085 | Rückstellungen Abraum-/Abfallbeseitigung |
| 0976 | 3092 | Rückstellungen für drohende Verluste |
| 0977 | 3095 | Rückstellungen für Abschluss und Prüfung |
| 0979 | 3099 | Rückstellungen für Umweltschutz |
| 0974 | 3090 | Rückstellungen f. Gewährleistungen |
| 2309 | 6969 | Sonstige Aufwendungen unregelmäßig |

## Gewerbesteuerrückstellung

Von der gesamten, das Wirtschaftsjahr betreffenden Gewerbesteuerschuld werden beim Ansatz der Gewerbesteuerrückstellung die bereits geleisteten Vorauszahlungen abgezogen. Eine verbleibende Schuld zum Bilanzstichtag soll auch dann als Rückstellung bilanziert werden, wenn sie exakt berechnet wurde und der Berechnung der vom Steuerpflichtigen ermittelte steuerliche Gewinn zugrunde liegt.

Bis zur Veranlagung bleibt die Gewerbesteuerschuld eine ungewisse Verbindlichkeit.

Berechnen Sie die Gewerbesteuer an letzter Stelle und füllen Sie dabei die Erklärung aus.

## 12.2 Verbindlichkeiten

### 12.2.1 Anleihen, davon konvertibel

Anleihen sind langfristige, am Kapitalmarkt aufgenommene Kredite, die durch Wertpapiere verbrieft sind. Man unterscheidet zwischen konvertiblen Anleihen, die in Eigenkapitalanteile umgetauscht werden können, und nicht konvertiblen Anleihen.

| SKR03 | SKR04 | Kontenbezeichnung (SKR) |
|---|---|---|
| 0600 | 3100 | Anleihen, nicht konvertibel |
| 0615 | 3120 | Anleihen konvertibel |

### 12.2.2 Verbindlichkeiten gegenüber Kreditinstituten

Ratenkredite und Darlehen von Banken, Sparkassen und anderen Kreditinstituten werden auf dem folgenden Konto verbucht:

| SKR03 | SKR04 | Kontenbezeichnung (SKR) |
|---|---|---|
| 0630 | 3150 | Verbindlichkeiten gegenüber Kreditinstituten |

### 12.2.3 Erhaltene Anzahlungen auf Bestellungen

Erhaltene Anzahlungen auf Bestellungen sollten von den Vorräten auf der Aktivseite offen abgesetzt und nicht über dieses Konto mit passivem Ausweis verbucht werden. Damit wird die Bilanzsumme verkürzt. Das kann sich positiv auf die Größenklasse des Unternehmens (und ggf. die Steuerberaterrechnung) auswirken.

| SKR03 | SKR04 | Kontenbezeichnung (SKR) |
|---|---|---|
| 1710 | 3250 | Erhaltene Anzahlungen auf Bestellungen |

Der aktive Ausweis erfolgt auf dem Konto:

| SKR03 | SKR04 | Kontenbezeichnung (SKR) |
|---|---|---|
| 1710 | 1190 | Erhaltene Anzahlungen auf Bestellungen |
| 1711 | 3260 | Erhaltene Anzahlungen 7 % USt. |
| 1717 | 3270 | Erhaltene Anzahlungen 19 % USt. |

## 12.2.4 Verbindlichkeiten aus Lieferungen und Leistungen

Das Konto »Verbindlichkeiten aus Lieferungen und Leistungen« ist nicht direkt bebuchbar, weil es für den automatischen Saldo sämtlicher Kreditorenkonten des DATEV-Systems reserviert ist.

| SKR03 | SKR04 | Kontenbezeichnung (SKR) |
|---|---|---|
| 1600 | 3300 | Verbindlichkeiten aus Lieferungen u. Leistungen |

Die Lieferantenkonten sind vollständig abgestimmt. Buchen Sie ggf. die sich nachträglich in Absprache mit Ihren Lieferanten ergebenden Änderungen ein, z. B. Preisnachlässe, Erhöhung des Wareneinkaufs. In Streitfällen sind Rückstellungen für eventuelle Nachzahlungen zu bilden.

Nehmen Sie die Saldenbestätigungen der von Ihnen angeschriebenen oder von sich aus aktiven Lieferanten zu den Abschlussunterlagen. Wenn Sie keinen Rücklauf auf Ihre Schreiben erhalten haben, legen Sie die Durchschrift mit einem entsprechenden Vermerk ab. Das Schweigen auf ein Bestätigungsschreiben/eine Saldenmitteilung in einem Kontokorrent gilt unter Kaufleuten als Genehmigung.

Wenn Sie keine Lieferantenkonten bebuchen, steht das folgende Konto zur Verfügung:

| SKR03 | SKR04 | Kontenbezeichnung (SKR) |
|---|---|---|
| 1610 | 3310 | Verbindlichkeiten aus Lieferungen u. Leistungen |

Stellen Sie eine Liste über sämtliche Verbindlichkeiten aus Lieferungen und Leistungen auf und unterscheiden Sie nach Umsatzsteuersätzen und Aufwandsarten (ggf. auf Tippstreifen addieren). Der Saldo auf dem Verbindlichkeitskonto muss mit der Gesamtsumme dieser Liste übereinstimmen — Ist-Versteuerer müssen ggf. die Beträge noch einbuchen.

### Beispiel

Aufstellung der Verbindlichkeiten aus Lieferungen und Leistungen zum 31.12.2016

| | Konto | Rg-Datum | Rg-Betrag |
|---|---|---|---|
| Aga Aga GmbH | 5301 | 02.12.2016 | 1.235,04 EUR |
| ... | ... | ... | ... |
| Meier KG | 5401 | 04.10.2016 | 234,12 EUR |
| | 5401 | 12.12.2016 | 3.231,80 EUR |
| ... | ... | ... | ... |
| Zadeck GmbH | 103/00 | 07.07.2015 | 1.492,40 EUR |
| Gesamte Verbindlichkeiten LuL brutto | | | 29.500,00 EUR |

Da die Verbindlichkeiten noch nicht erfasst wurden, sind sie zum Jahresende einzubuchen:

| | |
|---|---|
| Wareneinkauf 7 % auf Konto 5300 | |
| (automatisches Vorsteuerkonto) | 5.700,00 EUR |
| Wareneinkauf 19 % auf Konto 5400 | |
| (automatisches Vorsteuerkonto) | 23.800,00 EUR |

| Soll | Haben | GegenKto | Konto | |
|---|---|---|---|---|
| | 5.700,00 | 3300/5300 | 1610/3310 | Verbindlichk. Wareneinkauf zu 7 % |
| | 23.800,00 | 3400/5400 | 1610/3310 | Verbindlichk. Wareneinkauf zu 19 % |

Für weitere Verbindlichkeiten kommen die unten angeführten Konten infrage:

| SKR03 | SKR04 | Kontenbezeichnung (SKR) |
|---|---|---|
| 1700 | 3500 | Sonstige Verbindlichkeiten |
| 1701 | 3501 | Sonstige Verbindlichkeiten (b. 1 J.) |
| 0780 | 3540 | Partiarische Darlehen |
| 1705 | 3550 | Erhaltene Kautionen |
| 0630 | 3560 | Darlehen |

### 12.2.5 Verbindlichkeiten aus der Annahme gezogener Wechsel und der Ausstellung eigener Wechsel

Schuldwechsel sind auf dem folgenden Konto zu erfassen:

| SKR03 | SKR04 | Kontenbezeichnung (SKR) |
|---|---|---|
| 1660 | 3350 | Wechselverbindlichkeiten |

Sie benötigen als Bestandsnachweis Blattkopien des Wechselbuchs.

Verbindlichkeiten aus Agenturwaren- und Kommissionsabrechnungen werden auf diesem Konto erfasst:

| SKR03 | SKR04 | Kontenbezeichnung (SKR) |
|---|---|---|
| 1731 | 3600 | Agenturwarenabrechnung |

Dazu gehören etwa Lottogelder oder Telefonkartenumsätze. Auch hier empfiehlt es sich, eine Saldenbestätigung vom Geschäftspartner einzuholen, sofern keine Endabrechnung vom »Geschäftsherrn« (Kommittent bzw. Vertriebsagentur) vorliegt. Denn gerade wegen Verrechnungen, Rücksendungen und Provisionskürzungen sind die Kommissions- und Vertreterabrechnungen ziemlich unübersichtlich.

Passivische Verrechnungskonten sind:

| SKR03 | SKR04 | Kontenbezeichnung (SKR) |
|---|---|---|
| 1709 | 3620 | Gewinnverfügung stille Gesellschaft |
| 1792 | 3630 | Sonstige Verrechnung |
| 1793 | 3695 | Verrechnung geleistete Anzahlungen |

### 12.2.6 Steuerverbindlichkeiten

| SKR03 | SKR04 | Kontenbezeichnung (SKR) |
|---|---|---|
| 1741 | 3730 | Verbindlichkeiten Lohn- und Kirchensteuer |
| 1736 | 3700 | Verbindlichkeiten Betriebssteuern und -abgaben |
| 1747 | 3761 | Verbindlichkeiten für Verbrauchsteuern |

Auf diesem Konto stehen z. B. Dezemberlöhne und -gehälter:

| SKR03 | SKR04 | Kontenbezeichnung (SKR) |
|---|---|---|
| 1740 | 3720 | Verbindlichkeiten aus Lohn und Gehalt |
| 1755 | 3790 | Lohn- und Gehaltsverrechnungen |

Das Verrechnungskonto sollte zum Jahresende aufgelöst sein.

Ausstehende Sozialversicherungsbeiträge sind auf diesem Konto zu erfassen:

| SKR03 | SKR04 | Kontenbezeichnung (SKR) |
|---|---|---|
| 1740 | 3740 | Verbindlichkeiten soziale Sicherheit |
| 1750 | 3770 | Verbindlichkeiten aus Vermögensbildung |
| 1746 | 3760 | Verbindlichkeiten aus Einbehaltungen |

Weitere Konten zu Umsatzsteuerverbindlichkeiten werden bei der Erstellung der Umsatzsteuererklärung erläutert (siehe Kapitel 13).

### 12.2.7 Verbindlichkeiten gegenüber Gesellschaftern der Personengesellschaft

Die Vorschriften zur E-Bilanz verlangen eine tiefe Gliederung der Verbindlichkeiten gegenüber Gesellschaftern.

| SKR03 | SKR04 | Kontenbezeichnung (SKR) |
|---|---|---|
| 1650 | 3340 | Verbindl. aus LuL gg. Gesellschaftern |
| 1651 | 3341 | Verbindl. aus LuL gg. Gesellsch. (b. 1 J.) |
| 1655 | 3345 | Verbindl. aus LuL gg. Gesellsch. (1–5 J.) |
| 1658 | 3348 | Verbindl. aus LuL gg. Gesellsch. (g. 5 J.) |
| 730 | 3510 | Verbindl. gg. Gesellschaftern |
| 731 | 3511 | Verbindl. gg. Gesellschaftern (b. 1 J.) |
| 740 | 3514 | Verbindl. gg. Gesellschaftern (1–5 J.) |
| 750 | 3517 | Verbindl. gg. Gesellschaftern (g. 5 J.) |
| 1670 | 3645 | Verbindl. gg. pers. haftenden Gesellschaftern |
| 1671 | 3646 | Verbindl. gg. pers. haftenden Gesellschaftern, Restlaufzeit (b. 1 J.) |
| 1672 | 3647 | Verbindl. gg. pers. haftenden Gesellschaftern, Restlaufzeit (1–5 J.) |
| 1673 | 3648 | Verbindl. gg. pers. haftenden Gesellschaftern, Restlaufzeit (g. 5 J.) |
| 1675 | 3650 | Verbindl. gg. Kommanditisten |
| 1676 | 3651 | Verbindl. gg. Kommanditisten, Restlaufzeit (b. 1 J.) |
| 1677 | 3652 | Verbindl. gg. Kommanditisten, Restlaufzeit (1–5 J.) |
| 1678 | 3653 | Verbindl. gg. Kommanditisten, Restlaufzeit (g. 5 J.) |

### 12.2.8 Verbindlichkeiten mit Restlaufzeitvermerken

Nach § 268 Abs. 5 HGB sind auch Verbindlichkeiten mit einer Restlaufzeit bis zu einem Jahr auf gesondert ausgewiesenen Posten zu vermerken. Verwenden Sie beim Jahresabschluss die folgenden Konten und buchen Sie ggf. um.

## Passiva

| SKR03 | SKR04 | Kontenbezeichnung (SKR) |
|---|---|---|
| 0601 | 3101 | Anleihen, nicht konvertibel (b. 1 J.) |
| 0605 | 3105 | Anleihen, nicht konvertibel (1–5 J.) |
| 0610 | 3110 | Anleihen, nicht konvertibel (g. 5 J.) |
| 0615 | 3120 | Anleihen konvertibel |
| 0616 | 3121 | Anleihen konvertibel (b. 1 J.) |
| 0620 | 3125 | Anleihen konvertibel (1–5 J.) |
| 0625 | 3130 | Anleihen konvertibel (g. 5 J.) |
| 0631 | 3151 | Verbindlichkeiten Kreditinstitut (b. 1 J.) |
| 0640 | 3160 | Verbindlichkeiten Kreditinstitut (1–5 J.) |
| 0650 | 3170 | Verbindlichkeiten Kreditinstitut (g. 5 J.) |
| 0660 | 3180 | Teilzahl Verbindlichkeit. gg. Kreditinstituten |
| 0661 | 3181 | Teilzahl Verbindlichkeit. Kreditinstitut (b. 1 J.) |
| 0670 | 3190 | Teilzahl Verbindlichkeit. Kreditinstitut (1-5 J.) |
| 0680 | 3200 | Teilzahl Verbindlichkeit. Kreditinstitut (g. 5 J.) |
| 1719 | 3280 | Erhaltene Anzahlungen (b. 1 J.) |
| 1720 | 3284 | Erhaltene Anzahlungen (1–5 J.) |
| 1721 | 3285 | Erhaltene Anzahlungen (g. 5 J.) |
| 1625 | 3335 | Verbindlichkeiten aus LuL (b. 1 J.) |
| 1626 | 3337 | Verbindlichkeiten aus LuL (1–5 J.) |
| 1628 | 3338 | Verbindlichkeiten aus LuL (g. 5 J.) |
| 1661 | 3351 | Wechselverbindlichkeiten (b. 1 J.) |
| 1680 | 3380 | Wechselverbindlichkeiten (1–5 J.) |
| 1690 | 3390 | Wechselverbindlichkeiten (g. 5 J.) |
| 1700 | 3500 | Sonstige Verbindlichkeiten |
| 1701 | 3501 | Sonstige Verbindlichkeiten (b. 1 J.) |
| 1702 | 3504 | Sonstige Verbindlichkeiten (1–5 J.) |
| 1703 | 3507 | Sonstige Verbindlichkeiten (g. 5 J.) |
| 0780 | 3540 | Partiarische Darlehen |
| 0781 | 3541 | Partiarische Darlehen (b. 1 J.) |
| 0784 | 3544 | Partiarische Darlehen (1–5 J.) |

| SKR03 | SKR04 | Kontenbezeichnung (SKR) |
|---|---|---|
| 0787 | 3547 | Partiarische Darlehen (g. 5 J.) |
| 1705 | 3550 | Erhaltene Kautionen |
| 1733 | 3551 | Erhaltene Kautionen (b. 1 J.) |
| 1734 | 3554 | Erhaltene Kautionen (1—5 J.) |
| 1735 | 3557 | Erhaltene Kautionen (g. 5 J.) |
| 0630 | 3560 | Darlehen |
| 0631 | 3561 | Darlehen (b. 1 J.) |
| 0640 | 3564 | Darlehen (1—5 J.) |
| 0650 | 3567 | Darlehen (g. 5 J.) |
| 1741 | 3730 | Verbindlichk. Lohn- und Kirchensteuer |
| 1736 | 3700 | Verbindl. Betriebssteuern und -abgaben |
| 1737 | 3701 | Verbindl. Betriebsst. und -abgaben (b. 1 J.) |
| 1738 | 3710 | Verbindl. Betriebsst. und -abgaben (1—5 J.) |
| 1739 | 3715 | Verbindl. Betriebsst. und -abgaben (g. 5 J.) |
| 1747 | 3761 | Verbindlichkeiten für Verbrauchsteuern |
| 1743 | 3741 | Verbindlichk. soziale Sicherheit (b. 1 J.) |
| 1744 | 3750 | Verbindlichk. soziale Sicherheit (1—5 J.) |
| 1745 | 3755 | Verbindlichk. soziale Sicherheit (g. 5 J.) |
| 1751 | 3771 | Verbindlichk. Vermögensbildung (b. 1 J.) |
| 1752 | 3780 | Verbindlichk. Vermögensbildung (1—5 J.) |
| 1753 | 3785 | Verbindlichk. Vermögensbildung (g. 5 J.) |

## 12.3 Rechnungsabgrenzungsposten

Auch auf der Passivseite der Bilanz gibt es Rechnungsabgrenzungen. Hier werden Einnahmen eingestellt, die wirtschaftlich dem Folgejahr zuzurechnen sind. Die Zahlung wird zunächst aufwandsneutral auf diesem Konto eingestellt.

| SKR03 | SKR04 | Kontenbezeichnung (SKR) |
|---|---|---|
| 0990 | 3900 | Passive Rechnungsabgrenzung |

Um den monatlichen Ertrag zu berücksichtigen, wird anschließend die gebildete Rechnungsabgrenzung zeitanteilig aufgelöst.

**Beispiel**

Die jährlich im Voraus vereinnahmte Pacht beträgt 12.000 EUR.

Zunächst erfolgt die Gutschrift der Pachtzahlung erfolgsneutral. Monatlich sind nachfolgend jeweils 1.000 EUR Pachtertrag zu berücksichtigen.

Rechnungen, die einen Zeitraum betreffen, der sich über das Geschäftsjahr hinaus erstreckt, müssen per Rechnungsabgrenzungsposten abgegrenzt werden.

## 12.4 Passive latente Steuern

Zwischen den handelsrechtlichen Wertansätzen von Vermögensgegenständen, Schulden und Rechnungsabgrenzungsposten und ihren steuerlichen Wertansätzen können Differenzen bestehen. Passive latente Steuern sind von GmbH & Co. KGs anzusetzen, wenn das nach steuerrechtlichen Vorschriften ermittelte Vermögen niedriger ist als das handelsrechtliche Vermögen. Das kommt in den folgenden Fällen in Betracht:

- Ansatz selbst geschaffener immaterieller Vermögensgegenstände in der Handelsbilanz,
- Auflösung einer Rücklage nach § 6b EStG in der Handelsbilanz,
- nur steuerrechtlich zulässige Sonderabschreibungen.

**Beispiel**

Auf die Abschaffungskosten eines Lkws i. H. v. 100.000 EUR werden steuerliche Sonderabschreibungen nach § 7g EStG i. H. v. 20.000 EUR geltend gemacht. Der Buchwert des Lkws und damit auch der Gewinn laut Handelsbilanz liegen um diese 20.000 EUR höher als der in der Steuerbilanz. Bei einer fiktiven Steuerbelastung von 30 Prozent sind in der Handelsbilanz 6.000 EUR passive latente Steuern auszuweisen.

| Konto | Eingang (Soll) | Ausgang (Haben) | Datum | Gegenkonto |
| --- | --- | --- | --- | --- |
| 3060 (0968) | | 6.000 | 31.12. | 7645 (2250) |

Kleine GmbH & Co. KGs sind zwar nach § 274a HGB generell von der Ansatzpflicht befreit. Da aber sämtliche Kaufleute für ungewisse Verbindlichkeiten Rückstellungen bilden müssen, wären diese der Höhe nach ungewissen Steuerbelastungen trotz grundsätzlichem Wahlrecht auszuweisen. Nach überwiegender Auffassung bedeutet die Schaffung der Position »Latenten Steuern« als neue eigenständige Bilanzposition eine gesetzlich gewollte Abgrenzung zu den Rückstellungen. Die Befreiung für kleine GmbH & Co. KGs wird demnach durch keine konkurrierende Generalvorschrift ausgehebelt.

# 13 Gewinn- und Verlustrechnung

| **Ablaufplan Jahresabschluss** |
| --- |
| Vortragen der Eröffnungsbilanz |
| Abstimmen der Buchhaltung |
| Abstimmen: Aktiva |
| Abstimmen: Passiva |
| Abstimmen: Gewinn- und Verlustrechnung |
| Inventur |
| Anlagevermögen, Abschreibungen, Anlagenspiegel |
| Umlaufvermögen |
| Eigenkapitalgliederung |
| Rückstellungen und Verbindlichkeiten |
| **Gewinn- und Verlustrechnung und Gewinnverteilung** |
| Übermitteln der Steuererklärungen |
| GmbH & Co. KG: Offenlegung des Jahresabschlusses mit Anhang |
| Übermitteln der E-Bilanz |

In der Gewinn- und Verlustrechnung sind die Erlöse und Aufwendungen des abgelaufenen Jahrs gegenüberzustellen. In einer GmbH & Co. KG werden zudem einige Positionen gesondert ausgewiesen.

Nach § 275 HGB ist die Gewinn- und Verlustrechnung von Kapitalgesellschaften in Staffelform aufzustellen. Kleine und mittlere GmbH & Co. KGs dürfen die Positionen 1. bis 5. zu einem Posten (»Rohergebnis«) zusammenfassen. Diese Verkürzung betrifft allerdings nur den Abschluss nach Handelsrecht. Die E-GuV nach § 5b EStG verlangt für sämtliche Personengesellschaften eine weitaus detailliertere Aufgliederung und sieht keine Erleichterungen für Kleinunternehmen vor (Stand: September 2016).

Zwei Verfahren für die Gewinn- und Verlustrechnung sind zulässig:

- Gesamtkostenverfahren
  Das Gesamtkostenverfahren wird überwiegend eingesetzt und im Folgenden vorgestellt. Bei ihm fließen sämtliche Leistungen und Aufwendungen des Unternehmens mit in die Gewinn- und Verlustrechnung ein, also auch Bestandsveränderungen.
- Umsatzkostenverfahren
  Das nicht sehr verbreitete Umsatzkostenverfahren kommt zum gleichen Ergebnis wie das Gesamtkostenverfahren. Hier werden allerdings nur Kosten angesetzt, die mit den erzielten Erlösen unmittelbar zusammenhängen.

! **Beachten Sie:**

**Die Gewinn- und Verlustrechnung ist eine Kontrollrechnung zur Bilanz. In der Bilanz werden Vermögensgegenstände und Schulden am Bilanzstichtag gegenübergestellt, in der Gewinn- und Verlustrechnung die Erlöse und Aufwendungen des abgelaufenen Jahrs.**

Nach dem System der doppelten Buchführung ist die Vermögensänderung des Kaufmanns in der Bilanz mit dem Jahresergebnis in der Gewinn- und Verlustrechnung identisch.

Der steuerliche Jahresüberschuss wird auf die Gesellschafter verteilt (Gewinnverteilung).

## 13.1 Positionen der Gewinn- und Verlustrechnung

Eine tief gegliederte Gewinn- und Verlustrechnung weist die folgenden Positionen aus:

| | |
|---|---|
| 1. | Umsatzerlöse |
| 2. | Erhöhung oder Verminderung des Bestands an fertigen und unfertigen Erzeugnissen |
| 3. | andere aktivierte Eigenleistungen |
| 4. | sonstige betriebliche Erträge |

| | |
|---|---|
| 5.a) | Aufwendungen für Roh-, Hilfs- und Betriebsstoffe und für bezogene Waren |
| 5.b) | Aufwendungen für bezogene Leistungen |
| 6.a) | Personalaufwand Löhne und Gehälter |
| 6.b) | Personalaufwand soziale Abgaben und Aufwendungen für Altersversorgung und für Unterstützung, davon für Altersversorgung |
| 7.a) | Abschreibungen auf immaterielle Vermögensgegenstände und Sachanlagen |
| 7.b) | Abschreibungen auf Vermögensgegenstände des Umlaufvermögens, soweit diese die in der Kapitalgesellschaft üblichen Abschreibungen überschreiten |
| 8. | sonstige betriebliche Aufwendungen |
| 9. | Erträge aus Beteiligungen, davon aus verbundenen Unternehmen |
| 10. | Erträge aus anderen Wertpapieren und Ausleihungen des Finanzanlagevermögens, davon aus verbundenen Unternehmen |
| 11. | sonstige Zinsen und ähnliche Erträge, davon aus verbundenen Unternehmen |
| 12. | Abschreibungen auf Finanzanlagen und auf Wertpapiere des Umlaufvermögens |
| 13. | Zinsen und ähnliche Aufwendungen, davon an verbundene Unternehmen |
| 14. | Steuern von Einkommen und Ertrag |
| 15. | Ergebnis nach Steuern |
| 16. | sonstige Steuern |
| 17. | Jahresüberschuss/Jahresfehlbetrag |

Durch das BilRUG fiel in der Gewinn- und Verlustrechnung im Jahr 2016 der Ausweis von außerordentlichen Aufwendungen und Erträgen (ehemals Nr. 15 bis Nr. 17) weg.

| | |
|---|---|
| 15. | Außerordentliche Erträge |
| 16. | Außerordentliche Aufwendungen |
| 17. | Außerordentliches Ergebnis |

Bei einer GmbH & Co. KG sind auch Erträge und Aufwendungen im Zusammenhang mit verbundenen Unternehmen und Beteiligungen in der Gewinn- und Verlustrechnung oder im Anhang gesondert auszuweisen. Hier gibt es folgende Positionen (nach dem Gesamtkostenverfahren):

| | |
|---|---|
| 7.b) | Abschreibungen auf Vermögensgegenstände des Umlaufvermögens, soweit diese die in der Kapitalgesellschaft üblichen Abschreibungen überschreiten |
| 9. | Erträge aus Beteiligungen, davon aus verbundenen Unternehmen |
| 10. | Erträge aus anderen Wertpapieren und Ausleihungen des Finanzanlagevermögens, davon aus verbundenen Unternehmen |
| 11. | sonstige Zinsen und ähnliche Erträge, davon aus verbundenen Unternehmen |
| 13. | Zinsen und ähnliche Aufwendungen, davon an verbundene Unternehmen |

| BGA | IKR | SKR03 | SKR04 | Kontenbezeichnung (SKR) |
|---|---|---|---|---|
| 251 | 55 | 2600 | 7000 | Erträge aus Beteiligungen |
| 2511 | 550 | 2619 | 7009 | Erträge a. Beteilig. an verb. Untern. |
| 2535 | 560 | 2649 | 7019 | Erträge Wertpapiere/FAV-Ausl. verb. Untern. |
| 26 | 57 | 2650 | 7100 | Sonstige Zinsen und ähnliche Erträge |
| 2535 | 570 | 2659 | 7109 | Sonst. Zinsen u. Ä. Erträge aus verb. Untern. |
| 2665 | 570 | 2659 | 7119 | Sonstige Zinserträge aus verb. Untern. |
| 2635 | 5701 | 2679 | 7139 | Diskonterträge verbundene Unternehmen |
| 2410 | 59 | 2790 | 7190 | Erträge aus Verlustübernahme |
| 251 | 555 | 2792 | 7192 | Gewinne aufgrund Gewinngemeinschaft |
| 251 | 555 | 2794 | 7194 | Gewinne aufgrund Gewinn-/Teilgewinnabf. |
| 216 | 750 | 2109 | 7309 | Zinsen u. ähnliche Aufwendungen verb. Untern. |
| 2116 | 7501 | 2119 | 7319 | Zinsaufw. f. kfr. Verb. an verbund. Untern. |
| 2126 | 7502 | 2129 | 7329 | Zinsaufw. für lfr. Verbindlichk. verb. Untern. |

| BGA | IKR | SKR03 | SKR04 | Kontenbezeichnung (SKR) |
|---|---|---|---|---|
| 2146 | 7503 | 2149 | 7339 | Zinsähnliche Aufw. an verb. Untern. |
| 2136 | 7504 | 2139 | 7349 | Diskontaufw. an verbundene Untern. |
| 2166 | 79 | 2492 | 7392 | Abgef. Gewinne/Gewinngem. |
| 2167 | 79 | 2494 | 7394 | Abgef. Gewinne/Gewinn-/Teilgewinnabf. |

Bei den Abstimmarbeiten der Buchführung sind Sie die Erfolgskonten des laufenden Jahrs bereits systematisch durchgegangen. Etliche dieser Konten können Sie im Folgenden abschließen und den obigen Positionen zuordnen.

**Arbeitsschritt:** !

Sie sollten insbesondere die kritischen Betriebsausgaben ein zweites Mal prüfen. Spezielle Aufzeichnungspflichten verlangen eine jeweils fehlerfreie Erfassung auf den Konten.

## 13.2 Lohnkosten

Die Beträge aus der Lohnbuchhaltung müssen sich auf den Sachkonten wiederfinden. Achten Sie auf die richtige zeitliche Zuordnung der Lohn- und Lohnnebenkosten, d. h. vor allem, auf die Erfassung der Lohnkosten für Dezember.

Bei den Aushilfslöhnen benötigen Sie entweder einzelne Arbeitsverträge mit Angabe der regelmäßigen Beschäftigungszeiten und des Stundensatzes oder Einzelbelege, auf denen die Arbeitszeiten festgehalten sind. Tätigkeitsvergütungen für Mitunternehmer müssen wegen der E-Bilanz auf den vorgesehenen Konten erfasst sein.

## 13.3 Bewirtungskosten

Stellen Sie sicher, dass die Bewirtungskosten ausschließlich, zeitnah und vollständig auf dem gesonderten Konto verbucht sind. Daneben müssen auch die Belege selbst einer Überprüfung standhalten.

## 13.4 Dividenden- und Zinserträge

Einbehaltene Kapitalertragsteuer, Zinsabschlagsteuer und Solidaritätszuschläge können Sie auf die Körperschaftsteuer anrechnen lassen.

! **Arbeitsschritt:**

**Erfassen Sie Zinseinkünfte brutto mit Steuerabzügen gesondert. Geben Sie zum Nachweis die originalen Dividenden- und Zinsbescheinigungen zusammen mit den Steuererklärungen an das Finanzamt.**

## 13.5 Spenden

Unterscheiden Sie den Zweck Ihrer Zuwendungen nur bei unterschiedlicher Abzugsfähigkeit:

- Spenden und Beiträge für wissenschaftliche und mildtätige Zwecke können bis zu einer Höhe von insgesamt 20 Prozent des Gesamtbetrags der Einkünfte abgezogen werden.
- Spenden und Beiträge für kirchliche und religiöse und anerkannt gemeinnützige Zwecke können ebenfalls bis zu einer Höhe von insgesamt 20 Prozent des Gesamtbetrags der Einkünfte abgezogen werden.
- Spenden und Beiträge an politische Parteien werden zu 50 Prozent direkt von der Steuerschuld abgezogen, bis zum Höchstbetrag von 1.534 EUR.

| SKR03 | SKR04 | Kontenbezeichnung (SKR) |
|---|---|---|
| 2380 | 6390 | Spenden |
| 2381 | 6391 | Beitr./Spenden wissensch./kult. Zwecke |
| 2382 | 6392 | Beitr./Spenden mildtätige Zwecke |
| 2383 | 6393 | Beitr./Spenden kirchl./relig./gemeinnütz. Zwecke |
| 2384 | 6394 | Beitr./Spenden politische Parteien |

! **Arbeitsschritt:**

Sortieren Sie sämtliche Originalspendenbescheinigungen aus und geben Sie sie an das Finanzamt.

## 13.6 Weitere Erlöse und Aufwendungen

Andere Erfolgskonten haben Sie erst bei den Jahresabschlussbuchungen angesprochen:

- Abschreibungen,
- Aufwendungen und Erträge aus Bestandsveränderungen,
- Steuerzahlungen.

**Arbeitsschritt:** !

**Insbesondere die folgenden Abschlussbuchungen sind auf den Konten nochmals abzustimmen.**

### 13.6.1 Abschreibungen

Vergleichen Sie die Buchwerte und die Höhe der Abschreibungen im Anlageverzeichnis und in der Bilanz mit den Anlagekonten und Abschreibungen.

### 13.6.2 Bestandsveränderungen und Wertberichtigungen

Die Endbestände und Bestandsveränderungen auf den Konten sind mit den vorgegebenen Inventarwerten abzugleichen. Überprüfen Sie, ob jede uneinbringliche Forderung abgeschrieben und darüber hinaus die Höhe der Wertberichtigungen richtig erfasst wurde.

### 13.6.3 Steuerzahlungen

Vergleichen Sie endgültige Kontensalden mit den Angaben in den Steuererklärungen.

### 13.6.4 Erträge und Aufwendungen aus der Abzinsung von Rückstellungen

Nach dem neuen § 277 Abs. 5 Satz 1 HGB in Verbindung mit § 253 Abs. 2 HGB sind Rückstellungen mit einer Restlaufzeit von mehr als einem Jahr abzuzinsen. Erträge und Aufwendungen aus der Abzinsung sind in der Gewinn- und Verlustrechnung gesondert auszuweisen.

| SKR03 | SKR04 | Kontenbezeichnung (SKR) |
|---|---|---|
| 2684 | 7142 | Zinserträge aus der Abzinsung von Rückstellungen |
| 2144 | 7362 | Zinsaufwendungen aus der Abzinsung von Rückstellungen |

Ein zusätzlicher Davon-Vermerk erfolgt programmautomatisch als »Sonstige Zinsen und ähnliche Erträge/Aufwendungen, davon aus Abzinsung von Rückstellungen«.

## 13.7 Ergebnisverwendung bei Personengesellschaften

Das steuerliche Ergebnis der Gesellschaft wird auf die jeweiligen Gesellschafter verteilt. Die Gesellschafter haben ihre Gewinnanteile in ihrer persönlichen Einkommensteuererklärung als Einkünfte aus Gewerbebetrieb anzusetzen.

Wurden im Gesellschaftsvertrag keine abweichenden Regelungen getroffen, erfolgt die Ergebnisverteilung üblicherweise nach Köpfen, sofern kein Festkapital vereinbart ist, anderenfalls nach Kapitalanteilen.

**Beispiel**

In der ABC GmbH und Co. KG sind neben der A-GmbH als Komplementär ohne Kapitalbeteiligung die Kommanditisten B mit 60.000 EUR und C mit 40.000 EUR beteiligt. Die Gewinnverteilung des steuerlichen Jahresergebnisses von 50.000 EUR erfolgt im Verhältnis der Kapitalanteile.

Ergebnisanteil von A = 0 EUR
Ergebnisanteil von B = 30.000 EUR
Ergebnisanteil von C = 20.000 EUR

Wie bereits bei den Abstimmarbeiten behandelt wurde, sind Vergütungen an Gesellschafter als sog. Mitunternehmer (§ 15 Abs. 1 Nr. 2 EStG) den steuerlichen Ergebnisanteilen wieder zuzurechnen. Dabei handelt es sich um als Betriebsaufwendungen gebuchte Personalaufwendungen, Tantiemen, Sachbezüge, Zinsaufwendungen, Mietaufwendungen etc.

**Beispiel**

Im laufenden Jahr wurden für Voll- und Teilhafter schon die folgenden Beträge — bis auf die Haftungsvergütung und Darlehenszinsen — ausbezahlt und in der Gewinn- und Verlustrechnung als Betriebsaufwendungen gebucht. Das Jahresergebnis von 60.000 EUR wird zu je einem Drittel auf die drei Kommanditisten aufgeteilt. Die Komplementär-GmbH ist am Jahresergebnis nicht beteiligt.

**Vollhafter**

Immo Service Komplementär GmbH:

| | |
|---|---|
| Tätigkeitsvergütung: | 120.000 EUR |
| Haftungsvergütung: | 2.000 EUR |

**Teilhafter**

Adele Bengast, Kommanditist:

| | |
|---|---|
| Ergebnisanteil: | 20.000 EUR |

Helmut Müller, Kommanditist:

| | |
|---|---|
| Ergebnisanteil: | 20.000 EUR |

Neoventure GmbH, Kommanditist:

| | |
|---|---|
| Darlehensverzinsung: | 30.000 EUR |
| Gebrauchsüberlassung (Miete): | 12.000 EUR |
| Ergebnisanteil: | 20.000 EUR |

## Ergebnisverwendung

| | Immo Service Komplementär GmbH | Adele Bengast, Kommanditist | Helmut Müller, Kommanditist | Neoventure GmbH, Kommanditist | Gesamt |
|---|---|---|---|---|---|
| Gewinn lt. GuV | | | | | −60.000,00 |
| Gewerbesteuer | | | | | |
| Kapitalertragsteuer | | | | | |
| Gewinn vor Vorweggewinne | | | | | −60.000,00 |
| Tätigkeitsvergütung | 120.000,00 | | | | 120.000,00 |
| Darlehenszinsen | | | | 30.000,00 | 30.000,00 |
| Gebrauchsüberlassung | | | | 12.000,00 | 12.000,00 |
| Haftungsvergütung | 2.000,00 | | | | 2.000,00 |
| Vorweggewinne | 122.000,00 | | | 42.000,00 | 164.000,00 |
| lfd. Gewinn | | −20.000,00 | −20.000,00 | −20.000,00 | −60.000,00 |
| Gewinnverteilung | 122.000,00 | −20.000,00 | −20.000,00 | 22.000,00 | 104.000,00 |

Diese für Personengesellschaften zusätzlich erforderliche Auswertung der Ergebnisverteilung wird von der DATEV und anderen Programmherstellern erstellt. Dafür sind entsprechende Buchungen auf den Konten 9600 ff. erforderlich.

Hierbei wird den Gesellschaftern nach der Vorgabe ihrer Kapitalkonten eine einheitliche Endnummer (0—9) zugeordnet. Außerdem werden — sofern das noch nicht geschehen ist — in den Kontenbeschriftungen die Namen der Gesellschafter erfasst. Beachten Sie auch hier, dass in den DATEV-Rechnungswesen-Programmen die Endnummernkonten 2017 zwar noch verwendet werden dürfen, aber nur die neue XXX.

| Kontenbezeichnung | DATEV SKR |
|---|---|
| Name des Vollhafters Komplementärs | 9600—9609 |
| Name des Kommanditisten | 9700—9709 |

Anschließend sind die entsprechenden Vergütungen gegen das zugehörige Namenskonto des jeweiligen Gesellschafters zu erfassen.

### Vollhafter

| Kontenbezeichnung | DATEV SKR |
|---|---|
| Tätigkeitsvergütung | 9610–9619 |
| Tantieme | 9620–9629 |
| Darlehensverzinsung | 9630–9639 |
| Gebrauchsüberlassung | 9640–9649 |
| Sonstige | 9650–9689 |
| Restanteil | 9690–9699 |

### Teilhafter

| Kontenbezeichnung | DATEV SKR |
|---|---|
| Tätigkeitsvergütung | 9710–9719 |
| Tantieme | 9720–9729 |
| Darlehensverzinsung | 9730–9739 |
| Gebrauchsüberlassung | 9740–9749 |
| Sonstige Vergütungen | 9750–9779 |
| Restanteil | 9790–9799 |

Immo Service Komplementär GmbH mit der Endnummer 0:

| Soll | Haben | GegenKto | Konto | |
|---|---|---|---|---|
| | 120.000,00 | 9610 | 9600 | Tätigkeitsvergütung |
| | 2.000,00 | 9650 | 9600 | Haftungsvergütung |

Neoventure GmbH, Kommanditist mit der Endnummer 2:
Darlehensverzinsung: 30.000 EUR
Gebrauchsüberlassung (Miete): 12.000 EUR

| Soll | Haben | GegenKto | Konto | |
|---|---|---|---|---|
| | 30.000,00 | 9732 | 9702 | Darlehensverzinsung |
| | 12.000,00 | 9742 | 9702 | Gebrauchsüberlassung |

Zum Schluss der Ergebnisverteilung ist der Restanteil, d. h., der steuerliche Jahresüberschuss/Jahresfehlbetrag gemäß Gewinnverteilungsschlüssel auf die Gesellschafter aufzuteilen

**Adele Bengast, Kommanditist** mit der Endnummer 0:
Ergebnisanteil: 20.000 EUR

**Helmut Müller, Kommanditist** mit der Endnummer 1:
Ergebnisanteil: 20.000 EUR

**Neoventure GmbH, Kommanditist** mit der Endnummer 2:
Ergebnisanteil: 20.000 EUR

| Soll | Haben | GegenKto | Konto | |
|---|---|---|---|---|
| 20.000,00 | | 9790 | 9510/9560 | Restverteilung **Adele Bengast** |
| 20.000,00 | | 9791 | 9511/9561 | Restverteilung **Helmut Müller** |
| 20.000,00 | | 9792 | 9512/9562 | Restverteilung **Neoventure GmbH** |

# 14 Steuererklärungen

| **Ablaufplan Jahresabschluss** |
| --- |
| Vortragen der Eröffnungsbilanz |
| Abstimmen der Buchhaltung |
| Abstimmen: Aktiva |
| Abstimmen: Passiva |
| Abstimmen: Gewinn- und Verlustrechnung |
| Inventur |
| Anlagevermögen, Abschreibungen, Anlagenspiegel |
| Umlaufvermögen |
| Eigenkapitalgliederung |
| Rückstellungen und Verbindlichkeiten |
| Gewinn- und Verlustrechnung und Gewinnverteilung |
| **Übermitteln der Steuererklärungen** |
| GmbH & Co. KG: Offenlegung des Jahresabschlusses mit Anhang |
| Übermitteln der E-Bilanz |

In diesem Kapitel befassen wir uns mit der Aufbereitung der Jahressteuererklärungen von Personengesellschaften.

Für die elektronische Übermittlung der Steuererklärungen außerhalb der DATEV ist in der Regel die Teilnahme am ELSTER-Verfahren notwendig. Zur besseren Übersicht haben wir die Papierformulare in diesem Buch für Sie abgebildet.

In die Umsatzsteuererklärung tragen Sie die Summen der steuerpflichtigen Erlöse, Vorsteuerbeträge und Vorauszahlungen ein. Mit der Umsatzsteuerverprobung gleichen Sie die den Umsätzen entsprechende Umsatzsteuer mit der gebuchten Umsatzsteuer ab.

In der Feststellungserklärung erklären Sie den steuerlichen Gewinn und teilen das Ergebnis anhand vorangegangener Berechnungen den Gesellschaftern zu.

In der Gewerbesteuererklärung wird der Gewerbeertrag durch Hinzurechnungen und Kürzungen aus dem Jahresüberschuss ermittelt. Für eventuelle Gewerbesteuernachzahlungen bildet man eine Gewerbesteuerrückstellung, Erstattungen werden aktiviert.

## 14.1 ELSTER-Verfahren

Seit 2012 sind die Jahreserklärungen zur Umsatzsteuer, zur Feststellung der Einkünfte und zur Gewerbesteuer elektronisch zu übermitteln.

Wem dazu keine Möglichkeit über den Softwareanbieter gegeben ist, kann mit dem amtlichen ELSTER-Verfahren Formulare sowohl online als auch in einer PC-Anwendung ausfüllen (ELektronische STeuer ERklärung: Der Doppelsinn von einem diebischen Vogel ist ein ungewohnter Anflug von Selbstironie).

Als Voraussetzung für die sog. authentifizierten Übermittlungen über ELSTER muss sich der Absender mit einer Signatur eindeutig ausweisen. Dazu bietet sich das kostenlose Softwarezertifikat als eine von drei Möglichkeiten an.

Registrieren Sie zunächst die Gesellschaft mit ihrer Steuernummer über ElsterOnline. Innerhalb von zehn Tagen erhalten Sie Post vom Betriebsfinanzamt mit einem Aktivierungscode.

Auf www.elsteronline.de können Sie nun die Registrierung vervollständigen (siehe Abb. 3) und eine kleine Datei mit dem Softwarezertifikat herunterladen.

Mit Benutzername, Passwort und dem Zugriff auf dieses Zertifikat können Sie sich nicht nur bei Elsteronline oder dem Bundeszentralamt für Steuern einwählen, sondern z. B. auch auf dem PC im Elsterformular oder mit dem Telemodul der DATEV authentifizierte Daten übermitteln.

Auch für die Übertragung der E-Bilanz ist in der Regel die Authentifizierung eine unbedingte Voraussetzung. Eine Möglichkeit, die E-Bilanz wie eine Steuererklärung in einem Formular auszufüllen, sucht man auf ElsterOnline jedoch vergeblich. Vonseiten der Finanzverwaltung wird auf kommerzielle Softwareanbieter verwiesen. Die aktuellen Buchhaltungsprogramme stellen, vereinfacht gesagt, die Bilanzdaten in einem XML-Format her und übergeben sie mittels der Schnittstelle ERiC[13] an ELSTER.

Abb. 3: Elsteronline-Login mit Softwarezertifikat

13 ERiC ist eine Schnittstelle der Steuerverwaltung, die in Verbindung mit einem Steueranwendungsprogramm auf dem PC eines Anwenders läuft. Es prüft die von diesem Programm gelieferten Daten auf Plausibilität und übermittelt die Daten elektronisch an die Rechenzentren der jeweiligen Steuerverwaltungen der Bundesländer.

## 14.2 Umsatzsteuererklärung

201

– Bitte weiße Felder ausfüllen oder ☒ ankreuzen, Anleitung beachten –

An das Finanzamt

Neustadt

Eingangsstempel

**Steuernummer**

0081500000

121

**Umsatzsteuererklärung**

**Berichtigte Steuererklärung** (falls ja, bitte eine „1" eintragen) 110

| 50 | 11 | 1 | | 99 | 11 |
|---|---|---|---|---|---|

**A. Allgemeine Angaben**

Name des Unternehmers

Stella Medien GmbH

ggf. abweichender Firmenname

Art des Unternehmens

Medien und Kommunikation

Straße, Haus-Nr.

Industriestraße 11

PLZ Ort

12345 Freiburg

Telefon

E-Mail-Adresse

**Dauer der Unternehmereigenschaft**
(nur ausfüllen, falls nicht vom 1. Januar bis zum 31. Dezember 2011)

| | vom | bis zum |
|---|---|---|
| 1. Zeitraum | T T M M | T T M M |
| 2. Zeitraum | T T M M | T T M M |

**Die Abschlusszahlung ist binnen einem Monat nach der Abgabe der Steuererklärung zu entrichten (§ 18 Abs. 4 UStG).** Ein Erstattungsbetrag wird auf das dem Finanzamt benannte Konto überwiesen, soweit der Betrag nicht mit Steuerschulden verrechnet wird.

**Verrechnung des Erstattungsbetrages erwünscht / Erstattungsbetrag ist abgetreten**
(falls ja, bitte eine „1" eintragen) 129

Geben Sie bitte die Verrechnungswünsche auf einem besonderen Blatt an oder auf dem beim Finanzamt erhältlichen Vordruck „Verrechnungsantrag".

**Ein Umsatzsteuerbescheid ergeht nur, wenn von Ihrer Berechnung der Umsatzsteuer abgewichen wird.**

**Hinweis nach den Vorschriften der Datenschutzgesetze:** Die mit der Steuererklärung angeforderten Daten werden auf Grund der §§ 149 ff. der Abgabenordnung sowie der §§ 18, 18b des Umsatzsteuergesetzes erhoben. Die Angabe der Telefonnummer und der E-Mail-Adresse ist freiwillig.

**B. Angaben zur Besteuerung der Kleinunternehmer (§ 19 Abs. 1 UStG)**

Die Zeilen 24 und 25 sind nur auszufüllen, wenn der Umsatz **201** (zuzüglich Steuer) nicht mehr als **17 500 €** betragen hat und auf die Anwendung des § 19 Abs. 1 UStG nicht verzichtet worden ist.

| | | | Betrag volle EUR |
|---|---|---|---|
| **Umsatz im Kalenderjahr 201** | (Berechnung nach § 19 Abs. 1 und 3 UStG) | 238 | |
| **Umsatz im Kalenderjahr 201** | | 239 | |

**Unterschrift**

Ich habe dieser Steuererklärung die Anlage UR

X beigefügt.

☐ nicht beigefügt, weil ich darin keine Angaben zu machen hatte.

Datum, eigenhändige Unterschrift des Unternehmers

Bei der Anfertigung dieser Steuererklärung einschließlich der Anlagen hat mitgewirkt:

USt2A501

Abb. 4: Umsatzsteuererklärung Seite 1

Nach der Abstimmung der Umsätze, der Vorsteuerbeträge und der Umsatzsteuer sollte das Ausfüllen der Umsatzsteuererklärung keine Schwierigkeiten mehr bereiten.

Auf der Vorderseite der Erklärung sind die folgenden Angaben zu machen:

- Finanzamt und Steuernummer,
- allgemeine Angaben zum Unternehmen in den Zeilen 9 bis 12,
- mehrere Betriebe einer Gesellschaft sind in einer einzigen Erklärung zusammenzufassen.

Wenn das Unternehmen kein ganzes Kalenderjahr bestanden hat, geben Sie in Zeile 14 (ggf. auch 15) den Zeitraum an.

### 14.2.1 Steuerpflichtige Umsätze

Auf der zweiten Seite der Umsatzsteuererklärung sind die steuerpflichtigen Umsätze und die zugehörigen Steuern aufzulisten.

Nach den Steuersätzen von 19 Prozent Umsatzsteuer und 7 Prozent Umsatzsteuer sind jeweils zusammengefasst:

- Lieferungen und Leistungen, Verkäufe von Anlagegütern,
- unentgeltliche Wertabgaben in Form von Entnahmen von Gegenständen und Leistungen aus dem Unternehmen.

Darunter sind auch land- und forstwirtschaftliche Umsätze einzutragen.

**Arbeitsschritt:** !

**Achten Sie auf die abgestimmten Beträge in der Gewinn- und Verlustrechnung bzw. in der Bilanz und in der Steuererklärung — denn genau diesen Abgleich wird auch das Finanzamt vornehmen.**

Dabei sind Cent-Differenzen wegen der Rundung völlig normal. Wenn die Zuordnung der in einem Feld zusammengefassten Umsätze zu den verschiedenen Konten unübersichtlich wird, sollten Sie diesen Umstand in einer Anlage erläutern. Gehen Sie von den Salden der gleichartigen Konten aus und entwickeln Sie den zugehörigen Eintrag im Formular.

### Beispiel

Der Eintrag »Lieferungen und sonstige Leistungen zum allgemeinen Steuersatz« von 374.987,38 EUR in Zeile 33 besteht aus den Salden der Konten 8400, 8508 und 8736.

| **Umsatzsteuerverprobung 2016** | | | | |
|---|---|---|---|---|
| 8330 | Erlös 7 % | 16.238,96 | | 16.238,96 |
| | | | entspricht USt. | 1.136,66 |
| 8400 | Umsatzerlöse | 238.149,33 | | |
| 8508 | Provisionserlöse 19 % | 137.045,11 | | |
| 8736 | Gewährte Skonti 19 % USt. | −207,06 | 374.987,38 | |
| 8921 | Verwendung v. Gegenst. (Kfz) 19 % USt. | | | |
| 8922 | Verwendung v. Gegenst. (Tel.) 19 % USt. | | | |
| 8937 | Unentgeltl. Zuwend. Gegenstände 19 % USt. | 4.525,68 | 4.525,68 | 379.513,06 |
| | | | entspricht USt. | 72.107,47 |
| | | | | |
| | | | Bilanzwert | USt.-Erklärung |
| 1771 | Umsatzsteuer 7 % | 1.136,72 | | |
| 1776 | Umsatzsteuer 19 % | 72.107,46 | 73.244,18 | 73.244,13 |
| 1571 | Abziehbare Vorsteuer 7 % | −1.457,40 | | |
| 1576 | Abziehbare Vorsteuer 19 % | −32.288,87 | −33.746,27 | −33.746,27 |
| 1780 | Umsatzsteuervorauszahlungen | −21.967,80 | | |
| | UStVA Nov. | −15.009,00 | | |
| | UStVA Dez | −587,20 | −37.564,00 | |
| 1781 | Umsatzsteuervorauszahlung 1/11 | −1.924,00 | −1.924,00 | −39.488,00 |
| 1789 | Umsatzsteuer laufendes Jahr | 0,00 | 15.596,20 | |
| USt.-Verbindlichkeit 2016 | | | 15.606,11 | 9,86 |

– 2 –

**Steuernummer:** 0081500000

| Zeile | | Kz | Bemessungsgrundlage ohne Umsatzsteuer volle EUR | Kz | Steuer EUR, Ct |
|---|---|---|---|---|---|
| 31 | **C. Steuerpflichtige Lieferungen, sonstige Leistungen und unentgeltliche Wertabgaben** | | | | |
| 32 | | | | | |
| 33 | **Umsätze zum allgemeinen Steuersatz**<br>Lieferungen und sonstige Leistungen .......... zu 19 % | 177 | 37987 | | 7124,53 |
| 34 | Unentgeltliche Wertabgaben<br>a) Lieferungen nach § 3 Abs. 1b UStG .......... zu 19 % | 178 | 4525 | | 859,75 |
| 35 | b) Sonstige Leistungen nach § 3 Abs. 9a UStG .. zu 19 % | 179 | | | 0,00 |
| 36 | **Umsätze zum ermäßigten Steuersatz**<br>Lieferungen und sonstige Leistungen .......... zu 7 % | 275 | 16238 | | 1136,66 |
| 37 | Unentgeltliche Wertabgaben<br>a) Lieferungen nach § 3 Abs. 1b UStG .......... zu 7 % | 195 | | | 0,00 |
| 38 | b) Sonstige Leistungen nach § 3 Abs. 9a UStG ... zu 7 % | 196 | | | 0,00 |
| 39 | | | | | |
| 40 | | | | | |
| 41 | | | | | |
| 42 | **Umsätze zu anderen Steuersätzen** .......... | 155 | | 156 | , |
| 43 | | | | | |
| 44 | | | | | |
| 45 | | | | | |
| 46 | **Umsätze land- und forstwirtschaftlicher Betriebe nach § 24 UStG** | | | | |
| 47 | a) Lieferungen in das übrige Gemeinschaftsgebiet an Abnehmer **mit** USt-IdNr. .......................... | 777 | | | |
| 48 | b) Steuerpflichtige Lieferungen (einschließlich unentgeltlicher Wertabgaben) von **Sägewerkserzeugnissen**, die in der Anlage 2 zum UStG nicht aufgeführt sind ....... | 255 | | 256 | , |
| 49 | c) Steuerpflichtige Umsätze (einschließlich unentgeltlicher Wertabgaben) von **Getränken**, die in der Anlage 2 zum | | | | |
| 50 | UStG nicht aufgeführt sind, sowie von **alkoholischen Flüssigkeiten** (z.B. Wein) ................ zu 8,3% | 344 | | | 0,00 |
| 51 | Umsätze zu anderen Steuersätzen ................ | 257 | | 258 | , |
| 52 | d) Übrige steuerpflichtige Umsätze land- und forstwirtschaftlicher Betriebe, für die keine Steuer zu entrichten ist ... | 361 | | | |
| 53 | | | | | |
| 54 | | | | | |
| 55 | **Steuer infolge Wechsels der Besteuerungsform:**<br>Nachsteuer/Anrechnung der Steuer, die auf bereits ver- | | | | |
| 56 | steuerte Anzahlungen entfällt (im Falle der **Anrechnung** bitte auch Zeile 57 ausfüllen) .......................... | | | 317 | , |
| 57 | Betrag der Anzahlungen, für die die anzurechnende Steuer in Zeile 56 angegeben worden ist .................... | 367 | | | |
| 58 | **Nachsteuer** auf versteuerte Anzahlungen u.ä. wegen **Steuersatzänderung** .................. | | | 319 | , |
| 59 | | | | | |
| 60 | Summe ................................................ (zu übertragen in Zeile 92) | | | | 7324,39 4 |

**2011USt2A502** **2011USt2A502**

Erstellt von Haufe-Lexware GmbH & Co. KG, Munzinger Str. 9, 79111 Freiburg

Abb. 5: Umsatzsteuererklärung Seite 2

! **Arbeitsschritt:**

In der Umsatzsteuerverprobung gleichen Sie zudem die den Umsätzen entsprechende Umsatzsteuer mit der gebuchten Umsatzsteuer ab.

| BGA | IKR | SKR03 | SKR04 | Kontenbezeichnung (SKR) |
|---|---|---|---|---|
| 18 | 480 | 1770 | 3800 | Umsatzsteuer |
| 1812 | 4801 | 1771 | 3801 | Umsatzsteuer 7 % |
| 1813 | 4804 | 1776 | 3806 | Umsatzsteuer 19 % |

## 14.2.2 Vorsteuerbeträge

Vorsteuerbeträge werden auf der dritten Seite der Umsatzsteuererklärung eingetragen. Hier wird nicht nach Steuersätzen unterschieden.

Die normale Vorsteuer ist im ersten Feld in Zeile 62 zusammengefasst.

| BGA | IKR | SKR03 | SKR04 | Kontenbezeichnung (SKR) |
|---|---|---|---|---|
| 141 | 260 | 1570 | 1400 | Abziehbare Vorsteuer |
| 142 | 2601 | 1571 | 1401 | Abziehbare Vorsteuer 7 % |
| 143 | 2604 | 1576 | 1406 | Abziehbare Vorsteuer 19 % |

In Zeile 63 steht die Vorsteuer aus innergemeinschaftlichen Erwerben von Gegenständen.

| BGA | IKR | SKR03 | SKR04 | Kontenbezeichnung (SKR) |
|---|---|---|---|---|
| 145 | 2602 | 1572 | 1402 | Abziehbare VSt. aus EG-Erwerb |
| 145 | 2603 | 1573 | 1403 | Abziehbare VSt. aus EG-Erwerb 19 % |

In Zeile 64 steht die Einfuhrumsatzsteuer von Importen aus Drittländern.

| BGA | IKR | SKR03 | SKR04 | Kontenbezeichnung (SKR) |
|---|---|---|---|---|
| 143 | 2628 | 1588 | 1433 | Entstandene Einfuhrumsatzsteuer |

- 3 -

**Steuernummer:** 0081500000

| Zeile | | Kz | Steuer EUR | Ct |
|---|---|---|---|---|
| 61 | **D. Abziehbare Vorsteuerbeträge** (ohne die Berichtigung nach § 15a UStG) | | | |
| 62 | Vorsteuerbeträge aus Rechnungen von anderen Unternehmern (§ 15 Abs. 1 Satz 1 Nr. 1 UStG) | 320 | 33746 | 27 |
| 63 | Vorsteuerbeträge aus innergemeinschaftlichen Erwerben von Gegenständen (§ 15 Abs. 1 Satz 1 Nr. 3 UStG) | 761 | | |
| 64 | Entrichtete Einfuhrumsatzsteuer (§ 15 Abs. 1 Satz 1 Nr. 2 UStG) | 762 | | |
| 65 | Vorsteuerabzug für die Steuer, die der Abnehmer als Auslagerer nach § 13a Abs. 1 Nr. 6 UStG schuldet (§ 15 Abs. 1 Satz 1 Nr. 5 UStG) | 466 | | |
| 66 | Vorsteuerbeträge aus Leistungen im Sinne des § 13b UStG (§ 15 Abs. 1 Satz 1 Nr. 4 UStG) | 467 | | |
| 67 | Vorsteuerbeträge, die nach den allgemeinen Durchschnittssätzen berechnet sind (§ 23 UStG) | 333 | | |
| 68 | Vorsteuerbeträge nach dem Durchschnittssatz für bestimmte Körperschaften, Personenvereinigungen und Vermögensmassen (§ 23a UStG) | 334 | | |
| 69 | Vorsteuerabzug für innergemeinschaftliche Lieferungen **neuer Fahrzeuge** außerhalb eines Unternehmens (§ 2a UStG) sowie von Kleinunternehmern i.S.d. § 19 Abs. 1 UStG (§ 15 Abs. 4a UStG) | 759 | | |
| 70 | Vorsteuerbeträge aus innergemeinschaftlichen Dreiecksgeschäften (§ 25b Abs. 5 UStG) | 760 | | |
| 71 | Summe (zu übertragen in Zeile 99) | | 33746 | 27 |

**E. Berichtigung des Vorsteuerabzugs (§ 15a UStG)**

| Zeile | | Kz |
|---|---|---|
| 72–73 | Sind im Kalenderjahr 2011 **Grundstücke, Grundstücksteile, Gebäude** oder **Gebäudeteile**, für die Vorsteuer abgezogen worden ist, erstmals tatsächlich verwendet worden? Falls ja, bitte eine „1" eintragen | 370 |
| 73–74 | (Geben Sie bitte auf besonderem Blatt für jedes Grundstück oder Gebäude gesondert an: Lage, Zeitpunkt der erstmaligen tatsächlichen Verwendung, Art und Umfang der Verwendung im Erstjahr, insgesamt angefallene Vorsteuer, in den Vorjahren - Investitionsphase - bereits abgezogene Vorsteuer) | |
| 75–76 | Haben sich im Jahr 2011 die für den ursprünglichen Vorsteuerabzug maßgebenden Verhältnisse geändert bei 1. **Grundstücken, Grundstücksteilen, Gebäuden** oder **Gebäudeteilen**, die innerhalb der letzten 10 Jahre erstmals tatsächlich und **nicht nur einmalig** zur Ausführung von Umsätzen verwendet worden sind? Falls ja, bitte eine „1" eintragen | 371 |
| 77 | 2. **anderen Wirtschaftsgütern und sonstigen Leistungen**, die innerhalb der letzten 5 Jahre erstmals tatsächlich und **nicht nur einmalig** zur Ausführung von Umsätzen verwendet worden sind? Falls ja, bitte eine „1" eintragen | 372 |
| 78 | 3. **Wirtschaftsgütern und sonstigen Leistungen**, die **nur einmalig** zur Ausführung von Umsätzen verwendet worden sind? Falls ja, bitte eine „1" eintragen | 369 |

79 Die Verhältnisse, die ursprünglich für die Beurteilung des Vorsteuerabzugs maßgebend waren, haben sich seitdem geändert durch

80 X Veräußerung   X Lieferung i.S. des § 3 Abs. 1b UStG   X Wechsel der Besteuerungsform, § 15a Abs. 7 UStG

81 X Nutzungsänderung, und zwar

82 X Übergang von steuerpflichtiger zu steuerfreier Vermietung oder umgekehrt bzw. Änderung des Verwendungsschlüssels bei gemischt genutzten Grundstücken (insbesondere bei Mieterwechsel)

83 X steuerfreie Vermietung bisher eigengewerblich genutzter Räume oder umgekehrt; Übergang von einer Vermietung für NATO- oder ähnliche Zwecke zu einer nach § 4 Nr. 12 UStG steuerfreien Vermietung

84 X

| Zeile | Vorsteuerberichtigungsbeträge | Kz | nachträglich abziehbar EUR | Ct | Kz | zurückzuzahlen EUR | Ct |
|---|---|---|---|---|---|---|---|
| 85 | | | | | | | |
| 86 | zu 1. (Grundstücke usw., § 15a Abs. 1 Satz 2 UStG) | | | | | | |
| 87 | zu 2. (andere Wirtschaftsgüter usw., § 15a Abs. 1 Satz 1 UStG) | | | | | | |
| 88 | zu 3. (Wirtschaftsgüter usw., § 15a Abs. 2 UStG) | | | | | | |
| 89 | Summe | 357 | 0 | 00 | 359 | 0 | 00 |
| 90 | | | zu übertragen in Zeile 100 | | | zu übertragen in Zeile 97 | |

2011USt2A503    2011USt2A503

Erstellt von Haufe-Lexware GmbH & Co. KG, Munzinger Str. 9, 79111 Freiburg

Abb. 6: Umsatzsteuererklärung Seite 3

Bei einem Anlagegut können sich die für den Vorsteuerabzug maßgeblichen Verhältnisse ändern. Geschieht das innerhalb von fünf Jahren seit dem Beginn der Verwendung des Anlageguts, ist für jedes Kalenderjahr der Änderung die Vorsteuer nachträglich zu berichtigen. Bei Gebäuden auf fremdem Boden gilt sogar ein Zeitraum von zehn Jahren.

### 14.2.3 Umsatzsteuerabschlusszahlung oder Erstattungsanspruch

Auf der vierten Seite werden von der geschuldeten Umsatzsteuer (Zeile 92) die Vorsteuerbeträge in Zeile 98 abgezogen. Die verbleibende Steuer ist in einigen Sonderfällen noch zu korrigieren. Die Abschlusszahlung bzw. der Erstattungsanspruch gegenüber dem Finanzamt (Zeile 114) ergibt sich nach dem Abzug des Vorauszahlungssolls (Zeile 113).

Das Soll der Vorauszahlungen umfasst nicht nur die tatsächlichen Vorauszahlungen im Kalenderjahr und ggf. Sondervorauszahlungen.

**Beispiel**

Die Voranmeldungen für November und Dezember werden im Folgejahr abgegeben und Vorauszahlungen erst dann geleistet.

| Monat | Zahllast/Soll | |
|---|---:|---|
| Sondervorauszahlung | 3.000 | |
| Januar | 2.000 | |
| Februar | 4.000 | |
| März | –8.000 | |
| ... | ... | |
| Oktober | 2.000 | Summe: Jan.—Okt. 21.967,80 EUR |
| November | 15.009,00 | |
| Dezember | 587,20 | abzgl. Sondervorauszahlung 1.924,00 EUR |
| Vorauszahlungssoll Jan.—Dez. | 37.564,00 | |

– 4 –

**Steuernummer:** 0081500000

| Zeile | F. Berechnung der zu entrichtenden Umsatzsteuer | Kz | Steuer EUR | Ct |
|---|---|---|---|---|
| 91 | | | | |
| 92 | **Umsatzsteuer auf steuerpflichtige Lieferungen, sonstige Leistungen und unentgeltliche Wertabgaben** ........ (aus Zeile 60) | | 73243 | 94 |
| 93 | **Umsatzsteuer auf innergemeinschaftliche Erwerbe** ........ (aus Zeile 13 der Anlage UR) | | | |
| 94 | Umsatzsteuer, die vom letzten Abnehmer im innergemeinschaftlichen Dreiecksgeschäft geschuldet wird (§ 25b Abs. 2 UStG) ........ (aus Zeile 20 der Anlage UR) | | | |
| 95 | Umsatzsteuer, die vom Leistungsempfänger nach § 13b UStG geschuldet wird ........ (aus Zeile 27 der Anlage UR) | | | |
| 96 | Umsatzsteuer, die vom Abnehmer als Auslagerer geschuldet wird (§ 13a Abs. 1 Nr. 6 UStG) ........ (aus Zeile 30 der Anlage UR) | | | |
| 97 | Vorsteuerbeträge, die auf Grund des § 15a UStG zurückzuzahlen sind ........ (aus Zeile 89) | | 0 | 00 |
| 98 | Zwischensumme ........ | | 73243 | 94 |
| 99 | **Abziehbare Vorsteuerbeträge** ........ (aus Zeile 71) | | 33746 | 27 |
| 100 | Vorsteuerbeträge, die auf Grund des § 15a UStG nachträglich abziehbar sind ........ (aus Zeile 89) | | 0 | 00 |
| 101 | Verbleibender Betrag ........ | | 39497 | 67 |
| 102 | In Rechnungen unrichtig oder unberechtigt ausgewiesene Steuerbeträge (§ 14c UStG) sowie Steuerbeträge, die nach § 6a Abs. 4 Satz 2 UStG geschuldet werden ........ | 318 | | |
| 103 | Steuerbeträge, die nach § 17 Abs. 1 Satz 6 UStG geschuldet werden ........ | 331 | | |
| 104 | Steuer-, Vorsteuer- und Kürzungsbeträge, die auf frühere Besteuerungszeiträume entfallen (nur für Kleinunternehmer, die § 19 Abs. 1 UStG anwenden) ........ | 391 | | |
| 105 | **Umsatzsteuer** / **Überschuss** - bitte dem Betrag ein Minuszeichen voranstellen ........ | | 39497 | 67 |
| 106 | Anrechenbare Beträge ........ (aus Zeile 21 der Anlage UN) | | | |
| 107 | **Verbleibende Umsatzsteuer** / **Verbleibender Überschuss** – bitte dem Betrag ein Minuszeichen voranstellen - ........ **(bitte in jedem Fall ausfüllen)** | 816 | 39497 | 67 |
| 108 | Vorauszahlungssoll 201 (einschließlich Sondervorauszahlung) ........ | | 39488 | 00 |
| 109 | **Noch an die Finanzkasse zu entrichten** - Abschlusszahlung - / **Erstattungsanspruch** – bitte dem Betrag ein Minuszeichen voranstellen – **(bitte in jedem Fall ausfüllen)** | 820 | 9 | 67 |
| 110 | | | | |
| 111 | | | | |
| 112 | | | | |
| 113 | | | | |

114 **Bearbeitungshinweis**

115 1. Die aufgeführten Daten sind mit Hilfe des geprüften und genehmigten Programms sowie ggf. unter Berücksichtigung der gespeicherten Daten maschinell zu verarbeiten.

116 2. Die weitere Bearbeitung richtet sich nach den Ergebnissen der maschinellen Verarbeitung.

117

118 Kontrollzahl und/oder Datenerfassungsvermerk

119

120

USt2A504

Abb. 7: Umsatzsteuererklärung Seite 4

Das Vorauszahlungssoll von 37.564,00 EUR ist auf dem Konto »Umsatzsteuervorauszahlungen« ausgewiesen.

| BGA | IKR | SKR03 | SKR04 | Kontenbezeichnung (SKR) |
|---|---|---|---|---|
| 182 | 482 | 1780 | 3820 | Umsatzsteuervorauszahlungen |
| 182 | 4821 | 1781 | 3830 | Umsatzsteuervorauszahlungen 1/11 |
| 1821 | 4824 | 1789 | 3840 | Umsatzsteuer laufendes Jahr |
| 1822 | 4825 | 1790 | 3841 | Umsatzsteuer Vorjahr |
| 1822 | 4826 | 1791 | 3845 | Umsatzsteuer frühere Jahre |

Ergibt sich rechnerisch eine Abschlusszahlung, haben Sie sie innerhalb eines Monats ab Eingang beim Finanzamt zu leisten.

!

**Beachten Sie:**

Bei der Umsatzsteuer dürfen Sie nicht auf einen Bescheid vom Finanzamt warten, sondern sollten ohne gesonderte Aufforderung zahlen.

### 14.2.4 Anlage UR

Die Anlage UR wird oft vergessen. Auf der ersten Seite der Umsatzsteuererklärung sollten Sie nur dann das Kästchen »keine Anlage UR« ankreuzen, wenn dort tatsächlich keine Angaben zu machen sind.

- Innergemeinschaftliche Erwerbe (EU-Importe) sind in den Zeilen 12 bis 19 einzutragen.
- Weitere steuerfreie Umsätze tragen Sie in den Zeilen 33 bis 38 ein.
- Nicht steuerbare Umsätze im Ausland sind in die Zeile 58 einzutragen.

## 14.3 Erklärung zur Gewinnfeststellung

Die Handelsbilanz ist zur steuerlichen Gewinnermittlung anzupassen und der Gewinn und das Eigenkapital in Bezug auf die Gesellschafter aufzuteilen.

1. Im Anschluss an den Jahresabschluss, wie Sie ihn nach den für alle Unternehmen gültigen Vorgaben aufstellen, sind ggf. a) Sonderbilanzen und b) Ergänzungsbilanzen aufzustellen. Sie gehören zu den schwierigen Gebieten des Steuerrechts – und Sie sollten nicht zögern, im gegebenen Fall professionelle Hilfe in Anspruch zu nehmen. Die Fortführung dieser Gesellschafterbilanzen in den nächsten Jahren können Sie dann wieder selbst übernehmen.
2. Danach entwickeln Sie aus dem Ergebnis der Handelsbilanz den steuerlichen Gewinn.
3. Teilen Sie den Gewinn auf die Gesellschafter auf (Siehe dazu Ergebnisverwendung in Kapitel 11.8) und füllen Sie die Steuerformulare aus.

### 14.3.1 Exkurs: Sonderbilanz

Zum Sonderbetriebsvermögen gehören Wirtschaftsgüter,

- die dem Betrieb der Gesellschaft dienen und
- nur einem oder mehreren der Gesellschafter gehören, nicht aber allen (Gesamthandsvermögen).

Zum Sonderbetriebsvermögen I gehören der Gesellschaft überlassene Darlehen und Wirtschaftsgüter sowie die mit ihnen in Zusammenhang stehenden Schulden.

Beim Sonderbetriebsvermögen II eines Gesellschafters handelt es sich um unmittelbar zur Gründung oder Stärkung eingesetzte Wirtschaftsgüter, z. B. in einer GmbH & Co. KG um seine Anteile an der Komplementär-GmbH.

**Beispiel**

Auf den folgenden Seiten sehen Sie die Sonderbilanz Kabach und Beck Grundstücks-GbR zur Firma Windstrom KG.

Die Betriebsgrundstücke gehören zwar zum notwendigen Betriebsvermögen der Windstrom KG, stehen jedoch nicht im Eigentum sämtlicher Gesellschafter.

Die Firma Windstrom KG zahlt für die Betriebsgrundstücke Miete an die GbR. Aufwendungen für einen Brandschaden werden von der Versicherung erstattet. Der Gewinn wird im Verhältnis der Gesellschaftsanteile auf die Gesellschafter aufgeteilt.

| Sonderbilanz zum 31. Dezember 2016<br>der Kabach und Beck Grundstücks-GbR<br>zur Firma Windstrom KG, Richthofenstr. 3, 75356 Eberlingen | | | |
|---|---|---|---|
| **Aktiva** | | **EUR** | **EUR** |
| **Ausstehende Einlagen** | | | |
| Norbert Kabach | | 25.000,00 | |
| Stefan Beck | | 25.000,00 | 50.000,00 |
| **Anlagevermögen** | | | |
| 1. Grund und Boden | Stand 01.01.16 | 100.000,00 | 100.000,00 |
| 2. Grund und Boden | Stand 01.01.16 | 30.000,00 | 30.000,00 |
| 3. Betriebsgebäude | Stand 01.01.16 | 43.235,00 | |
| – AfA | | 2.822,00 | 40.413,00 |
| 5. Neue Halle | Stand 01.01.16 | 67.951,00 | |
| – AfA | | 6.449,00 | 61.502,00 |
| 6. Hallenerweiterung | Stand 01.01.16 | 102.117,00 | |
| – AfA | | 5.106,00 | 97.011,00 |
| 7. Platzbefestigung | Stand 01.01.16 | 1,00 | 1,00 |
| 8. Klärgrube | Stand 01.01.16 | 1,00 | 1,00 |
| **Umlaufvermögen** | | | |
| Verrechnungskonto KG | | | 26.382,00 |
| Sonst. Forderung | | | |
| Brandversicherung | | | 18.077,00 |
| USt.-Überzahlung 2016 | | | 237,00 |
| | | | 423.624,00 |

| Sonderbilanz zum 31. Dezember 2016 der Kabach und Beck Grundstücks-GbR zur Firma Windstrom KG, Richthofenstr. 3, 75356 Eberlingen | | | |
|---|---|---|---|
| **Passiva** | | **EUR** | **EUR** |
| Festes Gesellschaftskapital | | | |
| Norbert Kabach | 50 % | 50.000,00 | |
| Stefan Beck | 50 % | 50.000,00 | 100.000,00 |
| Rücklagekonto | | | |
| Norbert Kabach | | 115.737,10 | |
| Stefan Beck | | 115.737,10 | 231.474,20 |
| Gesellschafterverrechnungskonten | | 43.235,00 | |
| Gewinnanteil | | | |
| Norbert Kabach | 50 % | 44.017,31 | |
| Stefan Beck | 50 % | 44.017,31 | 88.034,62 |
| Verbindlichkeiten | | | 4115,18 |
| USt. IV/14 | | 4.004,33 | |
| Steuerberater Schneider | | 110,85 | |
| | | | 423.624,00 |

| Gewinn- und Verlustrechnung vom 1.1.—1.12.2016 | | |
|---|---|---|
| **Erträge** | **EUR** | **EUR** |
| Mieteinnahmen (19 % MwSt.) (Windkraft KG) | 120.000,00 | |
| Grundstückspacht | 5.820,00 | |
| Versicherungsvergütungen (Brandschaden nicht umsatzsteuerbar) | 48.598.70 | 174.418,70 |
| **Aufwand** | | |
| Abschreibungen | 17.996,00 | |
| Instandhaltungen (Brandschaden) | 48.033,21 | |
| Gründungskosten | 20.284,40 | |
| Sonstige Kosten | 70,50 | 86.384,11 |
| Gewinn 2016 | | 88.034,59 |

## 14.3.2 Exkurs: Ergänzungsbilanz

Durch positive und negative Ergänzungsbilanzen von Mitunternehmern werden individuelle Anschaffungskosten einzelner Gesellschafter sowie personenbezogene Steuervergünstigungen, die sich auf die Bilanzierung des Gesellschaftsvermögens auswirken, berücksichtigt und fortgeführt.

Ergänzungsbilanzen enthalten keine Wirtschaftsgüter, sondern nur Korrekturposten zu den Ansätzen in der Steuerbilanz der Gesellschaft. Sie sind keine Handelsbilanzen, sondern autonome Steuerbilanzen, weil sie lediglich für Besteuerungszwecke erstellt werden — sie ergänzen nicht die Handels-, sondern die Steuerbilanz der Gesellschaft.

Die Notwendigkeit für die Erstellung von Ergänzungsbilanzen beschränkt sich im Wesentlichen auf drei Sachbereiche:

- entgeltlicher Erwerb eines Mitunternehmeranteils,
- Einbringung gegen Gewährung von Gesellschaftsrechten,
- Inanspruchnahme personenbezogener Steuervergünstigungen.

### Beispiel

Schreiner Meier und Kaufmann Klein gründen mit einer Beteiligung von 50:50 die Meier und Klein Bauschreinerei. Während Klein eine Einlage von 250.000 EUR in bar leistet, bringt Meier sein Einzelunternehmen in die neue Gesellschaft ein. Der tatsächliche (Teil-)Wert des Einzelunternehmens beträgt ebenfalls 250.000 EUR. In den Büchern stehen jedoch nur 100.000 EUR. Grund: Im Betriebsgrundstück und in den Maschinen stecken stille Reserven von 100.000 EUR und 50.000 EUR.

| Schlussbilanz der Einzelfirma | | | |
|---|---|---|---|
| **Aktiva** | **Schreiner Meier** | | **Passiva** |
| | EUR | | EUR |
| Grund & Boden | 150.000 | Eigenkapital | 100.000 |
| Maschinen | 70.000 | Verbindlichkeiten | 250.000 |
| Forderungen | 100.000 | | |
| Bank | 30.000 | | |
| | 350.000 | | 350.000 |

Wenn die Personengesellschaft die Buchwerte fortführen soll, ergibt sich für das neue Unternehmen die folgende Eröffnungsbilanz:

| **Eröffnungsbilanz der Personengesellschaft** | | | |
|---|---|---|---|
| **Aktiva** | **Meier und Klein Bauschreinerei** | | **Passiva** |
| | EUR | | EUR |
| Grund & Boden | 150.000 | Kapital Meier | 175.000 |
| Maschinen | 70.000 | Kapital Klein | 175.000 |
| Forderungen | 100.000 | Verbindlichkeiten | 250.000 |
| Bank | 280.000 | | |
| | 600.000 | | 600.000 |

Ohne Aufdeckung der stillen Reserven hat das Beteiligungsverhältnis von 50:50 für die Gesellschafter die folgenden Auswirkungen: Obwohl der Gesellschafter Klein 250.000 EUR in bar erbracht hat, beträgt sein Kapitalanteil lediglich 175.000 EUR. Er ist mit weiteren 75.000 EUR an den stillen Reserven beteiligt, die in einer positiven Ergänzungsbilanz mit Mehrkapital auszuweisen sind.

| **Ergänzungsbilanz Gesellschafter Klein zur Personengesellschaft** | | | |
|---|---|---|---|
| **Aktiva** | **Meier und Klein Bauschreinerei** | | **Passiva** |
| | EUR | | EUR |
| Grund/Boden (Ausgleich) | 50.000 | | |
| Maschinen (Ausgleich) | 25.000 | Kapital Klein | 75.000 |
| | 75.000 | | 75.000 |

Dem Gesellschafter Meier sind 175.000 EUR Kapital gutgeschrieben, obwohl er buchmäßig nur 100.000 EUR erbracht hat. Für ihn ist deshalb eine negative Ergänzungsbilanz aufzustellen mit einem Minderkapital von 75.000 EUR.

| Ergänzungsbilanz<br>Gesellschafter Meier zur Personengesellschaft | | | |
|---|---|---|---|
| **Aktiva** | **Meier und Klein Bauschreinerei** | | **Passiva** |
| | EUR | | EUR |
| | | Grund/Boden (Ausgleich) | 50.000 |
| Kapital Meier | 75.000 | Maschinen (Ausgleich) | 25.000 |
| | 75.000 | | 75.000 |

Das Aufdecken der stillen Reserven i. H. v. 150.000 EUR hätte für die Gesellschafter die folgenden Konsequenzen:

- Das Kapital von Gesellschafter Klein weist mit 250.000 EUR genau die Bareinlage aus. Für ihn ist keine Ergänzungsbilanz mehr zu erstellen.
- Das Kapital von Schreiner Meier beträgt nun ebenfalls 250.000 EUR. Da er jedoch nur Buchwerte von 100.000 EUR eingebracht hat, muss er entweder einen Einbringungsgewinn von 150.000 EUR versteuern oder eine negative Ergänzungsbilanz in dieser Höhe aufstellen. Kann der Mehrwert nicht restlos auf die stillen Reserven der Wirtschaftsgüter aufgeteilt werden, ist der überschüssige Betrag als Firmenwert auszuweisen.

### Beispiel

Kaufmann Klein zahlt statt 250.000 EUR sogar 300.000 EUR ein. Der überschüssige Betrag von 50.000 EUR kann nicht auf die stillen Reserven verteilt werden. Er ist im Verhältnis 25.000 EUR : 25.000 EUR als Firmenwert in den Ergänzungsbilanzen auszuweisen.

Sofern Abschreibungen bei den Wirtschaftsgütern vorzunehmen sind, werden auch die Ausgleichsposten in den Ergänzungsbilanzen abgeschrieben (Firmenwert in fünfzehn Jahren). In negativen Ergänzungsbilanzen bedeuten die Abschreibungen Erträge. Unter dem Strich heben sich Aufwendungen und Erträge aus den Ergänzungswerten auf – wozu also die ganze Arbeit mit den Ergänzungsbilanzen?

- Die Gesellschafter versteuern ihren um diese Abschreibungen erhöhten bzw. verminderten Gewinnanteil zu individuellen Steuersätzen.
- Beim Verkauf von Gesellschaftsanteilen bestimmt die Höhe des Gesellschafts- und des Ergänzungskapitals den Veräußerungsgewinn.

Erläutern Sie für das Finanzamt den zugrunde liegenden Sachverhalt:

**Beispiel: Ergänzungsbilanz aus steuerlichen Gründen**

Die positiven und negativen Ergänzungsbilanzen sind auf die Einbringung des Einzelunternehmens Schreinerei Meier zu Buchwerten und der Bareinlage des Gesellschafters Klein i. H. v. 250.000 EUR zurückzuführen. Die Einbringungsbilanz der Schreinerei Meier ist beigefügt.

### 14.3.3 Steuerliche Ergebnisermittlung aus dem Gewinn der Handelsbilanz

Sonder- und Ergänzungsbilanzen sind nicht in jeder Personengesellschaft aufzustellen. Indes bleibt Ihnen die Ermittlung des ertragsteuerlichen Ergebnisses nur selten erspart. Erläutern Sie diese Berechnung im Jahresabschluss, damit die Eintragungen in den Steuererklärungen für das Finanzamt nachvollziehbar werden.

Im Gegensatz zur Ansparrücklage nach § 7g EStG a. F. ist für den Investitionsabzugsbetrag keine Rücklage mehr zu bilden. Gegen den Ansatz in der Handelsbilanz spricht auch eine neue Regelung: Der Investitionsabzugsbetrag ist rückgängig zu machen, sollte die geplante Investition unterbleiben (§ 7g Abs. 3 Satz 1 EStG). Neben dem Steuerbescheid wäre somit auch die Bilanz des betreffenden Jahrs zu ändern.

**Beispiel**

Im Jahresabschluss der Windstrom KG, Richthofenstr. 3, 75356 Eberlingen, ist aus dem Handelsbilanzergebnis das steuerliche Ergebnis abzuleiten. Die nachstehende Erläuterung wird dem Jahresabschluss beigefügt.

| **Ermittlung des ertragsteuerlichen Ergebnisses** | **EUR** |
|---|---|
| Gewinn laut Handelsbilanz | 299.336,33 |
| Tätigkeitsvergütungen Karbach (als Betriebsausgabe verbucht) | 147.110,28 |
| Zinsen an Gesellschafter Beck (als Betriebsausgabe verbucht) | 45.313,64 |
| Ergebnis vor Vorabvergütung an Gesellschafter | 491.760,25 |
| als Betriebsausgaben verbuchte Spenden | 1.476,00 |
| 30 % Bewirtungskosten (86,50) | 25,95 |
| Ertragsteuerliches Ergebnis ohne Sonderbilanzen | 493.262,20 |
| Sonderbilanz Kabach und Beck Grundstücks-GbR | 88.034,62 |
| Investitionsabzugsbetrag für die Anschaffung eines Firmenwagens i. H. v. 50.000 EUR im Jahr 2018 | –20.000,00 |
| Ertragsteuerliches Ergebnis der Gesellschaft | 561.296,82 |

Für die Personengesellschaften sind neben der Umsatzsteuer- und Gewerbesteuererklärung die folgenden Steuererklärungen abzugeben:

1. Sog. Erklärung zur gesonderten – und einheitlichen – Feststellung von Grundlagen für die Einkommensbesteuerung.

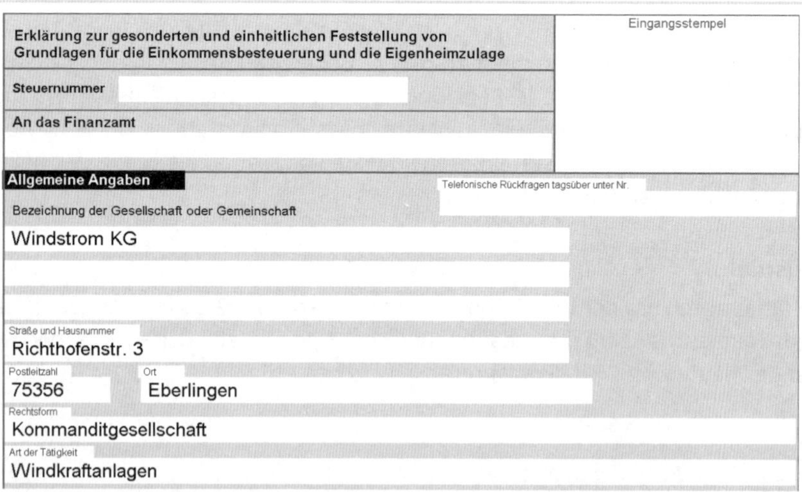

**Erklärung zur gesonderten und einheitlichen Feststellung von Grundlagen für die Einkommensbesteuerung und die Eigenheimzulage**

Eingangsstempel

**Steuernummer**

**An das Finanzamt**

**Allgemeine Angaben**

Telefonische Rückfragen tagsüber unter Nr.

Bezeichnung der Gesellschaft oder Gemeinschaft

Windstrom KG

Straße und Hausnummer

Richthofenstr. 3

Postleitzahl

75356

Ort

Eberlingen

Rechtsform

Kommanditgesellschaft

Art der Tätigkeit

Windkraftanlagen

Abb. 8: Feststellungserklärung

2. In der Anlage FB sind persönliche Angaben zu jedem Gesellschafter zu machen. Achten Sie bei der Gewinnverteilung auf eindeutige und schriftliche Vereinbarungen, sonst wird Ihnen das Finanzamt insbesondere bei Verlustverteilungen nicht folgen.
3. Ergebnisverwendung.

Die Aufteilung des Jahresergebnisses ist auf einem weiteren Steuerformular vorzunehmen.

Die Ergebnisse der ersten beiden Gesellschafter sind auf die Vorderseite des Formulars »Anlage FE 1« zu übertragen.

1 Name der Gesellschaft / Gemeinschaft: Windkraft KG

**Anlage FE 1**
**zur Erklärung zur gesonderten und einheitlichen Feststellung von Grundlagen für die Einkommensbesteuerung**

2 **Steuernummer** 0643711351 — Lfd. Nr. der Anlage: 1

3 **Vom allgemeinen Aufteilungsmaßstab abweichende Aufteilung in den Zeilen**

Bei Bruttoeinnahmen ab 17 500 € ist für jeden Betrieb / jede Tätigkeit, soweit keine Bilanz erstellt wird, zusätzlich eine Anlage EÜR abzugeben.

**Aufteilung von Besteuerungsgrundlagen**

4 **Einkunftsart**: Land- und Forstwirtschaft ☐ | X Gewerbebetrieb | Selbständige Arbeit ☐ | Vermietung und Verpachtung ☐ — 99

- Eintragungen vor Abzug ausländischer Steuern -

| Zeile | | Kz. | Summe der Besteuerungsgrundlagen EUR Ct |
|---|---|---|---|
| 5 | **Laufende Einkünfte** (ohne die Zeilen 17 bis 19 und ohne Zeilen 5 bis 7 und 12 bis 18 der Anlage FE 2), die nach Schlüssel zu verteilen sind | 100 | 277860,33 |
| 6 | Betriebseinnahmen / Gewinne oder Einnahmen / Überschüsse, die abweichend vom allgemeinen Schlüssel zu verteilen sind | 102 | |
| 7 | Betriebsausgaben / Verluste oder Werbungskosten, die abweichend vom allgemeinen Schlüssel zu verteilen sind | 106 | |
| 8 | Gewinne / Verluste aus Ergänzungsbilanzen | 117 | |
| 9 | Vergütungen auf gesellschaftsrechtlicher Grundlage (z. B. Vorabvergütungen, Zinsen für Kapitalanteile) | 108 | 192423,92 |
| 10 | Als Sonderbetriebseinnahmen / Sondereinnahmen zu erfassende Vergütungen auf schuldrechtlicher Grundlage (z.B. Tätigkeitsvergütungen ohne gesellschaftsrechtliche Grundlage) | 113 | 88034,62 |
| 11 | Sonderbetriebsausgaben oder Sonderwerbungskosten, die von dem einzelnen Mitunternehmer oder Beteiligten persönlich getragen wurden | 114 | |

Abb. 9: Feststellungserklärung Anlage FE 1

In Zeile 22 werden die Anteile am Gewerbesteuermessbetrag aufgeteilt. Diese Anteile können die Gesellschafter in ihren persönlichen Steuererklärungen geltend machen und maximal mit dem 3,8-fachen von ihrer Einkommensteuerschuld abziehen.

Jeder Gesellschafter hat seinen Gewinnanteil (Zeile 8) in seiner persönlichen (Einkommensteuer-)Erklärung anzusetzen.

Auf Seite 3 machen Sie Angaben zu den Gewinnverteilungen der einzelnen Gesellschafter. Behalten Sie bei der Reihenfolge der Gesellschafter die Angaben in der Anlage FB bei.

Steuernummer 0643711351

| | Name des Beteiligten: Karbach, Norbert | | Name des Beteiligten: Beck, Stephan |
|---|---|---|---|
| | lfd. Nr. des Beteiligten: 1 | | lfd. Nr. des Beteiligten: 2 |
| | EUR Ct | | EUR Ct |
| 100 | 138930,17 | 5 | 138930,16 |
| 102 | | 6 | |
| 106 | | 7 | |
| 117 | | 8 | |
| 108 | 147110,28 | 9 | 45313,64 |
| 113 | 44017,31 | 10 | 44017,31 |
| 114 | | 11 | |

Abb. 10: Feststellungserklärung Anlage FE 1, Seite 3

## 14.4 Gewerbesteuererklärung

Die Gewerbesteuer ist seit 2008 nicht mehr als Betriebsausgabe abzugsfähig (§ 4 Abs. 5b EStG). Erstattungen und Nachzahlungen für Vorjahre sind jedoch nach wie vor erfolgswirksam. Eine zu hohe Gewerbesteuerrückstellung wird daher erfolgswirksam aufgelöst – sofern sie ursprünglich eine Betriebsausgabe war – oder bleibt steuerfrei.

In der Bilanz muss eine Rückstellung in Höhe der das laufende Wirtschaftsjahr betreffenden und am Abschlussstichtag noch geschuldeten Gewerbesteuer gebildet werden.

Es ist nicht zulässig, auf den Bescheid zu warten und dann die Abschlusszahlung erstmalig zu erfassen. Deshalb müssen Sie die Gewerbesteuerbelastung für das abgelaufene Jahr berechnen. Wenn Sie schon dabei sind, können Sie auch gleich die Gewerbesteuererklärung (GewSt 1A) ausfüllen.

Tragen Sie die Zahlen in die entsprechenden Kästchen ein (die Zeilen- und die Kästchennummer sind im Folgenden gekennzeichnet).

**Arbeitsschritt:** !

**Die Gewerbesteuer bemisst sich nach dem Gewerbeertrag. Gehen Sie vom vorläufigen Gewinn aus, wie er sich aus der Gewinn- und Verlustrechnung ergibt.**

Durch folgende Hinzurechnungen und Kürzungen ergibt sich der Gewerbeertrag.

### 14.4.1 Hinzurechnungen

Die **Hinzurechnung der Hälfte der Dauerschuldzinsen zum Gewerbeertrag entfällt seit 2008**. Stattdessen sind seitdem **25 Prozent sämtlicher Zinsen** hinzuzurechnen. In das Formular tragen Sie gleichwohl die Zinsen in voller Höhe ein.

- Der Eintrag über das Entgelt für Schulden erfolgt auf Seite 2, Zeile 36, Kästchen 31.
- Renten und dauernde Lasten sind auf Seite 2, Zeile 37 in Kästchen 32 einzutragen.
- Gewinnanteile des stillen Gesellschafters gehören auf Seite 2, Zeile 38, in das Kästchen 33.

Bei Mieten, Pachten, Leasingraten und Lizenzgebühren zählt nur der sog. **Finanzierungsanteil** zu den hinzuzurechnenden Zinsen.

- Der Finanzierungsanteil beträgt bei mobilen Wirtschaftsgütern pauschal 20 Prozent, also de facto 25 Prozent von 20 Prozent (Eintrag in voller Höhe auf Seite 2, Zeile 39, in Kästchen 34).
- Bei immobilen Wirtschaftsgütern beträgt der Finanzierungsanteil 50 Prozent (Eintrag in voller Höhe auf Seite 2, Zeile 40, in Kästchen 35).

- 25 Prozent der Aufwendungen für die zeitlich befristete Überlassung von Rechten wie Konzessionen und Lizenzen (Eintrag auf Seite 2, Zeile 41, in Kästchen 36)

Die Summe all dieser Zinsen und Finanzierungsanteile wird um einen **Freibetrag** i. H. v. **100.000 EUR** gekürzt. Nur übersteigende Beträge werden dem Gewinn hinzugerechnet.

### 14.4.2 Kürzungen

Die Summe des Gewinns und der Hinzurechnungen wird gekürzt um (u. a.):

- 120 Prozent des Einheitswerts der Betriebsgrundstücke (letzter Feststellungszeitpunkt; Eintrag Seite 2, Zeile 55, Kästchen 51).
- Gewinnanteile an einer Personengesellschaft oder bei mehr als 10 Prozent Beteiligung an einer inländischen Kapitalgesellschaft, wenn sie als Einnahmen bei der Gewinnermittlung angesetzt sind (Eintrag Seite 3, Zeile 61, Kästchen 31 und Zeile 62, Kästchen 32).
- Den Teil des Gewerbeertrags, der auf eine ausländische Betriebsstätte entfällt (Eintrag Seite 3, Zeile 64, Kästchen 33). Die darauf entfallenden ausländischen Steuern sind dagegen hinzuzurechnen (Eintrag Seite 2, Zeile 53, Kästchen 22).
- Spenden bis i. H. v. 20 Prozent des Gewerbeertrags zur Förderung steuerbegünstigter Zwecke (Eintrag Seite 3, Zeile 66, Kästchen 71).
- Gewinne aus Anteilen (mind. 15 Prozent) an ausländischen Kapitalgesellschaften (Eintrag Seite 3, Zeile 74, Kästchen 37).
- Vortragsfähiger Gewerbeverlust aus dem Vorjahr (Eintrag Seite 4, Zeile 91, Kästchen 20). Dieser wurde in einem gesonderten Bescheid vom Finanzamt festgestellt.
- Kapitalgesellschaften ziehen zusätzlich ab: Zinsen für Gesellschafterdarlehen.

Der Gewerbeertrag ist auf volle 100 EUR nach unten abzurunden.

Für alle Unternehmer gilt seit 2008 ein einheitlicher Tarif von 3,5 Prozent.

## Beispiel

| **Gewerbeertrag** | |
|---|---|
| Vorläufiger Jahresüberschuss (+)/Jahresfehlbetrag (–) | 4.616 |
| + nicht abziehbare Aufwendungen | 2.778 |
| – steuerfreie inländische Vermögensmehrungen | 50 |
| = endgültiger Gewinn (+)/Verlust (–) gem. § 7 GewStG | 7.444 |

| **Hinzurechnungen** | |
|---|---|
| Finanzierungsanteile: | |
| Entgelte für Schulden i. S. d. § 8 Nr. 1a GewStG | 1.837 |
| Miet- und Pachtzinsen für bewegliche WG des AV (284) | |
| davon 20 v. H. Finanzierungsanteil gem. § 8 Nr. 1d GewStG | 56 |
| Miet- und Pachtzinsen für unbewegliche WG des AV (15.878) | |
| davon 65 v. H. Finanzierungsanteil gem. § 8 Nr. 1e GewStG | 10.320 |
| = Summe Finanzierungsanteile i. S. d. § 8 Nr. 1 GewStG | 12.213 |
| – Freibetrag Finanzierungsanteile (max. 100.000) | 12.213 |
| = Finanzierungsanteile nach Freibetrag | 0 |
| hinzuzurechnen: davon 25 v. H. | 0 |
| + Summe der Hinzurechnungen | |
| – Summe der Kürzungen | 0 |
| = Gewerbeertrag(+)/Gewerbeverlust(–) | 7.444 |
| abgerundet auf volle 100 EUR | 7.400 |
| = steuerpflichtiger Gewerbeertrag | 7.400 |

| | |
|---|---|
| Gewerbesteuerrückstellung/Aktivierung gesamt | |
| Steuermessbetrag nach dem Gewerbeertrag | |
| 7.400 × 3,50 v. H. = | 259 |
| Gewerbesteuerschuld | 861 |
| – Gewerbesteuervorauszahlungen laut Gewinn- und Verlustrechnung | 682 |
| = berechnete Gewerbesteuerrückstellung | 179 |

| Soll | Haben | GegenKto | Konto | |
|---|---|---|---|---|
| 179,00 | | 0956/3035 | 4320/7610 | Einstellung GewSt-Rückstellung |

| BGA | IKR | SKR03 | SKR04 | Kontenbezeichnung (SKR) |
|---|---|---|---|---|
| 0722 | 380 | 0957 | 3030 | Gewerbesteuerrückstellung |
| 0722 | 380 | 0956 | 3035 | Gewerbesteuerrückstellung, § 4 Abs. 5b EStG |
| 421 | 770 | 4320 | 7610 | Gewerbeertragsteuer |

Hat Ihr Gewerbebetrieb mehrere Betriebsstätten in verschiedenen Gemeinden, füllen Sie bitte die **Zerlegungserklärung** aus. Dann erlässt das Finanzamt einen Zerlegungsbescheid, der die anteilige Gewerbesteuer pro Gemeinde festlegt.

### Beispiel

Die Verrechnung/Auflistung der Betriebsstätten der Stella Medien GmbH & Co. KG:

| Betriebsstätte | Hebesatz | Gewerbesteuer | Vorauszahlungen | Rückstellung (+)/ Aktivierung (–) |
|---|---|---|---|---|
| Freiberg | 415,00 | 230 | 682 | –452 |
| Neustadt | 310,00 | 631 | 0 | 631 |
| | | 861 | 682 | 179 |

Der Rechner »Gewerbesteuerhinzurechnung« auf den Arbeitshilfen online ermittelt direkte und indirekte Zinsanteile, die dem Gewerbeertrag zuzurechnen sind. Der Rechner berechnet die Höhe der Gewerbesteuerrückstellung. Der errechnete Betrag soll Ihre Gewerbesteuerverbindlichkeiten gegenüber dem Finanzamt decken.

# 15 GmbH & Co. KG: Offenlegung des Jahresabschlusses mit Anhang

| **Ablaufplan Jahresabschluss** |
| --- |
| Vortragen der Eröffnungsbilanz |
| Abstimmen der Buchhaltung |
| Abstimmen: Aktiva |
| Abstimmen: Passiva |
| Abstimmen: Gewinn- und Verlustrechnung |
| Inventur |
| Anlagevermögen, Abschreibungen, Anlagenspiegel |
| Umlaufvermögen |
| Eigenkapitalgliederung |
| Rückstellungen und Verbindlichkeiten |
| Gewinn- und Verlustrechnung und Gewinnverteilung |
| Übermitteln der Steuererklärungen |
| **GmbH & Co. KG: Offenlegung des Jahresabschlusses mit Anhang** |
| Übermitteln der E-Bilanz |

Zum Jahresabschluss einer GmbH & Co. KG gehören neben der Bilanz und der Gewinn- und Verlustrechnung grundsätzlich auch ein Anhang sowie ein Anlagenspiegel:

In den Anhang sind gesetzlich vorgeschriebene Angaben zum Unternehmen und zum Jahresabschluss aufzunehmen.

- Daneben sind diejenigen Pflichtangaben nachzuholen, die alternativ auch in der Bilanz oder in der Gewinn- und Verlustrechnung als Davon-Vermerke hätten aufgenommen werden können.
- So sehen die Vorschriften zur GmbH & Co. KG insbesondere den Ausweis von Ausleihungen, Forderungen und Verbindlichkeiten gegenüber Gesellschaftern sowie den Ausweis des Betrags der im Handelsregister gem. § 172 Abs. 1 eingetragenen Einlagen vor, soweit sie noch nicht geleistet sind (§ 264c Abs. 1 HGB).

Der Anlagenspiegel bzw. die Entwicklungsübersicht des Anlagevermögens stellt den Bestand und die Wertentwicklung des Anlagevermögens dar.

- Anlagenspiegel und Abschreibungsliste – ggf. zusammengefasst in der Übersicht: »Entwicklung des Anlagevermögens« – sind dem Jahresabschluss beizufügen.

Kapitalgesellschaften und ihnen gleichgestellte Personengesellschaften sind in drei Größenklassen eingeteilt, die sich nach Bilanzsumme, Umsatz und Anzahl der Mitarbeiter unterscheiden. Übersteigt eine GmbH & Co. KG zwei von drei Merkmalen an zwei aufeinanderfolgenden Abschlussstichtagen von Geschäftsjahren, wird sie in die nächsthöhere Klasse eingestuft.

| Größenklasse der GmbH & Co. KG | Bilanzsumme (in EUR) | Umsatz (in EUR) | Mitarbeiterzahl im Jahresdurchschnitt |
|---|---|---|---|
| Kleinst (§ 267a HGB) | bis 3.500.000 | bis 700.000 | bis 10 |
| Klein | ab 3.500.001<br>bis 6.000.000 | ab 700.001<br>bis 12.000.00 | ab 11<br>bis 50 |
| Mittelgroß | ab 6.000.001<br>bis 20.000.000 | ab 12.000.001<br>bis 40.000.000 | ab 51<br>bis 250 |
| Groß | ab 20.00.001 | ab 40.000.001 | ab 251 |

Kleine Gesellschaften genießen beim Jahresabschluss weitreichende Erleichterungen:

- Der Jahresabschluss ist innerhalb der ersten sechs, statt innerhalb der ersten drei Monate des Folgejahrs aufzustellen.
- Die Bilanz, die Gewinn- und Verlustrechnung und der Anhang dürfen in verkürzter Form aufgestellt werden.

Nach Handelsrecht muss kein Anlagenspiegel erstellt werden, somit auch nicht dem Anhang beigefügt. Allerdings fordert das Finanzamt regelmäßig eine Aufstellung zur Entwicklung des Anlagevermögens an.

Kleinstkapitalgesellschaften (§ 267a HGB) brauchen den Jahresabschluss nicht um einen Anhang zu erweitern, wenn sie unterhalb der Bilanz folgende Angaben machen:

- Haftungsverhältnisse wie Bürgschaften, Wechselverbindlichkeiten, Gewährleistung für fremde Verbindlichkeiten, gewährte Pfandrechte und Sicherheiten u.ä. sofern sie nicht bereits in der Bilanz ersichtlich sind.
- die gewährten Vorschüsse und Kredite an die Geschäftsführer unter Angabe der Zinssätze, der wesentlichen Bedingungen und der gegebenenfalls im Geschäftsjahr zurückgezahlten oder erlassenen Beträge sowie die zugunsten dieser Personen eingegangenen Haftungsverhältnisse

## 15.1 Anhang zum Jahresabschluss

Im folgenden Musteranhang sind typische Pflichtangaben einer kleinen GmbH & Co. KG gemacht.

**ANHANG**

**zum 31. Dezember 2016**

**Stella Medien und Kommunikation GmbH & Co. KG**

| | |
|---|---|
| **Inhaltsverzeichnis**<br>▪ Allgemeine Angaben<br>▪ Angaben zu Bilanzierungs- und Bewertungsmethoden<br>▪ Angaben und Erläuterungen zu einzelnen Posten des Jahresabschlusses<br>▪ Sonstige Angaben<br>▪ Organe, Organkredite und Aufwendungen für Organe<br>▪ Unterschrift der Geschäftsleitung | Aufbau und Umfang des Anhangs sind zwar insgesamt nicht gesetzlich geregelt, es empfiehlt sich jedoch eine übersichtliche Gliederung, die den Leser vom Allgemeinen zum Speziellen führt. Vorgeschrieben ist lediglich, bei den Erläuterungen zu den einzelnen Posten der Bilanz und der Gewinn- und Verlustrechnung die Reihenfolge aus der gesetzlichen Gliederung einzuhalten (§ 266 und § 275 HGB). |
| ▪ Anlagenverzeichnis | Kleine Gesellschaften können dem Anhang freiwillig ein Anlagenverzeichnis beifügen. |

### Angaben zur Identifikation der Gesellschaft laut Registergericht

- Firmenname laut Registergericht: Stella Medien und Kommunikation GmbH & Co. KG
- Firmensitz laut Registergericht: Königstein
- Registereintrag: Handelsregister
- Registergericht: Wiesbaden
- Register-Nr.: 12345

Firma, Sitz, Registergericht und -nummer, unter der die Gesellschaft in das Handelsregister eingetragen ist sowie ein Hinweis, wenn sich die Firma in Liquidation befindet

### Allgemeine Angaben

Der Jahresabschluss für das Geschäftsjahr 2016 wurde nach den Rechnungslegungsvorschriften des Handelsgesetzbuchs und des Gesellschaftsvertrags unter Beachtung der ergänzenden Bestimmungen für Kapitalgesellschaften und bestimmte Personengesellschaften (§§ 264 ff. HGB) aufgestellt.

Hier erläutern Sie die rechtlichen Grundlagen bei der Aufstellung des Jahresabschlusses.

Soweit Wahlrechte für Angaben in der Bilanz, der Gewinn- und Verlustrechnung oder im Anhang ausgeübt werden können, wurde der Vermerk generell in der Bilanz oder in der Gewinn- und Verlustrechnung gewählt.

Oder

Angaben, die wahlweise in der Bilanz, in der Gewinn- und Verlustrechnung oder im Anhang gemacht werden können, werden insgesamt im Anhang aufgeführt.

Hier bekennen Sie sich zu der Ausweisform als Davon-Vermerk oder als Erläuterung hier im Anhang.

Die Gewinn- und Verlustrechnung ist nach dem Gesamtkostenverfahren aufgestellt.

Möglich ist auch das Umsatzkostenverfahren.

Nach den in § 267 HGB angegebenen Größenklassen ist die Gesellschaft eine kleine Gesellschaft.

Mittelgroße und große Gesellschaften sind prüfungspflichtig und müssen den Jahresabschluss tiefer aufgliedern.

### Angaben zu den Bilanzierungs- und Bewertungsmethoden

Erworbene immaterielle Anlagewerte wurden zu Anschaffungskosten angesetzt und, sofern sie der Abnutzung unterlagen, um planmäßige Abschreibungen vermindert. Das Sachanlagevermögen wurde zu Anschaffungskosten angesetzt und soweit abnutzbar um planmäßige Abschreibungen vermindert. Es wurden keine Fremdkapitalzinsen in die Herstellungskosten einbezogen. Die Abschreibungen wurden nach der voraussichtlichen Nutzungsdauer der Vermögensgegenstände und den steuerlichen Vorschriften entsprechend linear vorgenommen. Der Übergang von der degressiven zur linearen Abschreibung erfolgt in den Fällen, in denen dies zu einer höheren Jahresabschreibung führt.

Diese Formulierungen umschreiben die steuerlichen Abschreibungsmethoden: Auf nicht steuerlich zulässige, rein handelsrechtliche Abschreibungen wurde verzichtet. Anstatt lediglich »linear« können auch »degressiv« und »nach Leistungsabgabe« angegeben sein.

Soweit erforderlich, wurde der am Bilanzstichtag vorliegende niedrigere Wert angesetzt. Auf die Ausübung von Wahlrechten nach § 253 III HGB wurde jedoch verzichtet.

Im Rahmen der HGB-Reform wurde der § 253 III HGB und damit die Möglichkeit, bis 2009 rein steuerliche Abschreibungen auch in der Handelsbilanz anzusetzen, gestrichen.

Ein Wechsel von Bilanzierungs- und Bewertungsmethoden gegenüber dem Vorjahr fand nicht statt.

Eventuelle Abweichungen sind hier zu erläutern.

**Angaben und Erläuterungen zu einzelnen Posten des Jahresabschlusses**

Die ausstehenden Hafteinlagen betragen 10.000,00 EUR

Bei vollständig eingezahlten Einlagen ist keine Angabe erforderlich.

Abnutzbare bewegliche Wirtschaftsgüter des Anlagevermögens bis zu einem Wert von 410 EUR wurden im Jahr des Zugangs in voller Höhe abgeschrieben.

Hier äußern Sie sich zur Bewertung bei den GWGs.

Die Finanzanlagen wurden wie folgt angesetzt und bewertet:

- Beteiligungen zu Anschaffungskosten
- Ausleihungen zum Nennwert
- unverzinsliche und niedrig verzinsliche Ausleihungen zum Barwert
- Die Vorräte wurden zu Anschaffungs- bzw. Herstellungskosten angesetzt. Sofern die Tageswerte am Bilanzstichtag niedriger waren, wurden diese angesetzt.

Ggf. sind hier und bei den Forderungen Währungsrisiken zu erwähnen.

- Forderungen und Wertpapiere wurden unter Berücksichtigung aller erkennbaren Risiken bewertet. Dem allgemeinen Kreditrisiko bei den Forderungen aus Lieferungen und Leistungen wurde zusätzlich durch eine ausreichend bemessene Pauschalwertberichtigung Rechnung getragen.

An dieser Stelle bekennen Sie sich zum Nominalausweis auch von zweifelhaften Forderungen. Eventuelle Bewertungsabschläge sind in Wertberichtigungen berücksichtigt.

Die Steuerrückstellungen beinhalten die das Geschäftsjahr betreffenden, noch nicht veranlagten Steuern.

Die sonstigen Rückstellungen wurden für alle weiteren ungewissen Verbindlichkeiten gebildet. Dabei wurden alle erkennbaren Risiken berücksichtigt.

Verbindlichkeiten wurden zum Rückzahlungsbetrag angesetzt. Sofern die Tageswerte über den Rückzahlungsbeträgen lagen, wurden die Verbindlichkeiten zum höheren Tageswert angesetzt.

Forderungen und sonstige Vermögensgegenstände wurden durch die Geschäftsführung zu Nominalbeträgen unter Berücksichtigung aller erkennbaren Risiken bewertet.

Die sonstigen Rückstellungen wurden in Höhe des mutmaßlichen Bedarfs bewertet.

Die Pensionsverpflichtungen wurden aufgrund eines vorgelegten Gutachtens der »XYZ-Versicherung AG« gebildet, das unter Anwendung steuerlicher Vorschriften erstellt wurde. Sie sind nach versicherungsmathematischen Grundsätzen passiviert. Der Ermittlung liegt ein Rechnungszinsfuß von 6 Prozent zugrunde.

Verbindlichkeiten wurden zum Rückzahlungsbetrag angesetzt.

Angabe der Ausleihungen, Forderungen und Verbindlichkeiten gegenüber Gesellschaftern

Gegenüber den Gesellschaftern bestehen die folgenden Rechte und Pflichten:

| **Sachverhalte** | **Betrag** | |
|---|---|---|
| Ausleihungen | 0,00 EUR | 0,00 EUR |
| Forderungen | 48.366,15 EUR | 48.366,15 EUR |
| Verbindlichkeiten | 0,00 EUR | 0,00 EUR |

Die Angaben beinhalten nicht diejenigen Beträge, die den Geschäftsführern zuzurechnen sind.

Bildung steuerlicher Abschreibungen, getrennt nach Anlage- und Umlaufvermögen

Es wurden keine steuerlichen Sonderabschreibungen geltend gemacht.

Gesamtbetrag der Verbindlichkeiten über fünf Jahre

Der Gesamtbetrag der bilanzierten Verbindlichkeiten mit einer Restlaufzeit von mehr als fünf Jahren beträgt 4.060,00 EUR.

Sofern Sie nicht einen zusätzlichen Verbindlichkeitenspiegel aufstellen, sind im Anhang Angaben zu Verbindlichkeiten mit einer Restlaufzeit über fünf Jahre zu machen sowie über im Folgejahr fällige.

Die Pensionsrückstellungen decken die erteilten Versorgungszusagen im vollen Umfang.

Spätestens mit Inkrafttreten des Bilanzrechtsmodernisierungsgesetzes (BilMoG) sind handels- und steuerrechtlich unterschiedliche Bewertungen erforderlich.

**Sonstige Angaben**

- Haftungsverhältnisse i. S. v. § 251 HGB lagen zum Bilanzstichtag nicht vor

  oder

- neben den in der Bilanz aufgeführten Verbindlichkeiten sind die folgenden Haftungsverhältnisse zu vermerken:

Wahlweise können die Haftungsverhältnisse auch in der Bilanz angegeben werden.

| **Haftungsverhältnisse nach § 251 HGB** | **Betrag** |
|---|---|
| aus der Begebung und Übertragung von Wechseln | 0,00 EUR |
| davon durch Pfandrechte oder sonstige Sicherheiten gesichert | 0,00 EUR |
| davon gegenüber verbundenen Unternehmen | 0,00 EUR |
| aus Bürgschaften, Wechsel- und Scheckbürgschaften | 0,00 EUR |
| aus Gewährleistungsverträgen | 0,00 EUR |
| aus Sicherheiten für fremde Verbindlichkeiten | 0,00 EUR |
| Summe | 0,00 EUR |

Organe, Organkredite und Aufwendungen für Organe

Angaben über Mitglieder der Unternehmensorgane

Während des abgelaufenen Geschäftsjahrs wurden die Geschäfte der GmbH & Co. KG durch die Geschäftsführer, …, geführt.

Hier sind Angaben zu den Geschäftsführern zu machen.

Vorschüsse und Kredite an Organmitglieder

| **Kredite an Geschäftsführer** | **Betrag** |
|---|---|
| Darlehenskonten | 30.732,22 EUR |
| Pensionsrückstellung (Teilwert) | 115.267,00 EUR |

| | | | |
|---|---|---|---|
| Unterschrift der Geschäftsleitung | | | |
| Neustadt, | ____________ | ____________ | |
| Ort, | Datum | Unterschrift | |
| Vorname | ____________________ | | |
| Name | ____________________ | | |
| Funktion | Geschäftsführer | | |
| Die Feststellung bzw. Billigung des Jahresabschlusses erfolgte am: | | | Nach § 328 HGB müssen Sie das Datum der Feststellung bzw. Billigung des Jahresabschlusses angeben, anderenfalls droht ein Bußgeld. |

## 15.2 Entwicklung des Anlagevermögens

Dem Jahresabschluss wird alternativ die »Entwicklung des Anlagevermögens« beigefügt, die sämtliche Pflichtangaben eines Anlagenspiegels enthält.

Neben der Übersicht über die Anlagegruppen (siehe Abb. 11) sind für jedes Konto die einzelnen Anlagegüter aufgelistet.

Hier z. B. die Pkws:

| | | | | | |
|---|---|---|---|---|---|
| 0320 | PKW | | | | |
| 320001 | Audi A6, gebr. | 16.07.2009 | AHK | 16.724,14 | 16.724,14 |
| | | Linear | Abschreibung | 16.723,14 | 16.723,14 |
| | | 3/00 33,33 | BW | 1,00 | 1,00 |
| 320002 | Navigationssystem | 23.08.2012 | AHK | 1.034,48 | 1.034,48 |
| | | Linear | Abschreibung | 1.033,48 | 1.033,48 |
| | | 3/00 33,33 | BW | 1,00 | 1,00 |
| 0320 | PKW | | AHK | 17.758,62 | 17.758,62 |
| | | | Abschreibung | 17.756,62 | 17.756,62 |
| | | | Buchwerte | 2,00 | 2,00 |

**Anlagevermögen — Pkw**

**Achtung:**

**!**

Hier nochmals der Hinweis, dass nach den Vorschriften des HGB (Fassung des BilMoG 2010) steuerliche Abschreibungen nicht mehr zulässig sind. Der Ansatz bereits niedrig abgeschriebener Anlagegüter darf zwar beibehalten werden, ggf. sind jedoch zwei unterschiedliche Anlagenspiegel zu bilden mit steuerlichen und handelsrechtlichen Werten.

| Konto | Bezeichnung | Entwicklung der | Stand zum 01.01.2014 EUR | Ab-/Zugang EUR | Umbuchung EUR | Ab-/Zuschreibung EUR | Stand zum 31.12.2014 EUR |
|---|---|---|---|---|---|---|---|
| 0027 | EDV-Software | AHK | 2.684,45 | 176,00 | | | 2.860,45 |
| | | Abschreibung | 2.680,45 | 174,00 | | | 2.854,45 |
| | | Buchwerte | 4,00 | 176,00 | | 174,00 | 6,00 |
| 0030 | Lizenzen an | AHK | 12.099,72 | | | | 12.099,72 |
| | gewerblichen | Abschreibung | 12.097,72 | | | | 12.097,72 |
| | Schutzrechten | Buchwerte | 2,00 | | | | 2,00 |
| 0320 | PKW | AHK | 17.758,62 | | | | 17.758,62 |
| | | Abschreibung | 17.756,62 | | | | 17.756,62 |
| | | Buchwerte | 2,00 | | | | 2,00 |
| 0410 | Geschäftsausstattung | AHK | 23.008,16 | –5.589,09 | | | 17.419,07 |
| | | Abschreibung | 20.481,16 | 682,00 | | | 15.577,07 |
| | | | | –5.586,09 | | | |
| | | Buchwerte | 2.527,00 | –3,00 | | 682,00 | 1.842,00 |
| 0420 | Büroeinrichtung | AHK | 12.302,63 | –9.742,26 | | | 2.560,37 |
| | | Abschreibung | 11.772,63 | 92,00 | | | 2.126,37 |
| | | | | –9.738,26 | | | |
| | | Buchwerte | 530,00 | –4,00 | | 92,00 | 434,00 |
| 0421 | EDV–Hardware | AHK | 14.330,53 | –2.021,37 | | | 12.309,16 |
| | | Abschreibung | 11.997,53 | 1.490,00 | | | 11.472,16 |
| | | | | –2.015,37 | | | |
| | | Buchwerte | 2.333,00 | –6,00 | | 1.490,00 | 837,00 |
| 0480 | GWG | AHK | 540,19 | 155,57 | | | 695,76 |
| | | Abschreibung | 539,19 | 155,57 | | | 694,76 |
| | | Buchwerte | 1,00 | 155,57 | | 155,57 | 1,00 |
| 0485 | GWG Sammelposten | AHK | | 2.621,93 | | | 2.621,93 |
| | | Abschreibung | | 525,93 | | | 525,93 |
| | | Buchwerte | | 2.621,93 | | 525,93 | 2.096,00 |
| 0510 | Beteiligungen | AHK | 25.000,00 | | | | 25.000,00 |
| | | Abschreibung | 24.999,00 | | | | 24.999,00 |
| | | Buchwerte | 1,00 | | | | 1,00 |
| 0520 | Ausleih. an UN mit | AHK | 150.000,00 | | | | 150.000,00 |
| | Beteiligungsverhältnis | Abschreibung | 149.999,00 | | | | 149.999,00 |
| | | Buchwerte | 1,00 | | | | 1,00 |
| **Summe** | | **AHK** | **257.724,30** | **2.953,50** | | | **243.325,08** |
| | | | | **–17.352,72** | | | |
| | | **Abschreibung** | **252.323,30** | **3.119,50** | | | **238.103,08** |
| | | | | **–17.339,72** | | | |
| | | **Buchwerte** | **5.401,00** | **2.953,50** | | **3.119,50** | **5.222,00** |
| | | | | **–13,00** | | | |

Abb. 11: Anlagevermögen

## 15.3 Offenlegung

Spätestens zwölf Monate nach Ablauf des Geschäftsjahrs muss jede GmbH & Co. KG im Bundesanzeiger (www.ebundesanzeiger.de) ihren Jahresabschluss und Lagebericht veröffentlichen. Nach dem Mikrobilanzgesetz müssen Betriebe, die zwei der folgenden Werte nicht übersteigen, ihre Bilanz (ohne Anhang) lediglich beim E-Bundeanzeiger hinterlegen: 700.000 EUR Jahresumsatz, 500.000 EUR Bilanzsumme, zehn Mitarbeiter. Im Unterschied zur Veröffentlichung ist die Einsicht in den Jahresabschluss für Interessenten (Wirtschaftsdienste, Konkurrenten u. a.) kostenpflichtig.

Welche Unterlagen Sie an den elektronischen Bundesanzeiger übermitteln müssen, hängt unter anderem von der Größe des Unternehmens ab. Die hier betrachteten kleinen GmbH & Co. KGs müssen lediglich die Kurzformen der Bilanz und des Anhangs einreichen. Bei mittelgroßen Unternehmen sind die folgenden Unterlagen einzureichen:

- Bilanz (ausreichend ist die für kleine Gesellschaften vorgeschriebene Form),
- Gewinn- und Verlustrechnung,
- Anhang,
- Lagebericht,
- rechtsformspezifische Dokumente (z. B. Angaben zur Ergebnisverwendung, Bericht des Aufsichtsrats, Bestätigungsvermerk).

Die von großen Unternehmen einzureichenden Unterlagen sind:

- Bilanz,
- Gewinn- und Verlustrechnung,
- Anhang,
- Lagebericht,
- zusätzlich rechtsformspezifische Dokumente.

Die Übertragung des Jahresabschlusses zum elektronischen Bundesanzeiger erfolgt direkt aus der Steuerberatersoftware heraus.

In anderen Fällen unterstützen Sie auf den Internetseiten des E-Bundesanzeigers XML-Tools, Mustervorlagen und Dokumentationen beim Erstellen und Übermitteln Ihrer Jahresabschlüsse: https://publikations-plattform.de.

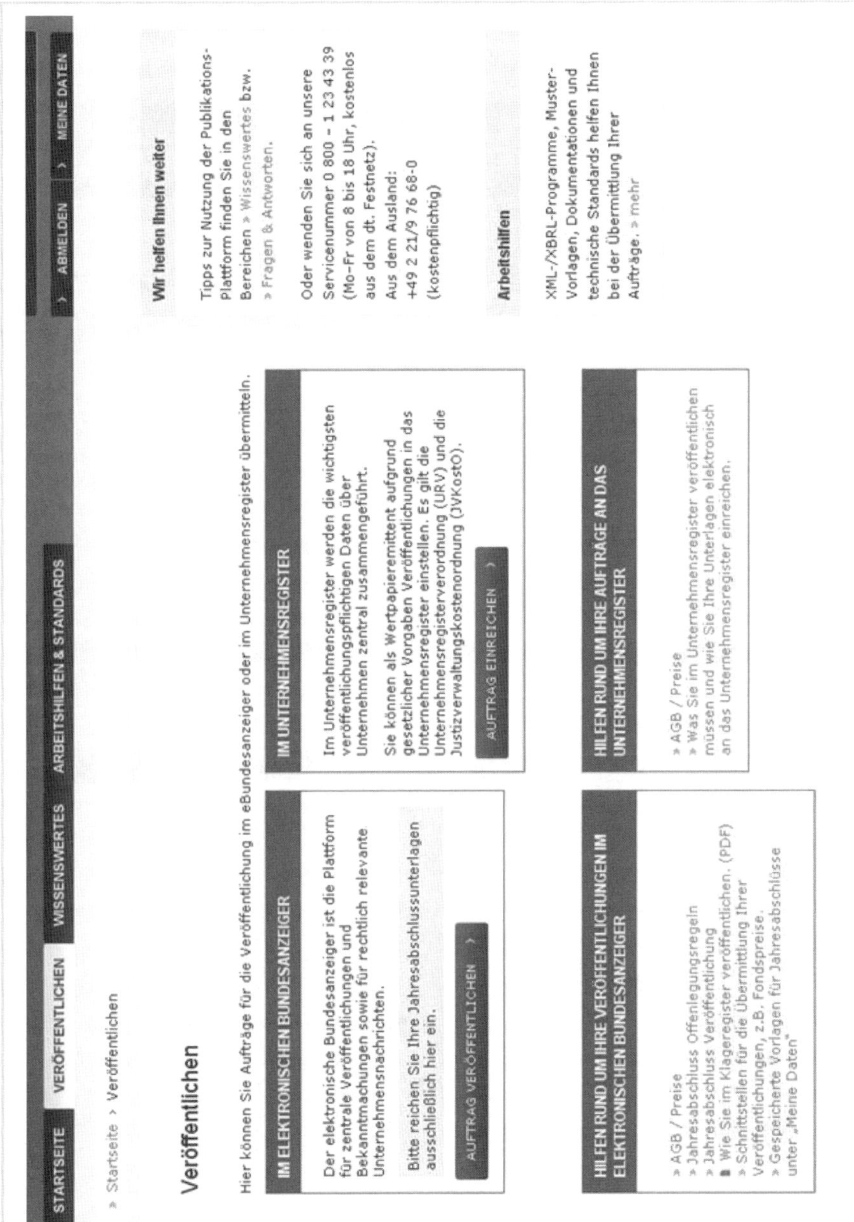


Abb. 12: eBanz 1

Nach der Registrierung können Sie die Veröffentlichung starten.

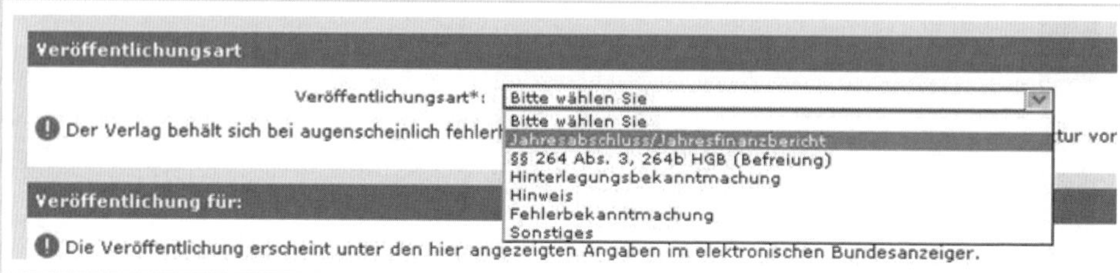


Abb. 13: eBanz 2

Neben der Übermittlung in definierten XML-Schemata und XBRL-Taxonomien gibt es für kleine GmbH & Co. KGs die Möglichkeit, stattdessen ein einfaches Webformular zu verwenden.

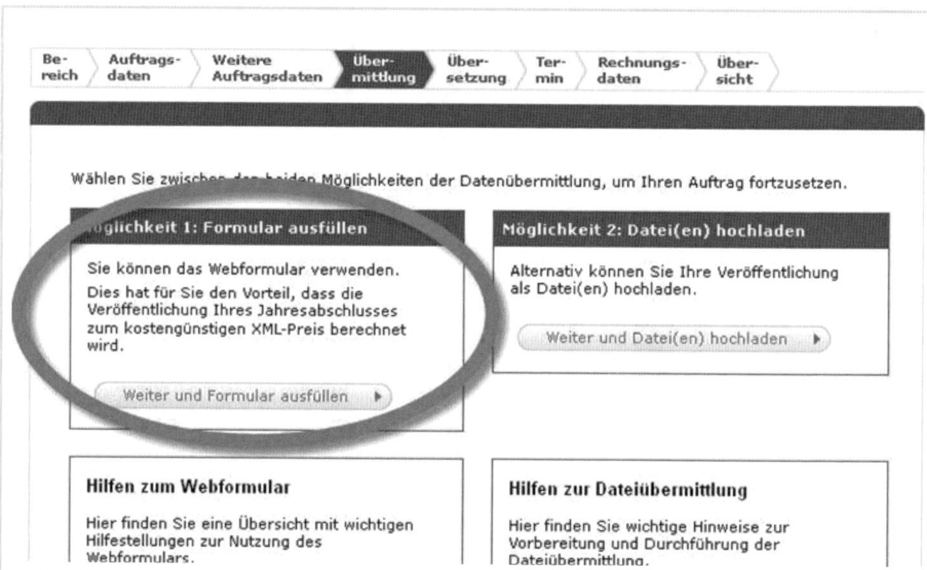


Abb. 14: eBanz 3

Hier lassen sich sämtliche Positionen der verkürzten Bilanz zusammen mit den Vorjahresbeträgen eingeben.

Wenn Sie Ihre E-Bilanz bereits über den Bundesanzeigerverlag aufstellen und übermitteln, erhalten Sie quasi als Nebenprodukt eine »XBRL-Datei für den Bundesanzeiger«, die sie an dieser Stelle alternativ hochladen können.

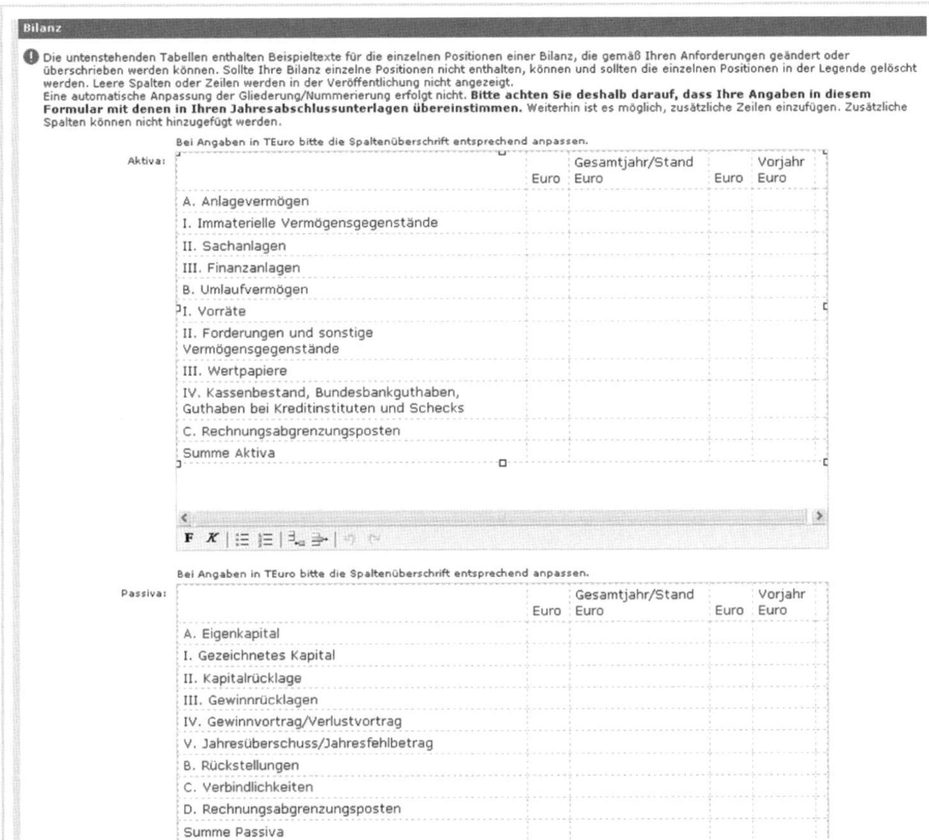

**Bilanz**

Die untenstehenden Tabellen enthalten Beispieltexte für die einzelnen Positionen einer Bilanz, die gemäß Ihren Anforderungen geändert oder überschrieben werden können. Sollte Ihre Bilanz einzelne Positionen nicht enthalten, können und sollten die einzelnen Positionen in der Legende gelöscht werden. Leere Spalten oder Zeilen werden in der Veröffentlichung nicht angezeigt.
Eine automatische Anpassung der Gliederung/Nummerierung erfolgt nicht. **Bitte achten Sie deshalb darauf, dass Ihre Angaben in diesem Formular mit denen in Ihren Jahresabschlussunterlagen übereinstimmen.** Weiterhin ist es möglich, zusätzliche Zeilen einzufügen. Zusätzliche Spalten können nicht hinzugefügt werden.

Bei Angaben in TEuro bitte die Spaltenüberschrift entsprechend anpassen.

Aktiva:

| | | Gesamtjahr/Stand | | Vorjahr |
|---|---|---|---|---|
| | Euro | Euro | Euro | Euro |
| A. Anlagevermögen | | | | |
| I. Immaterielle Vermögensgegenstände | | | | |
| II. Sachanlagen | | | | |
| III. Finanzanlagen | | | | |
| B. Umlaufvermögen | | | | |
| I. Vorräte | | | | |
| II. Forderungen und sonstige Vermögensgegenstände | | | | |
| III. Wertpapiere | | | | |
| IV. Kassenbestand, Bundesbankguthaben, Guthaben bei Kreditinstituten und Schecks | | | | |
| C. Rechnungsabgrenzungsposten | | | | |
| Summe Aktiva | | | | |

Bei Angaben in TEuro bitte die Spaltenüberschrift entsprechend anpassen.

Passiva:

| | | Gesamtjahr/Stand | | Vorjahr |
|---|---|---|---|---|
| | Euro | Euro | Euro | Euro |
| A. Eigenkapital | | | | |
| I. Gezeichnetes Kapital | | | | |
| II. Kapitalrücklage | | | | |
| III. Gewinnrücklagen | | | | |
| IV. Gewinnvortrag/Verlustvortrag | | | | |
| V. Jahresüberschuss/Jahresfehlbetrag | | | | |
| B. Rückstellungen | | | | |
| C. Verbindlichkeiten | | | | |
| D. Rechnungsabgrenzungsposten | | | | |
| Summe Passiva | | | | |

Abb. 15: eBanz 4

Anschließend kopieren Sie den Anhang aus dem Textverarbeitungsprogramm: Einen Preis für gelungenes Layout können Sie nicht gewinnen, weshalb Sie eher auf die Vollständigkeit und Richtigkeit der Pflichtinhalte achten sollten und erst danach den Jahresabschluss zur Veröffentlichung freigeben.

Falls nämlich die Unterlagen fehlerhaft, nicht vollständig oder gar nicht beim elektronischen Bundesanzeiger eingehen, unterrichtet dieser in der Regel zunächst die GmbH & Co. KG mit Gelegenheit zur Nachbesserung, anschließend aber ggf. auch das Bundesamt für Justiz.

Für Verstöße sieht das Gesetz einen Ordnungsgeldrahmen von 500 EUR bis 25.000 EUR vor.

Neben einer verspäteten Veröffentlichung gibt es einen ganzen Strauß möglicher Verstöße:

- Verstoß gegen die Grundsätze ordnungsgemäßer Buchführung (§ 334 Abs. 1 Nr. 1 Buchstabe a HGB i. V. m. § 243 Abs. 1, 2 HGB), z. B. fehlerhafte Bilanzsumme,
- Verstoß gegen die Bilanzklarheit/-wahrheit (§ 334 Abs. 1 Nr. 1 Buchstabe a HGB i. V. m. § 264 Abs. 2 HGB), z. B. widersprüchliches Zahlenwerk,
- Fehlerhafter Ausweis des nicht durch Eigenkapital gedeckten Fehlbetrags (§ 334 Abs. 1 Nr. 1 Buchstabe c HGB i. V. m. § 268 Abs. 3 HGB),
- fehlende Angabe des Datums der Feststellung, wenn der Abschluss festgestellt worden ist (§ 334 Abs. 1 Nr. 5 HGB i. V. m. § 328 Abs. 1 Nr. 1 Satz 2 HGB); nach § 328 Abs. 1 Nr. 2 HGB besteht die Möglichkeit, den Jahresabschluss auch vor der Feststellung offenzulegen — hierauf muss jedoch im Anhang hingewiesen werden,
- fehlende Vorjahreswerte (§ 334 Abs. 1 Nr. 1 Buchstabe c HGB i. V. m. § 265 Abs. 2 HGB),
- mangelhafte Gliederung der Bilanz (§ 334 Abs. 1 Nr. 1 Buchstabe c HGB i. V. m. § 266 HGB),
- fehlende Angaben zu Bewertungs- und Bilanzierungsmethoden im Anhang (§ 334 Abs. 1 Nr. 1 Buchstabe d HGB i. V. m. § 284 Abs. 2 Nr. 1 HGB),
- fehlende Angaben zur Geschäftsführung/zum Vorstand (§ 334 Abs. 1 Nr. 1 Buchstabe d HGB i. V. m. § 285 Nr. 10 HGB),
- fehlende Unterzeichnung durch alle Geschäftsführer unter Angabe des Datums (§ 334 Abs. 1 Nr. 1 Buchstabe a HGB i. V. m. § 245 HGB).

| Richtig | Falsch |
|---|---|
| Die Geschäfte der Weber GmbH & Co. KG wurden im Geschäftsjahr geführt durch die Weber Verwaltungs-GmbH, diese wiederum vertreten durch den Geschäftsführer Erich Weber, Kaufmann | Die Geschäfte der KG werden geführt durch die Komplementär-GmbH ..., diese wiederum vertreten durch den Geschäftsführer Erich Weber |
| Freiburg, 11. Juni 2017, gez. Erich Weber, Geschäftsführer der Komplementär-GmbH Weber Verwaltungs-GmbH. | Freiburg, 11. Juni 2017, Weber Verwaltungs-GmbH |
| Der Jahresabschluss der Weber GmbH & Co. KG wurde von der Gesellschafterversammlung am 11. Juni 2017 festgestellt. | Der Jahresabschluss der Weber GmbH & Co. KG wurde von der Gesellschafterversammlung festgestellt. |

Bereits für das Mahnschreiben im Fall einer Verspätung ist eine Verwaltungsgebühr von 103,50 EUR zu zahlen. Liegt der zu veröffentlichende Abschluss nach dem Ablauf der Sechswochenfrist immer noch nicht vor, ist das angedrohte Ordnungsgeld fällig. Zudem wird das Bundesamt eine erneute Frist zur Einreichung des Abschlusses setzen und ein neues Ordnungsgeld androhen.

Dabei kann das Ordnungsgeldverfahren sowohl gegen die offenlegungspflichtige GmbH & Co. KG als auch gegen die Geschäftsführer selbst durchgeführt werden.

# 16 Übermitteln der E-Bilanz

**Ablaufplan Jahresabschluss**

Vortragen der Eröffnungsbilanz

Abstimmen der Buchhaltung

Abstimmen: Aktiva

Abstimmen: Passiva

Abstimmen: Gewinn- und Verlustrechnung

Inventur

Anlagevermögen und Abschreibungen

Umlaufvermögen

Rückstellungen und Verbindlichkeiten

Gewinn- und Verlustrechnung und Gewinnverteilung

Übermitteln der Steuererklärungen

GmbH & Co. KG: Offenlegung des Jahresabschlusses mit Anhang

**Übermitteln der E-Bilanz**

Nach dem neu geschaffenen § 5b EStG sind die Inhalte der Handelsbilanz einschließlich steuerlicher Überleitungsrechnung oder der Steuerbilanz, der Gewinn- und Verlustrechnung sowie weitere steuerrelevante Daten für die Geschäftsjahre elektronisch an die Finanzverwaltung zu übermitteln.

Der geforderte Mindestumfang der E-Bilanz macht für kleine GmbH & Co. KGs ca. das Achtfache des Umfangs der von § 266 HGB geforderten Bilanzposten aus, bei der elektronischen Gewinn- und Verlustrechnung sogar das Neunfache. Hinzu kommt die Forderung der Verwaltung, alle Positionen der Bilanz und der Gewinn- und Verlustrechnung, deren Ansätze oder Beträge den steuerlichen Vorschriften nicht entsprechen, auf allen Ebenen auf steuerrechtliche Ansätze/Werte überzuleiten.

Der Gesetzgeber versprach mit der Einführung der E-Bilanz einen nachhaltigen Bürokratieabbau sowie entsprechende Verwaltungsvereinfachungen. Anstatt aber die Unternehmen durch die elektronische Datenübermittlung zeit- und kosteneinsparend zu unterstützen, belastet der Staat sie mit einem erheblichen personellen und finanziellen Aufwand.

Einsparungen sind allenfalls aufseiten des Fiskus zu erwarten, der sich von der Vorerfassung, der elektronischen Auswertung und der Überprüfung der Daten Vorteile erhofft.

Mit dem Portal »ElsterOnline« hat das Finanzamt zwar die Möglichkeiten geschaffen, Steuererklärungen kostenlos online auszufüllen und zu übermitteln. Um jedoch eine E-Bilanz wie eine Steuererklärung in einem Formular auszufüllen, wird man auf kommerzielle Softwareprogramme verwiesen, die, vereinfacht gesagt, die Bilanzdaten in einem XML-Format herstellen und die Datensätze über die Schnittstelle ERiC an ELSTER übergeben.

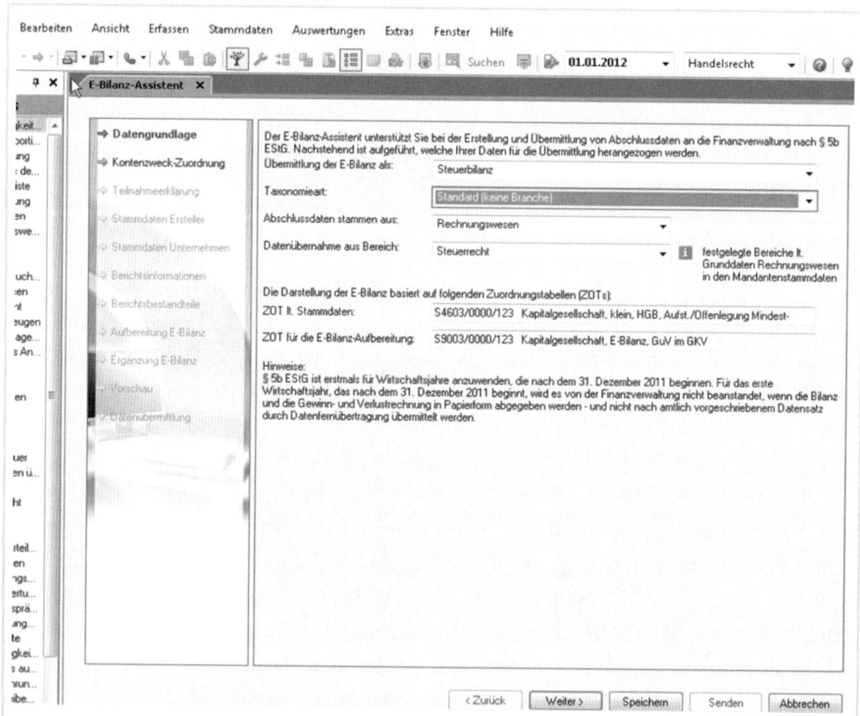

Abb. 16: DATEV E-Bilanz-Assistent

Die Aufstellung und Übermittlung der E-Bilanz stellte sich als ein technisches Problem dar, dem sich spezialisierte Dienstleister und viele Softwareanbieter stellten — allen voran die DATEV eG.

Das Rechnungswesenprogramm der DATEV eG wurde dazu um einen E-Bilanz-Assistenten erweitert: 2016 kam die Aufbereitung einer E-Bilanz-gerechten Kapitalkontenentwicklung und Ergebnisverwendung hinzu.

Vor der Übermittlung sind Fehlermeldungen abzuarbeiten. So müssen fehlende Zuordnungen aus der Handelsbilanz zu E-Bilanz-Positionen nachträglich getroffen werden. Hinweisen zur nachträglichen Aufteilung von zulässigen Auffangposten lassen sich dagegen (zurzeit noch) weitgehend ignorieren.

**Beispiel**

Auf dem Konto »sonstige Verbindlichkeiten« besteht weger einer Überzahlung ein Sollsaldo von 8.976,62 EUR, das in der Handelsbilanz unter »Sonstige Aktiva« angesetzt ist. Ohne Entsprechung und Zuordnung in der E-Bilanz kommt es zu unterschiedlichen Bilanzsummen auf der Aktiv- und Passivseite der Bilanz.

Die Lösung: Buchen Sie die Überzahlung nachträglich auf ein Forderungskonto um und starten Sie den Assistenten erneut.

Auch andere Softwareanbieter wie z. B. Haufe-Lexware in seinem »Buchhalter« bieten Assistentenlösungen für das Erstellen und die Übertragung der E-Bilanz über die ELSTER-Schnittstelle an.

Informationen über programmspezifische Abläufe erhalten Sie besser aus erster Hand vom jeweiligen Anbieter. Daneben bleiben jedoch Fragen zur Struktur und zum Inhalt der E-Bilanz, die unabhängig von der Software und der Wahl der Dienstleister gleich oder ähnlich zu beantworten sind.

Im folgenden Kapitel wird aus der Fülle an externen Dienstleistern der Service von myebilanz.de behandelt. Auch für die Übertragung durch myebilanz benötigen Sie ein gültiges ELSTER-Zertifikat.

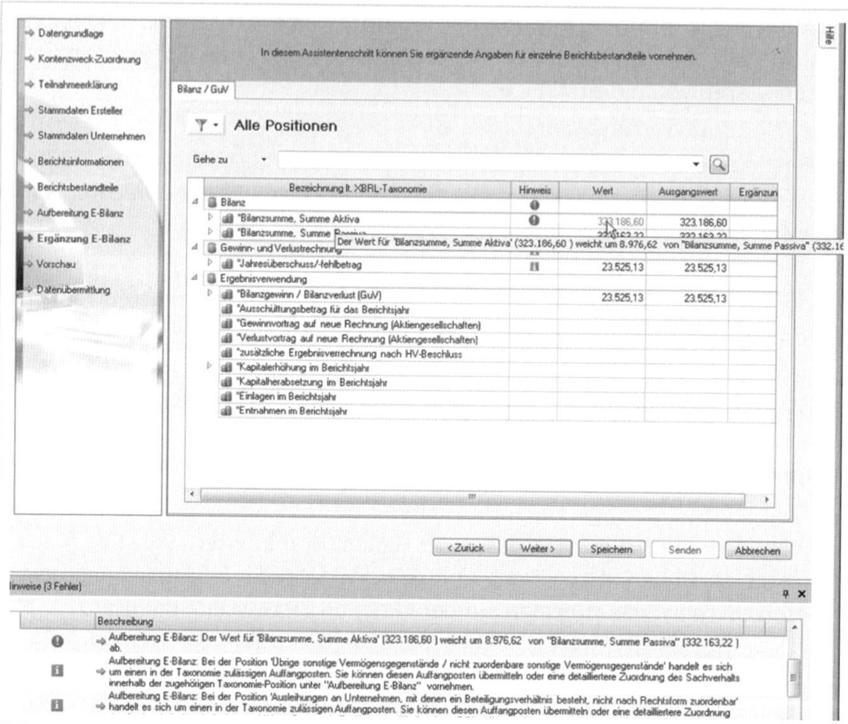


Abb. 17: DATEV E-Bilanz-Assistent Ergänzung

## 16.1 E-Bilanz-Übermittlung durch myebilanz.de

Das Programm lässt sich kostenlos unter https://www.myebilanz.de/setup.php herunterladen. Unter https://www.myebilanz.de/myebilanz.pdf finden Sie ein ausführliches Handbuch, auf dem die nachfolgenden Kurzhinweise basieren.

Unter »Datei/Neu« legen Sie eine neue E-Bilanz an (siehe Abb. 18). Sie können dabei eine der mitgelieferten Vorlagen verwenden. Für den SKR03 können Sie unmittelbar »gbr-skr03.ini« für Personengesellschaften verwenden, beim SKR04 ist eine Anpassung an den anderen Kontenrahmen vorzunehmen.

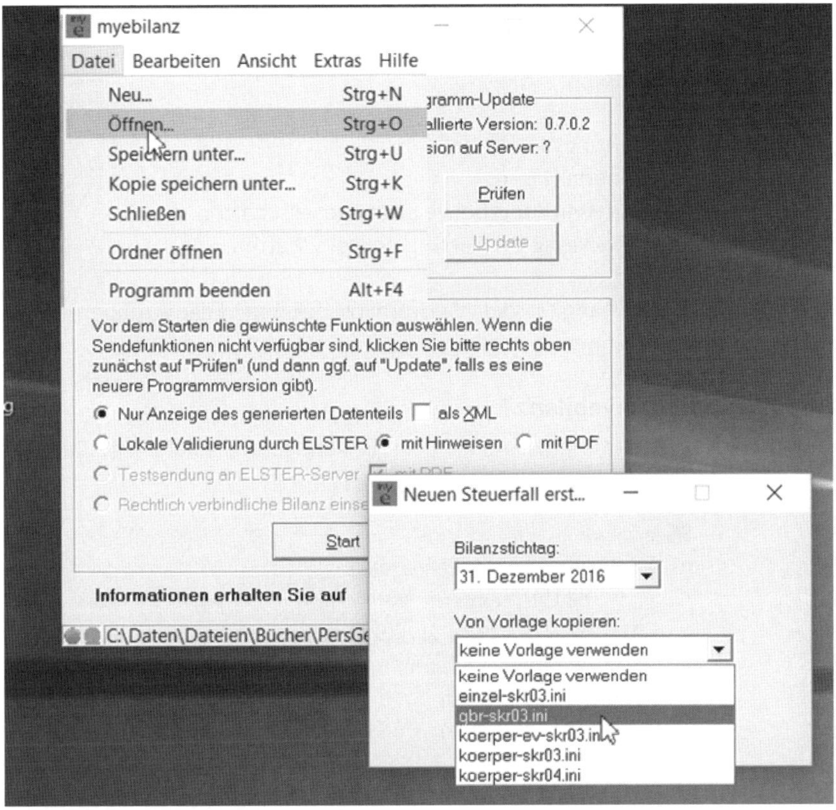


Abb. 18: Neuen Steuerfall erstellen

Mit der kostenlosen »Basis« Version von myebilanz kann der Anwender

- aus einer EXCEL-Datei E-Bilanz-konforme XML-Nutzdaten erzeugen,
- diese zu Kontrollzwecke in einer Tabelle anzeigen lassen,
- einen Prüflauf der Daten durch die ELSTER-Software der Finanzverwaltung durchführen (inhaltliche Validierung),
- eine Testsendung der Daten an die Finanzverwaltung vornehmen (Internet-verbindung, Erreichbarkeit der ELSTER-Server etc. vorausgesetzt),
- einen rechtlich verbindlichen Echtfall an die Finanzverwaltung senden.

Es können die folgenden Berichtsbestandteile übermittelt werden:

- Gewinn- und Verlustrechnung,
- Ergebnisverwendung,
- Bilanz,
- steuerliche Überleitungsrechnung,
- steuerliche Gewinnermittlung,
- steuerliche Gewinnermittlung bei Personengesellschaften,
- Kapitalkontenentwicklung bei Personengesellschaften,
- Kontensalden und
- ein »globaler« Anhang, in dem Sie formlos beliebige Erläuterungen zur Bilanz mitsenden können.

### Wie funktioniert myebilanz?

Sie steuern das Übertragungsprogramm über die Konfigurationsdatei (»INI-Datei«).

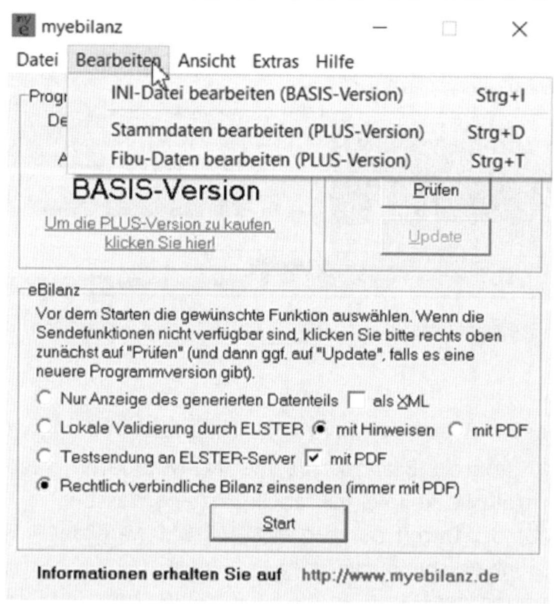


Abb. 19: Basisversion

Hier geben Sie mit einem Texteditor Ihre Firmendaten (Name, Adresse, Steuernummer etc.) an sowie die spezielle Kontenzuordnung zu den Bilanz-(und GuV-)-Positionen.

```
[company]
Firmendaten:
name=Max Mustermann & Renate Musterfrau GbR
legalStatus=GBR
street=Teststr.
houseNo=123
zipCode=99999
city=Irgendwo
country=Deutschland
ST13=9238020100234
STID=12345678901
BF4=9238
Firmen-Steuernummern (13stellige Bundessteuernummer, persönliche Steuer-Identifikationsnummer, Bundesfinanzamtsnummer)
Hilfe zum Aufbau der 13stelligen Bundessteuernummer finden Sie z.B. auf
https://de.wikipedia.org/wiki/Steuernummer#Aufbau_der_Steuernummer
Kann keine Steuer-Identifikationsnummer angegeben werden, kann ein Minuszeichen als Nummer verwendet werden,
dann wird das Feld im Datensatz als "nicht angegeben" gekennzeichnet.
Die Finanzamtsnummer aus "BF4" wird automatisch als Empfänger der eBilanz verwendet!

[shareholder1]
Aufzählung der Gesellschafter. Für jeden Gesellschafter muss ein Abschnitt "shareholder" mit
der unmittelbar anschließenden laufenden Nummer existieren. Die Nummer muss bei Personen-
gesellschaften mit der Gesellschafter-Nummer aus der Gesonderten und Einheitlichen Fest-
stellungserklärung übereinstimmen.
name=Max Mustermann
id=Max-1
Sofern ein unternehmensbezogenes / betriebsinternes Zuordnungsmerkmal bzw. Gesellschafterschlüssel
zur Zuordnung genutzt wird oder vorhanden ist (bspw. hinsichtlich der Zuordnung der Kapitalkonten-
entwicklung / Ergänzungsbilanzen etc.) ist dieses Zuordnungsmerkmal hier zu hinterlegen.
taxnumber=9238020100567
taxid=23456789012
legalStatus=NPP
Natürliche Person/Privatvermögen. Andere mögliche Werte: NPB (natürliche Person/Betriebs-
vermögen), PG (Personengesellschaft), KOER (Körperschaft)
group=unlimitedPartner
numerator=1
denominator=2
Die letzten beiden Zeilen sind der Quotient des Beteiligungs-Anteils, hier 1/2
Die folgenden Zeilen sind die Kapitalkontenentwicklung (Eigenkapital, Vollhafter, Variables Kapital)
de-gaap-ci:table.kke.allKindsOfEquityAccounts.unlimitedPartners.VKlde-gaap-ci:table.kke.sumEquityAccounts.sumYearEnd.begin=0880
de-gaap-ci:table.kke.allKindsOfEquityAccounts.unlimitedPartners.VKlde-gaap-ci:table.kke.sumEquityAccounts.sumYearEnd.deposits=1890
de-gaap-ci:table.kke.allKindsOfEquityAccounts.unlimitedPartners.VKlde-gaap-ci:table.kke.sumEquityAccounts.sumYearEnd.withdrawals=1800,1810,1820,1860
de-gaap-ci:table.kke.allKindsOfEquityAccounts.unlimitedPartners.VKlde-gaap-ci:table.kke.sumEquityAccounts.sumYearEnd.withdrawals.privateTax=1810
de-gaap-ci:table.kke.allKindsOfEquityAccounts.unlimitedPartners.VKlde-gaap-ci:table.kke.sumEquityAccounts.sumYearEnd.withdrawals.specialExtordExpense
de-gaap-ci:table.kke.allKindsOfEquityAccounts.unlimitedPartners.VKlde-gaap-ci:table.kke.sumEquityAccounts.sumYearEnd.withdrawals.costRealEst=1860
de-gaap-ci:table.kke.allKindsOfEquityAccounts.unlimitedPartners.VKlde-gaap-ci:table.kke.sumEquityAccounts.sumYearEnd.incomeShare=9580
```

Abb. 20: ini-Datei

Grundvoraussetzung ist deshalb, dass bereits eine inhaltlich fehlerfreie E-Bilanz existiert, die entweder als Kontensalden in einer Excel-Tabelle (CSV) oder als MySQL-Datensätze vorliegt.

Im Abschnitt

- [csv]
- filename=INI

wird der Name der Datei angegeben, aus der die Kontensalden eingelesen werden. In der kostenlosen Version ist das üblicherweise eine Excel-Tabelle (CSV-Format), in der diesen Kontonummern die Salden zugeordnet sind, z. B.:

| Kontonummer | Saldo | Kontenbezeichnung |
| --- | --- | --- |
| 0410 | 10.000,00 | »Geschäftsausstattung« |
| 3400 | 1.248.49 | »Wareneingang 19 % Vorsteuer« |
| 8400 | -32.842,34 | »Erlöse 19 % Umsatzsteuer« |

Mit internen Prüfungsroutinen und Testsendungen an das ELSTER-Portal sind Sie früher oder später in der Lage, die fertige E-Bilanz zu übermitteln. Die kostenlose Basis-Version von myebilanz ist somit für diejenigen Unternehmer geeignet, die bereit sind, sich neben dem Rechnungswesen auch auf IT-Aufgaben einzulassen, wie z. B. Zeileneingaben mit dem Texteditor, Dateien erstellen und kopieren und eine ausgiebige Fehlersuche.

In der kostenpflichtigen PLUS-Version (ca. 36 EUR für eine Taxonomieversion bzw. pro Jahr) geschieht das Erstellen einer korrekten INI-Datei bzw. der E-Bilanz-Datensätze automatisch  programmseitig. Die nötigen Angaben werden hier nicht Zeile für Zeile per Hand, sondern bequem in Eingabefenstern gemacht.

Als erstes sind die Stammdaten zum Unternehmen einzugeben:

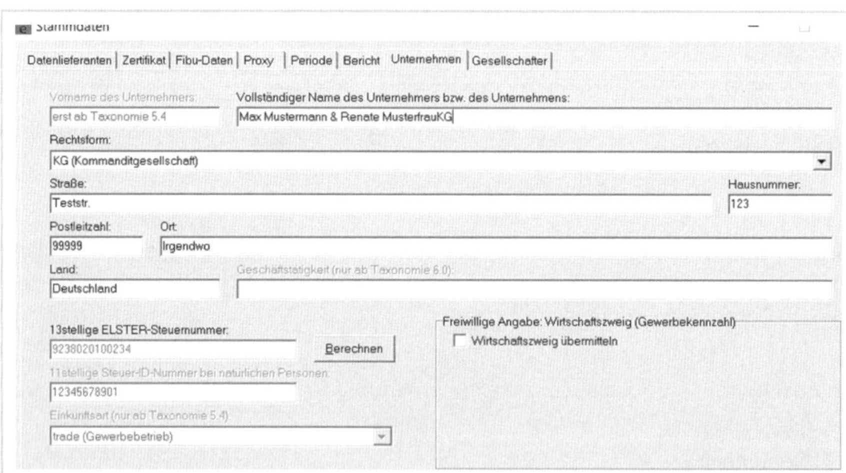

Abb. 21: Stammdaten

Anschließend folgt die Kontenzuordnung zu den E-Bilanzpositionen:

Abb. 22: Fibudaten bearbeiten

Soweit in der Bilanz und in der Gewinn- und Verlustrechnung spezielle Handelsbilanzwerte erfasst wurden, besteht die Möglichkeit, die Angaben zu ergänzen, so z. B. durch die steuerliche Überleitung, die Kapitalkontenentwicklung, die Ergebnisverwendung usw.

In der »Überleitungsrechnung« werden Anpassungsbeträge zwischen handelsbilanziellen und steuerlichen Wertansätzen erfasst. Die häufigsten Unterschiede finden sich durch den Ansatz von steuerlichen Sonderabschreibungen mit Auswirkungen auf den Wert von Anlagegütern und durch abweichende Ansätze für Pensionsrückstellungen.

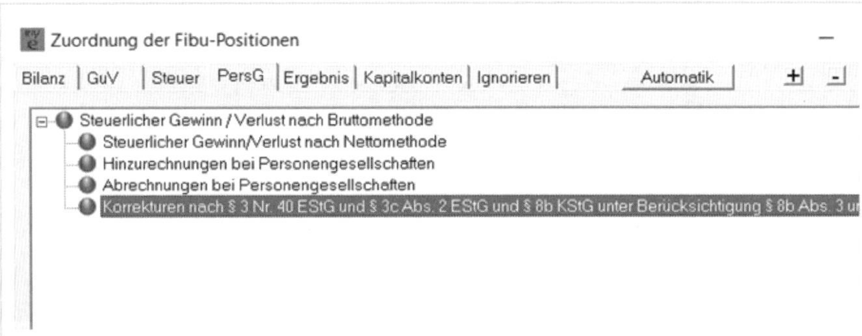


Abb. 23: Zuordnung PersG

In der Basis-Version währen Sie zur Ansicht der Daten die Funktion »Nur Anzeige des generierten Datenteils« (und kreuzen Sie dabei »als XML« nicht an). In der Plus-Version verwenden Sie die Funktion »Ansicht/HTML-Anzeige«. Korrigieren Sie ggf. Ihre Kontenzuordnungen, bis die angezeigten Werte mit Ihrer »Papier-Bilanz« übereinstimmen.

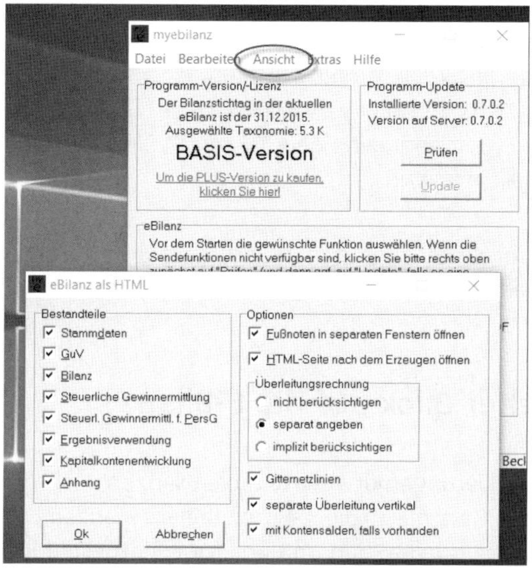


Abb. 24: Ansicht HTML

| STAMMDATEN | |
|---|---|
| genInfo.doc.id.generationDate | 2017-01-25 |
| genInfo.report.id.reportType.reportType.JA | Jahresabschluss |
| genInfo.report.id.reportStatus.reportStatus.E | endgültig |
| genInfo.report.id.revisionStatus.revisionStatus.E | erstmalig |
| genInfo.report.id.reportElement.reportElements.GuV | Gewinn- und Verlustrechnung |
| genInfo.report.id.reportElement.reportElements.B | Bilanz |
| genInfo.report.id.reportElement.reportElements.SGE | Steuerliche Gewinnermittlung |
| genInfo.report.id.reportElement.reportElements.KS | Kontensalden |
| genInfo.report.id.reportElement.reportElements.SGEP | Steuerliche Gewinnermittlung bei Personengesellschaften |
| genInfo.report.id.statementType.statementType.E | Jahresabschluss |
| genInfo.report.id.statementType.tax.statementTypeTax.GHB | Gesamthandsbilanz |
| genInfo.report.id.incomeStatementendswithBalProfit | false |
| genInfo.report.id.accountingStandard.accountingStandard.HAOE | deutsch.Handelsrecht/Einheitsbilanz |
| genInfo.report.id.specialAccountingStandard.K | Kerntaxonomie |
| genInfo.report.id.incomeStatementFormat.incomeStatementFormat.GKV | Gesamtkostenverfahren |
| genInfo.report.id.consolidationRange.consolidationRange.EA | nicht konsolidiert/ Einzelabschluss |

Abb. 25: Ansicht HTML2

Starten Sie nun auch in der Plus-Version die Überprüfung der Daten (**Validierung**) und beseitigen Sie ggf. die angezeigten Fehler. Diesen Schritt wiederholen Sie so lange, bis keine Fehler mehr angezeigt werden. Zum Test können Sie die Funktion »Testsendung« verwenden. Dabei wird die Bilanz an die Finanzverwaltung übermittelt, aber mit einem Testmerker, sodass sie unmittelbar nach dem Empfang vernichtet wird.

Und wenn Sie schließlich ganz sicher sind, dass alles stimmt, können Sie die Bilanz rechtlich verbindlich als »Echtfall« übertragen.

## 16.2 Kritischer Blick auf die E-Bilanz

Sobald die Steuererklärungen übermittelt, die Bilanzen ausgehändigt und veröffentlicht und sogar erstmalig die E-Bilanz beim Finanzamt angekommen ist, sollten wir erleichtert durchatmen und uns für eventuelle Rückmeldungen stärken. In den letzten fünfzehn Jahren, seit es den Leitfaden »Jahresabschluss — leicht gemacht« gibt, haben sich die Anforderungen und die Komplexität vervielfacht. Ihr trauriger Höhepunkt findet sich in eben dieser E-Bilanz, ein bislang beispielloses Bürokratiemonstrum.

Im Entwurf des »Gesetzes zur Modernisierung und Entbürokratisierung des Steuerverfahrens (Steuerbürokratieabbaugesetz)«[14] bezifferten die Beamten aus dem Bundesfinanzministerium die Kosten und Entlastungen beim neu geschaffenen § 5b EStG (E-Bilanz) noch wie folgt:

- Pflicht zur elektronischen Übermittlung von Bilanzen und GuV-Rechnungen — Umstellungsaufwand bei der Wirtschaft als Einmalkosten, Mehrkosten pro Unternehmen einmalig 0,38 EUR.
- Pflicht zur elektronischen Übermittlung von Bilanzen und GuV-Rechnungen — Mehrkosten pro Unternehmen jährlich 2,42 EUR.
- Abschaffung der Verpflichtung, Bilanzen und GuV-Rechnungen in Papierform der Steuererklärung beizufügen — Entlastung pro Unternehmen jährlich 13,82 EUR.

Angesichts dieser Entlastungen könnten die Unternehmen ihre steuerlichen Pflichten elektronisch und damit schnell, kostensparend und sicher erfüllen. Die

14 BT-Drucks 1610188 S. 18.

Daten seien elektronisch verfügbar, weil die Standardisierung auf dem Regelwerk der (verpflichtenden oder freiwilligen) Buchführung aufbaut. Wer hätte diese gut gemeinten Ziele im Jahr 2008 nicht begrüßt? Die tatsächlichen Kosten für jedes einzelne Unternehmen liegen jedoch bei mindestens tausend wenn nicht sogar bei Zehntausenden Euro für die Einrichtung und jährliche Übermittlung der E-Bilanz. Denn die E-Bilanz baut keineswegs auf der bestehenden Buchhaltung auf. Sie zwingt ihr im Gegenteil eine ganz neue Struktur und Gliederung auf.

Um in einem Bild der Politik zu bleiben: Anstelle der Kosten für eine Currywurst müssen die Unternehmen nun tatsächlich die von Bürokraten angerichtete Größenordnung einer Weihnachtsfeier bis hin zur kompletten Aktionärsversammlung finanzieren.

### 16.2.1 Wer bestimmt den Mindestumfang der E-Bilanz?

Die Entlastungen durch eine elektronische Übermittlung der Bilanzen und GuV-Rechnungen werden durch die Entscheidung konterkariert, dass das Bundesfinanzministerium ermächtigt wurde, den Mindestumfang der elektronisch zu übermittelnden Bilanz sowie der Gewinn- und Verlustrechnung selbst zu bestimmen (§ 51 Abs. 4 Nr. 1b EStG). Damit wurde der Bock zum Gärtner gemacht.

Zum Beispiel sieht das HGB für das Eigenkapital in der GmbH & Co. KG nur die folgenden vier Positionen vor:

- I. Kapitalanteile,
- II. Rücklagen,
- III. Gewinnvortrag/Verlustvortrag,
- IV. Jahresüberschuss/Jahresfehlbetrag.

Aus dieser Vorlage wurde in der E-Bilanz die folgende Zergliederung:

Eigenkapital

gezeichnetes Kapital/Kapitalkonto/Kapitalanteile

Kapitalanteile der persönlich haftenden Gesellschafter

Kapitalanteile der persönlich haftenden Gesellschafter, Einlagen

Kapitalanteile der persönlich haftenden Gesellschafter, Entnahmen

Kapitalanteile der persönlich haftenden Gesellschafter, Kapitaländerung durch Übertragung einer § 6b EStG Rücklage

Kapitalanteile der persönlich haftenden Gesellschafter, Jahresüberschuss

Kapitalanteile der persönlich haftenden Gesellschafter, Kapitalumgliederungen

Kapitalanteile der persönlich haftenden Gesellschafter, davon Festkapitalkonto (Komplementär)

Kapitalanteile der persönlich haftenden Gesellschafter, davon variables Kapitalkonto

Kapitalanteile der persönlich haftenden Gesellschafter, davon Verlustvortragskonto

nicht eingeforderte ausstehende Einlagen der persönlich haftenden Gesellschafter

gezeichnetes Kapital/Kapitalkonto/Kapitalanteile, davon eingefordertes Kapital der persönlich haftenden Gesellschafter

Kapitalanteile der Kommanditisten

Kapitalanteile der Kommanditisten, Summe Anfangskapital

Kapitalanteile der Kommanditisten, Summe Kapitalanpassungen

Kapitalanteile der Kommanditisten, Summe Einlagen

Kapitalanteile der Kommanditisten, Summe Entnahmen

Kapitalanteile der Kommanditisten, Summe Kapitaländerung durch Übertragung einer § 6b EStG Rücklage

Kapitalanteile der Kommanditisten, Summe Jahresüberschuss

Kapitalanteile der Kommanditisten, Summe Kapitalumgliederungen

Kapitalanteile der Kommanditisten, davon Kapitalanteile Gesellschafter im Einzelnen

Kapitalanteile der Kommanditisten, davon Kommandit-Kapital (Kommanditisten)

Kapitalanteile der Kommanditisten, davon variables Kapitalkonto (Kommanditisten)

Kapitalanteile der Kommanditisten, davon Verlustausgleichskonto (Kommanditisten)

gezeichnetes Kapital/Kapitalkonto/Kapitalanteile, davon steuerlicher Ausgleichsposten

nicht eingeforderte ausstehende Einlagen der Kommanditisten

Eigenkapital, davon Gewinn-/Verlustvortrag — bei Personen(handels)gesellschaften

Gewinn-/Verlustvortrag im Sinne des 264c Abs. 2 HGB bei Personen(handels)gesellschaften

Ergebnisvortrag/Mittelvortrag/Verwendungsüberhang

davon Jahresüberschuss/-fehlbetrag (Bilanz) — bei Personen(handels)gesellschaften

Jahresüberschuss/-fehlbetrag (Bilanz) im Sinne des § 264c Abs. 2 HGB bei Personen(handels)gesellschaften

Eine solche Ermächtigung anstelle einer klaren gesetzlichen Regelung hält der Deutsche Steuerberaterverband für unvereinbar mit dem Rechtsstaatsprinzip. Der Gesetzeswortlaut des § 5b EStG beschreibe lediglich die Verpflichtung, die Bilanz sowie die Gewinn- und Verlustrechnung nach amtlich gefordertem Datensatz durch Datenfernübertragung zu übermitteln. Die Verpflichtung kann sich somit nur auf das handelsrechtlich und nur für Kapitalgesellschaften vorgegebene Gliederungsschema gem. §§ 266, 275 HGB beziehen, nicht aber auf Personengesellschaften. Eine weitergehende Gliederungstiefe der Bilanz und der Gewinn- und Verlustrechnung ist weder § 5b EStG noch § 51 Abs. 4 Nr. 1b EStG zu entnehmen.

## 16.3 Die Positionen der Kerntaxonomie

Was den Umfang der zu übermittelnden Bilanzpositionen anbelangt, schufen die Beamten des Bundesfinanzministeriums aus maximal 72 möglichen HGB-Positionen je nach Rechtsform mehr als 800 Positionsfelder! Davon stellen 244 Mussfelder, also Pflichtangaben für Gesellschaften dar. Diese sog. Kerntaxonomie sieht insgesamt die folgenden Rechenwerke vor:

- Bilanz,
- Haftungsverhältnisse,
- Gewinn- und Verlustrechnung in den Varianten Gesamtkosten- und Umsatzkostenverfahren,
- Ergebnisverwendungsrechnung,
- Kapitalkontenentwicklung für Personenhandelsgesellschaften bzw. Mitunternehmerschaften,
- Eigenkapitalspiegel,
- Kapitalflussrechnung,
- Anhang,
- Anlagenspiegel,
- diverse Felder zur Aufnahme textlicher Informationen,
- Lagebericht,
- steuerliche Modifikationen (Überleitungsrechnung der Wertansätze aus der Handelsbilanz zur Steuerbilanz und Zusatzangaben),
- Bericht des Aufsichtsrats, Beschlüsse und zugehörige Erklärungen,
- Detailinformationen zu Positionen (Kontensalden zu einer Position).

Daneben sind Firmenstammdaten (GCD-Modul) und vereinzelte Branchentaxonomien zu übermitteln.

Die insgesamt 4.515 Posten der Kerntaxonomie gibt es für den interessierten Bilanzersteller als Excel-Tabelle unter www.esteuer.de.

Davon stellen die 489 Mussfelder den Mindestumfang der E-Bilanz dar. Hinzu kommen 232 Auffangposten der Bilanz und der Gewinn- und Verlustrechnung. Die Felder gliedern sich wie folgt:

- 313 Mussfelder,
- 66 Mussfelder, Kontennachweis erwünscht; der Auszug aus der Summen-/Saldenliste der in diese Position einfließenden Konten im XBRL-Format kann mitgeliefert werden (Angaben: Kontonummer, Kontobezeichnung, Saldo zum Stichtag),
- 110 Summenmussfelder, die zur Überprüfung der rechnerischen Richtigkeit dienen.

Die als »Mussfelder« gekennzeichneten Positionen sind zwingend zu befüllen (Mindestumfang). Sofern sich ein Mussfeld nicht mit Werten füllen lässt, weil die Position in der individuellen Buchführung nicht geführt wird oder nicht aus ihr ableitbar ist, ist zur erfolgreichen Übermittlung des Datensatzes die entsprechende Position »leer« (technisch: NIL-Wert) zu übermitteln.

Wenn darüber hinaus Konten ohne Entsprechung in der Taxonomie bebucht sind, »können« zur Sicherstellung der rechnerischen Richtigkeit Auffangpositionen genutzt werden. Damit will das Bundesfinanzministerium die Akzeptanz der E-Bilanz in der Einführungsphase fördern. Bei der dynamischen Entwicklung im Rechnungswesen seien Auffangpositionen in einer mittelfristigen Perspektive für die Zwecke der E-Bilanz nicht mehr erforderlich. Tatsächlich finden sich aber in den Auffangpositionen undifferenziert die betrieblichen Standardfälle, während die Mussfelder steuerliche Ausnahmefälle ausweisen. Das zeigt das folgende Beispiel zum Personalaufwand:

| Taxonomiefeld | Feldart | Bemerkung |
|---|---|---|
| Nachrichtlich: Personalaufwand | Summenmussfeld | rechnerische Summe |
| Löhne und Gehälter | Summenmussfeld | rechnerische Summe des Unterpunkts |
| Löhne für Minijobs | Mussfeld | 7,5 Mio. Minijobs |

| Taxonomiefeld | Feldart | Bemerkung |
|---|---|---|
| Vergütungen an Gesellschafter-Geschäftsführer | Mussfeld, Kontennachweis erwünscht | 1 Mio. Gesellschaftsgeschäftsführer |
| Vergütungen an angestellte Mitunternehmer, § 15 EStG | Mussfeld | 3 Mio. Mitunternehmer |
| übrige und nicht zuordenbare Löhne und Gehälter | rechnerisch notwendig, soweit vorhanden | 30 Mio. sozialversicherungspflichtige Beschäftigte |

Die Summenfelder in den ersten beiden Zeilen fassen rechnerisch sämtlichen Personalaufwand und darunter als Unterpunkt sämtliche Löhne und Gehälter zusammen. Als Mussfelder sind Minijobs sowie die Gehälter der Gesellschafter-Geschäftsführer und der angestellten Mitunternehmer nach § 15 EStG vorgesehen. Sämtliche weiteren Löhne und Gehälter (also Löhne und Gehälter für 30 Mio. Arbeitnehmer) fließen undifferenziert in einen jener Auffangposten »übrige und nicht zuordenbare Löhne und Gehälter« ein, die angeblich »in einer mittelfristigen Perspektive für Zwecke der E-Bilanz nicht mehr erforderlich« sein werden.

Wie schon beim Testfall des Formulars »Einnahmenüberschussrechnung 2004« geht es nur vordergründig um eine Standardisierung und Vereinfachung, tatsächlich aber geht es um komplizierte und aufgeblähte Statistikerhebungen für automatisierte Plausibilitätsprüfungen im Steuerrechenzentrum. Wer in diesem Filter hängen bleibt, dürfte theoretisch mit dem Besuch eines Betriebsprüfers rechnen.

Da aber selbst Kleinstbetriebe trotz erheblicher Proteste noch immer weder mit Vereinfachungen noch mit Hilfe bei der E-Bilanz rechnen dürfen, werden die übermittelten Daten durchgehend fehlerhaft und am Ende für eine gezielte Prüfung unbrauchbar sein. Die technischen Hürden sind im dritten Jahr der E-Bilanz weitgehend genommen. Von einer sinnvollen inhaltlichen Auswertung der Datenberge ist die Finanzverwaltung jedoch noch weit entfernt. Die weitere Entwicklung des »Prestigeprojekts« E-Bilanz lässt sich also gelassen abwarten.

# Stichwortverzeichnis

# Exklusiv für Buchkäufer!

Ihre Arbeitshilfen zum Download:

- www.haufe.de/mybook
- Buchcode: VOD-3560